常用技术数据速查丛书

# 焊接速查手册

龙伟民　主编

河南科学技术出版社

·郑州·

# 内 容 提 要

本手册共分为 10 章，分别介绍了焊接基础、焊条电弧焊、气焊及气割、钨极氩弧焊、熔化极氩弧焊、$CO_2$ 气体保护焊、电阻焊、钎焊、焊接缺欠及检验、焊接机切割安全技术。

本手册主要供从事焊接工作的一线工人、工程技术人员和管理人员使用，也可供高等院校、科研单位的相关人员参考。

**图书在版编目（CIP）数据**

焊接速查手册/龙伟民主编 . —郑州：河南科学技术出版社，2012.6
（常用技术数据速查丛书）
ISBN 978 - 7 - 5349 - 5236 - 4

Ⅰ.①焊… Ⅱ.①龙… Ⅲ.①焊接 - 技术手册 Ⅳ. TG4 - 62

中国版本图书馆 CIP 数据核字（2011）第 159907 号

出版发行：河南科学技术出版社
　　　　　地址：郑州市经五路 66 号　　　　邮编：450002
　　　　　电话：(0371) 65737028　　65788613
　　　　　网址：www. hnstp. cn
策划编辑：孙　彤
责任编辑：张　建
责任校对：张东明
封面设计：张　伟
责任印制：朱　飞
印　　刷：河南省瑞光印务股份有限公司
经　　销：全国新华书店
幅面尺寸：130 mm×185 mm　　　印张：12.5　　　字数：370 千字
版　　次：2012 年 6 月第 1 版　　2012 年 6 月第 1 次印刷
定　　价：35.00 元

# 前　言

　　焊接作为现代加工制造业中重要的连接手段，已经广泛应用于机械制造、航空航天、汽车制造、轨道交通等各个领域。焊接质量的优劣直接影响到产品的质量、可靠性、寿命以及生产成本、生产安全。《焊接速查手册》从实用角度出发，对现代工业生产中常见的焊接方法、焊接设备、焊接材料、焊接工艺及焊接缺欠、焊接安全防护等内容进行了系统的阐述。

　　本手册的最大特点为"速查、新颖、实用"，所列数据大都选自近年来的技术资料，所参照与引用的焊接标准全部为最新版本；通过大量的图表编排，可以方便一线焊接工人与技术人员查阅。此外，本手册将"常用焊接材料中外牌号对照表"、"中外常用焊接标准代号及名称"、"焊接材料消耗定额的制定"等收入附录，以期为读者在进行相关工作时提供帮助。

　　本手册主要供从事焊接工作的一线工人、工程技术人员和管理人员使用，也可供高等院校、科研单位的相关人员参考。

　　本手册共分为10章。第1、9章由陈永、龙伟民编写，第2、10章由李杏瑞、钟素娟编写，第3、4、5章由潘继民、孙华为编写，第6、7章由卢广玺、张立超、张雷编写，第8章由龙伟民、张雷编写，附录由程亚芳、钟素娟编写。焊接标准的引用由程亚芳负责。本手册由龙伟民担任主编，龙伟民、张雷负责统稿；郑州机械研究所所长、新型钎焊材料与技术国家重点实验室主任乔培新教授在百忙中抽出时间审阅本手册，并提出了宝贵的修改意见。

　　本手册在编写过程中参考了国内外同行大量的文献资料，书中难以一一列出，在此向原作者表示衷心的感谢。由于编者水平有限，对于书中的不当之处，敬请广大读者批评指正。

编者

2011 年 9 月于郑州

# 编委名单

主　编：龙伟民

副主编：张　雷　钟素娟　李杏瑞

编　委：（按姓氏笔画排序）

　　　　卢广玺　孙华为　张立超

　　　　陈　永　程亚芳　潘继民

审　稿：乔培新

# 目　　录

# 第1章　焊接基础

## 1.1　常用基础数据

1. 希腊字母（表 1-1）。

表 1-1　希腊字母（GB 3101—1993）

| 正体 | | 斜体 | | 名称 | 正体 | | 斜体 | | 名称 |
|---|---|---|---|---|---|---|---|---|---|
| 大写 | 小写 | 大写 | 小写 | | 大写 | 小写 | 大写 | 小写 | |
| A | α | $A$ | $α$ | 阿尔法 | N | ν | $N$ | $ν$ | 纽 |
| B | β | $B$ | $β$ | 贝塔 | Ξ | ξ | $Ξ$ | $ξ$ | 克西 |
| Γ | γ | $Γ$ | $γ$ | 伽马 | O | o | $O$ | $o$ | 奥米克戎 |
| Δ | δ | $Δ$ | $δ$ | 德尔塔 | Π | π | $Π$ | $π$ | 派 |
| E | ε | $E$ | $ε$ | 艾普西隆 | P | ρ | $P$ | $ρ$ | 柔 |
| Z | ζ | $Z$ | $ζ$ | 泽塔 | Σ | σ | $Σ$ | $σ$ | 西格马 |
| H | η | $H$ | $η$ | 伊塔 | T | τ | $T$ | $τ$ | 陶 |
| Θ | ϑ, θ | $Θ$ | $ϑ, θ$ | 西塔 | Y | υ | $Y$ | $υ$ | 宇普西隆 |
| I | ι | $I$ | $ι$ | 药（yāo）塔 | Φ | φ, ϕ | $Φ$ | $φ, ϕ$ | 斐 |
| K | κ | $K$ | $κ$ | 卡帕 | X | χ | $X$ | $χ$ | 希 |
| Λ | λ | $Λ$ | $λ$ | 拉姆达 | Ψ | ψ | $Ψ$ | $ψ$ | 普西 |
| M | μ | $M$ | $μ$ | 谬 | Ω | ω | $Ω$ | $ω$ | 奥米伽 |

2. 主要化学元素的名称及特性（表1-2）。

表1-2  主要化学元素的名称及特性

| 元素名称 | 元素符号 | 原子序数 | 相对原子质量 | 相对密度 | 元素名称 | 元素符号 | 原子序数 | 相对原子质量 | 相对密度 | 元素名称 | 元素符号 | 原子序数 | 相对原子质量 | 相对密度 | 元素名称 | 元素符号 | 原子序数 | 相对原子质量 | 相对密度 |
|---|---|---|---|---|---|---|---|---|---|---|---|---|---|---|---|---|---|---|---|
| 银 | Ag | 47 | 107.88 | 10.5 | 钴 | Co | 27 | 58.94 | 8.8 | 铌 | Nb | 41 | 92.91 | 8.6 | 锶 | Sr | 38 | 87.63 | 2.6 |
| 铝 | Al | 13 | 26.97 | 2.7 | 铬 | Cr | 24 | 52.01 | 7.19 | 镍 | Ni | 28 | 58.69 | 8.9 | 钽 | Ta | 73 | 180.88 | 16.6 |
| 砷 | As | 33 | 74.91 | 5.73 | 氟 | F | 9 | 19.00 | 1.11 | 磷 | P | 15 | 30.98 | 1.82 | 钍 | Th | 90 | 232.12 | 11.5 |
| 金 | Au | 79 | 197.2 | 19.3 | 铁 | Fe | 26 | 55.85 | 7.87 | 铅 | Pb | 82 | 207.21 | 11.34 | 钛 | Ti | 22 | 47.90 | 4.54 |
| 硼 | B | 5 | 10.82 | 2.3 | 锗 | Ge | 32 | 72.60 | 5.36 | 铂 | Pt | 78 | 195.23 | 21.45 | 碲 | Te | 52 | 127.6 | — |
| 钡 | Ba | 56 | 137.36 | 3.5 | 汞 | Hg | 80 | 200.61 | 13.6 | 镭 | Ra | 88 | 226.05 | 5 | 铀 | U | 92 | 238.07 | 18.7 |
| 铍 | Be | 4 | 9.02 | 1.9 | 碘 | I | 53 | 126.92 | 4.93 | 铷 | Rb | 37 | 85.48 | 1.53 | 钒 | V | 23 | 50.95 | 5.6 |
| 铋 | Bi | 83 | 209.00 | 9.8 | 铱 | Ir | 77 | 193.1 | 22.4 | 钌 | Ru | 44 | 101.7 | 12.2 | 钨 | W | 74 | 183.92 | 19.15 |
| 溴 | Br | 35 | 79.916 | 3.12 | 钾 | K | 19 | 39.096 | 0.86 | 硫 | S | 16 | 32.06 | 2.07 | 锌 | Zn | 30 | 65.38 | 7.17 |
| 碳 | C | 6 | 12.01 | 1.9-2.3 | 镁 | Mg | 12 | 24.32 | 1.74 | 锑 | Sb | 51 | 121.76 | 6.67 | 锆 | Zr | 40 | 91.22 | 6.49 |
| 钙 | Ca | 20 | 40.08 | 1.55 | 锰 | Mn | 25 | 54.92 | 7.3 | 硒 | Se | 34 | 78.96 | 4.81 | | | | | |
| 铜 | Cu | 29 | 63.54 | 8.93 | 钼 | Mo | 42 | 95.95 | 10.2 | 硅 | Si | 14 | 28.06 | 2.35 | | | | | |
| 镉 | Cd | 48 | 112.41 | 8.65 | 钠 | Na | 11 | 22.997 | 0.97 | 锡 | Sn | 50 | 118.70 | 7.3 | | | | | |

# 1.2  法定计量单位

1. 国际单位制的基本单位（表1-3）。

表1-3  国际单位制（SI）的基本单位

| 量的名称 | 单位名称 | 单位符号 |
|---|---|---|
| 长度 | 米 | m |
| 质量 | 千克，（公斤） | kg |
| 时间 | 秒 | s |
| 电流 | 安［培］ | A |
| 热力学温度 | 开［尔文］ | K |
| 物质的量 | 摩［尔］ | mol |
| 发光强度 | 坎［德拉］ | cd |

注：1. ［ ］内的字，是在不致混淆的情况下可以省略的字，下同。

2. （ ）内的字为前者的同义语，下同。

**2. 国际单位制中具有专门名称的导出单位**（表 1–4）。

表 1–4　国际单位制中具有专门名称的导出单位

| 量的名称 | 单位名称 | 单位符号 | 其他表示 |
| --- | --- | --- | --- |
| 频率 | 赫［兹］ | Hz | $s^{-1}$ |
| 力 | 牛［顿］ | N | $kg \cdot m/s^2$ |
| 压力，压强，应力 | 帕［斯卡］ | Pa | $N/m^2$ |
| 能量，功，热量 | 焦［耳］ | J | $N \cdot m$ |
| 功率，辐射能通量 | 瓦［特］ | W | J/s |
| 电荷量 | 库［仑］ | C | $A \cdot s$ |
| 电位，电压，电动势 | 伏［特］ | V | W/A |
| 电容 | 法［拉］ | F | C/V |
| 电阻 | 欧［姆］ | Ω | V/A |
| 电导 | 西［门子］ | S | $A/V,\ \Omega^{-1}$ |
| 磁通量 | 韦［伯］ | Wb | $V \cdot s$ |
| 磁通量密度，磁感应强度 | 特［斯拉］ | T | $Wb/m^2$ |
| 电感 | 亨［利］ | H | Wb/A |
| 摄氏温度 | 摄氏度 | ℃ | — |
| 光通量 | 流［明］ | lm | $cd \cdot sr$ |
| 光照度 | 勒［克斯］ | lx | $lm/m^2$ |
| 放射性活度 | 贝可［勒尔］ | Bq | $s^{-1}$ |
| 吸收剂量 | 戈［瑞］ | Gy | J/kg |
| 剂量当量 | 希［沃特］ | Sv | J/kg |

**3. 中国选定的非国际单位制单位**（表 1–5）。

表 1–5　中国选定的非国际单位制单位

| 量的名称 | 单位名称 | 单位符号 | 换算关系和说明 |
| --- | --- | --- | --- |
| 时间 | 分 | min | 1 min = 60 s |
| | ［小］时 | h | 1 h = 60 min = 3600 s |
| | 天，（日） | d | 1 d = 24 h = 86400 s |
| 平面角 | ［角］秒 | (″) | $1'' = (\pi/648000)$ rad（π 为圆周率） |
| | ［角］分 | (′) | $1' = 60'' = (\pi/10800)$ rad |
| | 度 | (°) | $1° = 60' = (\pi/180)$ rad |

续表

| 量的名称 | 单位名称 | 单位符号 | 换算关系和说明 |
|---|---|---|---|
| 旋转速度 | 转每分 | r/min | $1 \text{ r/min} = (1/60) \text{ s}^{-1}$ |
| 长度 | 海里 | n mile | $1 \text{ n mile} = 1852 \text{ m}$ （只用于航程） |
| 速度 | 节 | kh | $1 \text{ kh} = 1 \text{ n mile/h}$ <br> $= (1852/3600) \text{ m/s}$ <br> （只用于航行） |
| 质量 | 吨 | t | $1 \text{ t} = 10^3 \text{ kg}$ |
| | 原子质量单位 | u | $1 \text{ u} \approx 1.6605655 \times 10^{-27} \text{ kg}$ |
| 体积 | 升 | L，（1） | $1 \text{ L} = 1 \text{ dm}^3 = 10^{-3} \text{ m}^3$ |
| 能 | 电子伏 | eV | $1 \text{ eV} \approx 1.6021892 \times 10^{-19} \text{ J}$ |
| 级差 | 分贝 | dB | |
| 线密度 | 特［克斯］ | tex | $1 \text{ tex} = 1 \text{ g/km}$ |

注：1. 周、月、年（年的符号为 a）为一般常用时间单位。

2. 角度单位度、分、秒的符号不处于数字后时加圆括号。

3. 升的符号中，小写字母 l 为备用符号。

4. r 为"转"的符号。

# 1.3  金属材料理论质量计算公式

**1. 钢铁材料理论质量计算公式**（表 1-6）。

表 1-6  钢铁材料理论质量计算公式

| 钢材类别 | 理论质量 $W/$（kg/m）或（kg/m²） | 备注 |
|---|---|---|
| 圆钢、线材、钢丝 | $W = 0.00617 \times 直径^2$ | （1）角钢、工字钢和槽钢的准确计算公式很复杂，表中所列的简单计算公式用于计算近似值 <br> （2）f 值：一般型号及带 a 的为 3.34，带 b 的为 2.65，带 c 的为 2.26 |
| 方钢 | $W = 0.00785 \times 边长^2$ | |
| 六角钢 | $W = 0.0068 \times 对边距离^2$ | |
| 八角钢 | $W = 0.0065 \times 对边距离^2$ | |
| 等边角钢 | $W = 0.00785 \times 边厚（2 边宽 - 边厚）$ | |
| 不等边角钢 | $W = 0.00785 \times 边厚（长边宽 + 短边宽 - 边厚）$ | |

续表

| 钢材类别 | 理论质量 $W/$（kg/m）或（kg/m$^2$） | 备注 |
|---|---|---|
| 工字钢 | $W = 0.00785 \times$ 腰厚 ［高 + $f$（腿宽 - 腰厚）］ | （3） $e$ 值：一般型号及带 a 的为 3.26，带 b 的为 2.44，带 c 的为 2.24<br>（4）各长度单位均为 mm |
| 槽钢 | $W = 0.00785 \times$ 腰厚 ［高 + $e$（腿宽 - 腰厚）］ | |
| 扁钢、钢板、钢带 | $W = 0.00785 \times$ 宽 × 厚 | |
| 钢管 | $W = 0.02466 \times$ 壁厚（外径 - 壁厚） | |

注：腰高相同的工字钢，如有几种不同的腿宽和腰厚，需在型号右边加 a、b、c 予以区别，如 32a#、32b#、32c# 等。腰高相同的槽钢，如有几种不同的腿宽和腰厚也需在型号右边加 a、b、c 予以区别，如 25a#、25b#、25c# 等。

**2. 有色金属材料理论质量计算公式**（表 1-7）。

表 1-7 有色金属材料理论质量计算公式

| 序号 | 名称 | 理论质量 $W$ 的计算公式 | | 计算举例 |
|---|---|---|---|---|
| 1 | 纯铜棒 | $W = 0.00698 \times d^2$ | $d$——直径（mm） | 直径 100 mm 的纯铜棒，求 1 m 质量<br>1 m 质量 = $0.00698 \times 100^2$ kg = 69.8 kg |
| 2 | 六角纯铜棒 | $W = 0.0077 \times d^2$ | $d$——对边距离（mm） | 对边距离为 10 mm 的六角纯铜棒，求 1 m 质量<br>1 m 质量 = $0.0077 \times 10^2$ kg = 0.77 kg |
| 3 | 纯铜板 | $W = 8.89 \times t$ | $t$——厚度（mm） | 厚度 5 mm 的纯铜板，求 1 m$^2$ 质量<br>1 m$^2$ 质量 = $8.89 \times 5$ kg = 44.45 kg |
| 4 | 纯铜管 | $W = 0.02794 \times t(D - t)$ | $D$——外径（mm）<br>$t$——壁厚（mm） | 外径为 60 mm、壁厚 4 mm 的纯钢管，求 1 m 质量<br>1 m 质量 = $0.02794 \times 4 \times$（60 - 4）kg = 6.26 kg |
| 5 | 黄铜棒 | $W = 0.00668 \times d^2$ | $d$——直径（mm） | 直径为 100 mm 的黄铜棒，求 1 m 质量<br>1 m 质量 = $0.00668 \times 100^2$ kg = 66.8 kg |

| 序号 | 名称 | 理论质量 $W$ 的计算公式 | | 计算举例 |
|------|------|----------------------|---|----------|
| 6 | 六角黄铜棒 | $W = 0.00736 \times d^2$ | $d$——对边距离（mm） | 对边距离为 10 mm 的六角黄铜棒，求 1 m 质量<br>1 m 质量 = $0.00736 \times 10^2$ kg = 0.736 kg |
| 7 | 黄铜板 | $W = 8.5 \times t$ | $t$——厚度（mm） | 厚 5 mm 的黄铜板，求 1 m² 质量<br>1 m² 质量 = $8.5 \times 5$ kg = 42.5 kg |
| 8 | 黄铜管 | $W = 0.0267 \times t(D-t)$ | $D$——外径（mm）<br>$t$——壁厚（mm） | 外径 60 mm、壁厚 4 mm 的黄铜管，求 1 m 质量<br>1 m 质量 = $0.0267 \times 4$ $(60-4)$ kg = 5.98 kg |
| 9 | 铝棒 | $W = 0.0022 \times d^2$ | $d$——直径（mm） | 直径为 10 mm 的铝棒，求 1 m 质量<br>1 m 质量 = $0.0022 \times 10^2$ kg = 0.22 kg |
| 10 | 铝板 | $W = 2.71 \times t$ | $t$——厚度（mm） | 厚度为 10 mm 的铝板，求 1 m² 质量<br>1 m² 质量 = $2.71 \times 10$ kg = 27.1 kg |
| 11 | 铝管 | $W = 0.008796 \times t(D-t)$ | $D$——外径（mm）<br>$t$——壁厚（mm） | 外径为 30 mm、壁厚为 5 mm 的铝管，求 1 m 质量<br>1 m 质量 = $0.008796 \times 5$ $(30-5)$ kg = 1.1 kg |
| 12 | 铅板 | $W = 11.37 \times t$ | $t$——厚度（mm） | 厚度 5 mm 的铅板，求 1 m² 质量<br>1 m² 质量 = $11.37 \times 5$ kg = 56.85 kg |
| 13 | 铅管 | $W = 0.355 \times t \ (D-t)$ | $D$——外径（mm）<br>$t$——壁厚（mm） | 外径 60 mm，壁厚 4 mm 的铅管，求 1 m 质量<br>1 m 质量 = $0.355 \times 4$ $(60-4)$ kg = 7.95 kg |

注：对于板材，其理论质量单位为 kg/m；对于管材，其理论质量单位为 kg/m²。

# 1.4 金属材料相关知识

## 1.4.1 常用金属材料力学性能术语

常用金属材料力学性能术语如表1-8所示。

表1-8 常用金属材料力学性能术语

| 序号 | 术语（符号） | 释义 |
|------|------------|------|
| 1 | 弹性模量（$E$） | 低于比例极限的应力与相应应变的比值。杨氏模量为正应力和线性应变下的弹性模量特例 |
| 2 | 泊松比（$\mu$） | 低于材料比例极限的轴向应力所产生的横向应变与相应轴向应变的负比值 |
| 3 | 断后伸长率（$A$） | 在规定温度下，某时刻$t$下原始参考长度的增量与原始参考长度之比的百分率 |
| 4 | 断面收缩率（$Z$） | 断裂后试样横截面积的最大缩减量与原始横截面积之比的百分率 |
| 5 | 抗拉强度·（$R_m$） | 与最大力$F_m$相对应的应力 |
| 6 | 屈服强度 | 当金属材料呈现屈服现象时，在试验期间发生塑性变形而力不增加时的应力 |
| 7 | 上屈服强度（$R_{eH}$） | 试样发生屈服而力首次下降前的最高应力值 |
| 8 | 下屈服强度（$R_{eL}$） | 在屈服期间不计初始瞬时效应时的最低应力值 |
| 9 | 规定非比例延伸强度（$R_p$） | 非比例延伸率等于引伸计标距规定百分率时的应力。使用的符号应附以下脚注说明所规定的百分率，例如$R_{p0.2}$ |
| 10 | 规定非比例压缩强度（$R_{pc}$） | 试样标距段的非比例压缩变形达到规定的原始标距百分比时的压缩应力。使用的符号应附以下脚注说明所规定的百分率，例如$R_{pc0.2}$ |
| 11 | 规定残余延伸强度（$R_r$） | 卸除应力后残余延伸率等于规定的引伸计标距百分率时对应的应力。使用的符号应附以下脚注说明所规定的百分率，例如$R_{r0.2}$ |

| 序号 | 术语（符号） | 释义 |
|---|---|---|
| 12 | 布氏硬度（HBW） | 材料抵抗通过硬质合金球压头施加试验力所产生永久压痕变形的度量单位 |
| 13 | 努氏硬度（HK） | 材料抵抗通过金刚石菱形锥体（正四棱锥体或正三棱锥体）压头施加试验力所产生塑性变形和弹性变形的度量单位 |
| 14 | 马氏硬度（HM） | 材料抵抗通过金刚石棱锥体（正四棱锥体或正三棱锥体）压头施加试验力所产生塑性变形和弹性变形的度量单位 |
| 15 | 洛氏硬度（HR） | 材料抵抗通过硬质合金或钢球压头，或对应某一标尺的金刚石圆锥体压头施加试验力所产生永久压痕变形的度量单位 |
| 16 | 维氏硬度（HV） | 材料抵抗通过金刚石四棱锥体压头施加试验力所产生永久压痕变形的度量单位 |
| 17 | 里氏硬度（HL） | 用规定质量的冲击体在弹性力作用下以一定速度冲击试样表面，用冲头从距试样表面 1 mm 处的回弹速度与冲击速度的比值计算的硬度值 |

### 1.4.2 各种硬度间的换算关系

各种硬度间的换算关系如表 1-9 所示。

表 1-9　各种硬度间的换算关系

| 洛氏硬度 HRC | 肖氏[①]硬度 HS | 维氏硬度 HV | 布氏硬度 HBW | 洛氏硬度 HRC | 肖氏硬度 HS | 维氏硬度 HV | 布氏硬度 HBW | 洛氏硬度 HRC | 肖氏硬度 HS | 维氏硬度 HV | 布氏硬度 HBW |
|---|---|---|---|---|---|---|---|---|---|---|---|
| 70 | — | 1037 | — | 52 | 69.1 | 543 | — | 34 | 46.6 | 320 | 314 |
| 69 | — | 997 | — | 51 | 67.7 | 525 | 501 | 33 | 45.6 | 312 | 306 |
| 68 | 96.6 | 959 | — | 50 | 66.3 | 509 | 488 | 32 | 44.5 | 304 | 298 |
| 67 | 94.6 | 923 | — | 49 | 65 | 493 | 474 | 31 | 43.5 | 296 | 291 |
| 66 | 92.6 | 889 | — | 48 | 63.7 | 478 | 461 | 30 | 42.5 | 289 | 283 |
| 65 | 90.5 | 856 | — | 47 | 62.3 | 463 | 449 | 29 | 41.6 | 281 | 276 |
| 64 | 88.4 | 825 | — | 46 | 61 | 449 | 436 | 28 | 40.6 | 274 | 269 |

续表

| 洛氏硬度 HRC | 肖氏①硬度 HS | 维氏硬度 HV | 布氏硬度 HBW | 洛氏硬度 HRC | 肖氏硬度 HS | 维氏硬度 HV | 布氏硬度 HBW | 洛氏硬度 HRC | 肖氏硬度 HS | 维氏硬度 HV | 布氏硬度 HBW |
|---|---|---|---|---|---|---|---|---|---|---|---|
| 63 | 86.5 | 795 | — | 45 | 59.7 | 436 | 424 | 27 | 39.7 | 268 | 263 |
| 62 | 84.8 | 766 | — | 44 | 58.4 | 423 | 413 | 26 | 38.8 | 261 | 257 |
| 61 | 83.1 | 739 | — | 43 | 57.1 | 411 | 401 | 25 | 37.9 | 255 | 251 |
| 60 | 81.4 | 713 | — | 42 | 55.9 | 399 | 391 | 24 | 37 | 249 | 245 |
| 59 | 79.7 | 688 | — | 41 | 54.7 | 388 | 380 | 23 | 36.3 | 243 | 240 |
| 58 | 78.1 | 664 | — | 40 | 53.5 | 377 | 370 | 22 | 35.5 | 237 | 234 |
| 57 | 76.5 | 642 | — | 39 | 52.3 | 367 | 360 | 21 | 34.7 | 231 | 229 |
| 56 | 74.9 | 620 | — | 38 | 51.1 | 357 | 350 | 20 | 34 | 226 | 225 |
| 55 | 73.5 | 599 | — | 37 | 50 | 347 | 341 | 19 | 33.2 | 221 | 220 |
| 54 | 71.9 | 579 | — | 36 | 48.8 | 338 | 332 | 18 | 32.6 | 216 | 216 |
| 53 | 70.5 | 561 | — | 35 | 47.8 | 329 | 323 | 17 | 31.9 | 211 | 211 |

注：表中符号"—"表示暂无数据，下同。

①简称 HS，表示材料硬度的一种标准。

### 1.4.3 金属材料强度与硬度的换算关系

钢铁材料硬度与强度的换算如表 1-10 所示。

表 1-10 钢铁材料硬度与强度的换算关系（GB/T 1172—1999）

| 硬度 | | | | | | | 抗拉强度 $R_m/$（MPa） | | | | | | | |
|---|---|---|---|---|---|---|---|---|---|---|---|---|---|---|
| 洛氏 | | 表面洛氏 | | | 维氏 | 布氏 | 碳钢 | 铬钢 | 铬钒钢 | 铬镍钢 | 铬钼钢 | 铬镍钼钢 | 铬锰硅钢 | 超高强度钢 | 不锈钢 |
| HRC | HRA | HR15N | HR30N | HR45N | HV | HBW | | | | | | | | | |
| 20.0 | 60.2 | 68.8 | 40.7 | 19.2 | 226 | 225 | 774 | 742 | 736 | 782 | 747 | — | 781 | — | 740 |
| 20.5 | 60.4 | 69.0 | 41.2 | 19.8 | 228 | 227 | 784 | 751 | 744 | 787 | 753 | — | 788 | — | 749 |
| 21.0 | 60.7 | 69.3 | 41.7 | 20.4 | 230 | 229 | 793 | 760 | 753 | 792 | 760 | — | 794 | — | 758 |
| 21.5 | 61.0 | 69.5 | 42.2 | 21.0 | 233 | 232 | 803 | 769 | 761 | 797 | 767 | — | 801 | — | 767 |
| 22.0 | 61.2 | 69.8 | 42.6 | 21.5 | 235 | 234 | 813 | 779 | 770 | 803 | 774 | — | 809 | — | 777 |
| 22.5 | 61.5 | 70.0 | 43.1 | 22.1 | 238 | 237 | 823 | 788 | 779 | 809 | 781 | — | 816 | — | 786 |
| 23.0 | 61.7 | 70.3 | 43.6 | 22.7 | 241 | 240 | 833 | 798 | 788 | 815 | 789 | — | 824 | — | 796 |
| 23.5 | 62.0 | 70.6 | 44.0 | 23.3 | 244 | 242 | 843 | 808 | 797 | 822 | 797 | — | 832 | — | 806 |
| 24.0 | 62.2 | 70.8 | 44.5 | 23.9 | 247 | 245 | 854 | 818 | 807 | 829 | 805 | — | 840 | — | 816 |

续表

| 硬度 | | | | | | | 抗拉强度 $R_m$/（MPa） | | | | | | | | |
|---|---|---|---|---|---|---|---|---|---|---|---|---|---|---|---|
| 洛氏 | | 表面洛氏 | | | 维氏 | 布氏 | 碳钢 | 铬钢 | 铬钒钢 | 铬镍钢 | 铬钼钢 | 铬镍钼钢 | 铬锰硅钢 | 超高强度钢 | 不锈钢 |
| HRC | HRA | HR15N | HR30N | HR45N | HV | HBW | | | | | | | | | |
| 24.5 | 62.5 | 71.1 | 45.0 | 24.5 | 250 | 248 | 864 | 828 | 816 | 836 | 813 | — | 848 | — | 826 |
| 25.0 | 62.8 | 71.4 | 45.5 | 25.1 | 253 | 251 | 875 | 838 | 826 | 843 | 822 | — | 856 | — | 837 |
| 25.5 | 63.0 | 71.6 | 45.9 | 25.7 | 256 | 254 | 886 | 848 | 837 | 851 | 831 | 850 | 865 | — | 847 |
| 26.0 | 63.3 | 71.9 | 46.4 | 26.9 | 259 | 257 | 897 | 859 | 847 | 859 | 840 | 859 | 874 | — | 858 |
| 26.5 | 63.5 | 72.2 | 46.9 | 26.9 | 262 | 260 | 908 | 870 | 858 | 867 | 850 | 869 | 883 | — | 868 |
| 27.0 | 63.8 | 72.4 | 47.3 | 27.5 | 266 | 263 | 919 | 880 | 869 | 876 | 860 | 879 | 893 | — | 879 |
| 27.5 | 64.0 | 72.7 | 47.8 | 28.1 | 269 | 266 | 930 | 891 | 880 | 885 | 870 | 890 | 902 | — | 890 |
| 28.0 | 64.3 | 73.0 | 48.3 | 28.7 | 273 | 269 | 942 | 902 | 892 | 894 | 880 | 901 | 912 | — | 901 |
| 28.5 | 64.6 | 73.3 | 48.7 | 29.3 | 276 | 273 | 954 | 914 | 903 | 904 | 891 | 912 | 922 | — | 913 |
| 29.0 | 64.8 | 73.5 | 49.2 | 29.9 | 280 | 276 | 965 | 925 | 915 | 914 | 902 | 923 | 933 | — | 924 |
| 29.5 | 65.1 | 73.8 | 49.7 | 30.5 | 284 | 280 | 977 | 937 | 928 | 924 | 913 | 935 | 943 | — | 936 |
| 30.0 | 65.3 | 74.1 | 50.2 | 31.1 | 288 | 283 | 989 | 948 | 940 | 935 | 924 | 947 | 954 | — | 947 |
| 30.5 | 65.6 | 74.4 | 50.6 | 31.7 | 292 | 287 | 1002 | 960 | 953 | 946 | 936 | 959 | 965 | — | 959 |
| 31.0 | 65.8 | 74.7 | 51.1 | 32.3 | 296 | 291 | 1014 | 972 | 966 | 957 | 948 | 972 | 977 | — | 971 |
| 31.5 | 66.1 | 74.9 | 51.6 | 32.9 | 300 | 294 | 1027 | 984 | 980 | 969 | 961 | 985 | 989 | — | 983 |
| 32.0 | 66.4 | 75.2 | 52.0 | 33.5 | 304 | 298 | 1039 | 996 | 993 | 981 | 974 | 999 | 1001 | — | 996 |
| 32.5 | 66.6 | 75.5 | 52.5 | 34.1 | 308 | 302 | 1052 | 1009 | 1007 | 994 | 987 | 1012 | 1013 | — | 1008 |
| 33.0 | 66.9 | 75.8 | 53.0 | 34.7 | 313 | 306 | 1065 | 1022 | 1022 | 1007 | 1001 | 1027 | 1026 | — | 1021 |
| 33.5 | 67.1 | 76.1 | 53.4 | 35.3 | 317 | 310 | 1078 | 1034 | 1036 | 1020 | 1015 | 1041 | 1039 | — | 1034 |
| 34.0 | 67.4 | 76.4 | 53.9 | 35.9 | 321 | 314 | 1092 | 1048 | 1051 | 1034 | 1029 | 1056 | 1052 | — | 1047 |
| 34.5 | 67.7 | 76.7 | 54.4 | 36.5 | 326 | 318 | 1105 | 1061 | 1067 | 1048 | 1043 | 1071 | 1066 | — | 1060 |
| 35.0 | 67.9 | 77.0 | 54.8 | 37.0 | 331 | 323 | 1119 | 1074 | 1082 | 1063 | 1058 | 1087 | 1079 | — | 1074 |
| 35.5 | 68.2 | 77.2 | 55.3 | 37.6 | 335 | 327 | 1133 | 1088 | 1098 | 1078 | 1074 | 1103 | 1094 | — | 1087 |
| 36.0 | 68.4 | 77.5 | 55.8 | 38.2 | 340 | 332 | 1147 | 1102 | 1114 | 1093 | 1090 | 1119 | 1108 | — | 1101 |
| 36.5 | 68.7 | 77.8 | 56.2 | 38.8 | 345 | 336 | 1162 | 1116 | 1131 | 1109 | 1106 | 1136 | 1123 | — | 1116 |
| 37.0 | 69.0 | 78.1 | 56.7 | 39.4 | 350 | 341 | 1177 | 1131 | 1148 | 1125 | 1122 | 1153 | 1139 | — | 1130 |
| 37.5 | 69.2 | 78.4 | 57.2 | 40.0 | 355 | 345 | 1192 | 1146 | 1165 | 1142 | 1139 | 1171 | 1155 | — | 1145 |

续表

| 硬度 | | | | | | | 抗拉强度 $R_m$/（MPa） | | | | | | | | |
| --- | --- | --- | --- | --- | --- | --- | --- | --- | --- | --- | --- | --- | --- | --- | --- |
| 洛氏 | | 表面洛氏 | | | 维氏 | 布氏 | 碳钢 | 铬钢 | 铬钒钢 | 铬镍钢 | 铬钼钢 | 铬镍钼钢 | 铬锰硅钢 | 超高强度钢 | 不锈钢 |
| HRC | HRA | HR15N | HR30N | HR45N | HV | HBW | | | | | | | | | |
| 38.0 | 69.5 | 78.7 | 57.6 | 40.6 | 360 | 350 | 1207 | 1161 | 1183 | 1159 | 1157 | 1189 | 1171 | — | 1161 |
| 38.5 | 69.7 | 79.0 | 58.1 | 41.2 | 365 | 355 | 1222 | 1176 | 1201 | 1177 | 1174 | 1207 | 1187 | 1170 | 1176 |
| 39.0 | 70.0 | 79.3 | 58.6 | 41.8 | 371 | 360 | 1238 | 1192 | 1219 | 1195 | 1192 | 1226 | 1204 | 1195 | 1193 |
| 39.5 | 70.3 | 79.6 | 59.0 | 42.4 | 376 | 365 | 1254 | 1208 | 1238 | 1214 | 1211 | 1245 | 1222 | 1219 | 1209 |
| 40.0 | 70.5 | 79.9 | 59.5 | 43.0 | 381 | 370 | 1271 | 1225 | 1257 | 1233 | 1230 | 1265 | 1240 | 1243 | 1226 |
| 40.5 | 70.8 | 80.2 | 60.0 | 43.6 | 387 | 375 | 1288 | 1242 | 1276 | 1252 | 1249 | 1285 | 1258 | 1267 | 1244 |
| 41.0 | 71.1 | 80.5 | 60.4 | 44.2 | 393 | 380 | 1305 | 1260 | 1296 | 1273 | 1269 | 1306 | 1277 | 1290 | 1262 |
| 41.5 | 71.3 | 80.8 | 60.9 | 44.8 | 398 | 385 | 1322 | 1278 | 1317 | 1293 | 1289 | 1327 | 1296 | 1313 | 1280 |
| 42.0 | 71.6 | 81.1 | 61.3 | 45.4 | 404 | 391 | 1340 | 1296 | 1337 | 1314 | 1310 | 1348 | 1316 | 1336 | 1299 |
| 42.5 | 71.8 | 81.4 | 61.8 | 45.9 | 410 | 397 | 1359 | 1315 | 1358 | 1336 | 1331 | 1370 | 1336 | 1359 | 1319 |
| 43.0 | 72.1 | 81.7 | 62.3 | 46.5 | 416 | 403 | 1378 | 1335 | 1380 | 1358 | 1353 | 1392 | 1357 | 1381 | 1339 |
| 43.5 | 72.4 | 82.0 | 62.7 | 47.1 | 422 | 409 | 1397 | 1355 | 1401 | 1380 | 1375 | 1415 | 1378 | 1404 | 1361 |
| 44.0 | 72.6 | 82.3 | 63.2 | 47.7 | 428 | 415 | 1417 | 1376 | 1424 | 1404 | 1397 | 1439 | 1400 | 1427 | 1383 |
| 44.5 | 72.9 | 82.6 | 63.6 | 48.3 | 435 | 422 | 1438 | 1398 | 1446 | 1427 | 1420 | 1462 | 1422 | 1450 | 1405 |
| 45.0 | 73.2 | 82.9 | 64.1 | 48.9 | 441 | 428 | 1459 | 1420 | 1469 | 1451 | 1444 | 1487 | 1445 | 1473 | 1429 |
| 45.5 | 73.4 | 83.2 | 64.6 | 49.5 | 448 | 435 | 1481 | 1444 | 1493 | 1476 | 1468 | 1512 | 1469 | 1496 | 1453 |
| 46.0 | 73.7 | 83.5 | 65.0 | 50.1 | 454 | 441 | 1503 | 1468 | 1517 | 1502 | 1492 | 1537 | 1493 | 1520 | 1479 |
| 46.5 | 73.9 | 83.7 | 65.5 | 50.7 | 461 | 448 | 1526 | 1493 | 1541 | 1527 | 1517 | 1563 | 1517 | 1544 | 1505 |
| 47.0 | 74.2 | 84.0 | 65.9 | 51.2 | 468 | 455 | 1550 | 1519 | 1566 | 1554 | 1542 | 1589 | 1543 | 1569 | 1533 |
| 47.5 | 74.5 | 84.3 | 66.4 | 51.8 | 475 | 463 | 1575 | 1546 | 1591 | 1581 | 1568 | 1616 | 1569 | 1594 | 1562 |
| 48.0 | 74.7 | 84.6 | 66.8 | 52.4 | 482 | 470 | 1600 | 1574 | 1617 | 1608 | 1595 | 1643 | 1595 | 1620 | 1592 |
| 48.5 | 75.0 | 84.9 | 67.3 | 53.0 | 489 | 478 | 1626 | 1603 | 1643 | 1636 | 1622 | 1671 | 1623 | 1646 | 1623 |
| 49.0 | 75.3 | 85.2 | 67.7 | 53.6 | 497 | 486 | 1653 | 1633 | 1670 | 1665 | 1649 | 1699 | 1651 | 1674 | 1655 |
| 49.5 | 75.5 | 85.5 | 68.2 | 54.2 | 504 | 494 | 1681 | 1665 | 1697 | 1695 | 1677 | 1728 | 1679 | 1702 | 1689 |
| 50.0 | 75.8 | 85.7 | 68.6 | 54.7 | 512 | 502 | 1710 | 1698 | 1724 | 1724 | 1706 | 1758 | 1709 | 1731 | 1725 |
| 50.5 | 76.1 | 86.0 | 69.1 | 55.3 | 520 | 510 | — | 1732 | 1752 | 1755 | 1735 | 1788 | 1739 | 1761 | — |
| 51.0 | 76.3 | 86.3 | 69.5 | 55.9 | 527 | 518 | — | 1768 | 1780 | 1786 | 1764 | 1819 | 1770 | 1792 | — |

| 硬度 | | | | | | | 抗拉强度 $R_m$/（MPa） | | | | | | | | |
|---|---|---|---|---|---|---|---|---|---|---|---|---|---|---|---|
| 洛氏 | | 表面洛氏 | | | 维氏 | 布氏 | 碳钢 | 铬钢 | 铬钒钢 | 铬镍钢 | 铬钼钢 | 铬镍钼钢 | 铬锰硅钢 | 超高强度钢 | 不锈钢 |
| HRC | HRA | HR15N | HR30N | HR45N | HV | HBW | | | | | | | | | |
| 51.5 | 76.6 | 86.6 | 70.0 | 56.5 | 535 | 527 | — | 1806 | 1809 | 1818 | 1794 | 1850 | 1801 | 1824 | — |
| 52.0 | 76.9 | 86.8 | 70.4 | 57.1 | 544 | 535 | — | 1845 | 1839 | 1850 | 1825 | 1881 | 1834 | 1857 | — |
| 52.5 | 77.1 | 87.1 | 70.9 | 57.6 | 552 | 544 | — | — | 1869 | 1883 | 1856 | 1914 | 1867 | 1892 | — |
| 53.0 | 77.4 | 87.4 | 71.3 | 58.2 | 561 | 552 | — | — | 1899 | 1917 | 1888 | 1947 | 1901 | 1929 | — |
| 53.5 | 77.7 | 87.6 | 71.8 | 58.8 | 569 | 561 | — | — | 1930 | 1951 | — | — | 1936 | 1966 | — |
| 54.0 | 77.9 | 87.9 | 72.2 | 59.4 | 578 | 569 | — | — | 1961 | 1986 | — | — | 1971 | 2006 | — |
| 54.5 | 78.2 | 88.1 | 72.6 | 59.9 | 587 | 577 | — | — | 1993 | 2022 | — | — | 2008 | 2047 | — |
| 55.0 | 78.5 | 88.4 | 73.1 | 60.5 | 596 | 585 | — | — | 2026 | 2058 | — | — | 2045 | 2090 | — |
| 55.5 | 78.7 | 88.6 | 73.5 | 61.1 | 606 | 593 | — | — | — | — | — | — | — | 2135 | — |
| 56.0 | 79.0 | 88.9 | 73.9 | 61.7 | 615 | 601 | — | — | — | — | — | — | — | 2181 | — |
| 56.5 | 79.3 | 89.1 | 74.4 | 62.2 | 625 | 608 | — | — | — | — | — | — | — | 2230 | — |
| 57.0 | 79.5 | 89.4 | 74.8 | 62.8 | 635 | 616 | — | — | — | — | — | — | — | 2281 | — |
| 57.5 | 79.8 | 89.6 | 75.2 | 63.4 | 645 | 622 | — | — | — | — | — | — | — | 2334 | — |
| 58.0 | 80.1 | 89.8 | 75.6 | 63.9 | 655 | 628 | — | — | — | — | — | — | — | 2390 | — |
| 58.5 | 80.3 | 90.0 | 76.1 | 64.5 | 666 | 634 | — | — | — | — | — | — | — | 2448 | — |
| 59.0 | 80.6 | 90.2 | 76.5 | 65.1 | 676 | 639 | — | — | — | — | — | — | — | 2509 | — |
| 59.5 | 80.9 | 90.4 | 76.9 | 65.6 | 687 | 643 | — | — | — | — | — | — | — | 2572 | — |
| 60.0 | 81.2 | 90.6 | 77.3 | 66.2 | 698 | 647 | — | — | — | — | — | — | — | 2639 | — |
| 60.5 | 81.4 | 90.8 | 77.7 | 66.8 | 710 | 650 | — | — | — | — | — | — | — | — | — |
| 61.0 | 81.7 | 91.0 | 78.1 | 67.3 | 721 | — | — | — | — | — | — | — | — | — | — |
| 61.5 | 82.0 | 91.2 | 78.6 | 67.9 | 733 | — | — | — | — | — | — | — | — | — | — |
| 62.0 | 82.2 | 91.4 | 79.0 | 68.4 | 745 | — | — | — | — | — | — | — | — | — | — |
| 62.5 | 82.5 | 91.5 | 79.4 | 69.0 | 757 | — | — | — | — | — | — | — | — | — | — |
| 63.0 | 82.8 | 91.7 | 79.8 | 69.5 | 770 | — | — | — | — | — | — | — | — | — | — |
| 63.5 | 83.1 | 91.8 | 80.2 | 70.1 | 782 | — | — | — | — | — | — | — | — | — | — |
| 64.0 | 83.3 | 91.9 | 80.6 | 70.6 | 795 | — | — | — | — | — | — | — | — | — | — |
| 64.5 | 83.6 | 92.1 | 81.0 | 71.2 | 809 | — | — | — | — | — | — | — | — | — | — |

续表

| 硬度 | | | | | | | 抗拉强度 $R_m$/（MPa） | | | | | | | |
|---|---|---|---|---|---|---|---|---|---|---|---|---|---|---|
| 洛氏 | | 表面洛氏 | | | 维氏 | 布氏 | 碳钢 | 铬钢 | 铬钒钢 | 铬镍钢 | 铬钼钢 | 铬镍钼钢 | 铬锰硅钢 | 超高强度钢 | 不锈钢 |
| HRC | HRA | HR15N | HR30N | HR45N | HV | HBW | | | | | | | | | |
| 65. 0 | 83. 9 | 92. 2 | 81. 3 | 71. 7 | 822 | — | — | — | — | — | — | — | — | — | — |
| 65. 5 | 84. 1 | — | — | — | 836 | | — | — | — | — | — | — | — | — | — |
| 66. 0 | 84. 4 | — | — | — | 850 | | — | — | — | — | — | — | — | — | — |
| 66. 5 | 84. 7 | — | — | — | 865 | | | | | | | | | | |
| 67. 0 | 85. 0 | — | — | — | 879 | | | | | | | | | | |
| 67. 5 | 85. 2 | — | — | — | 894 | | | | | | | | | | |
| 68. 0 | 85. 5 | — | — | — | 909 | | | | | | | | | | |

有色金属硬度值（HBW）与抗拉强度 $R_m$（MPa）的关系可按关系式 $R_m \approx K \cdot HBW$ 计算，其中强度 – 硬度系数 $K$ 值可按表 1 – 11 取值。

**表 1 – 11　有色金属材料强度 – 硬度系数 $K$ 值**

| 材料 | $K$ 值 | 材料 | $K$ 值 |
|---|---|---|---|
| 铝 | 2. 7 | 铝黄铜 | 4. 8 |
| 铅 | 2. 9 | 铸铝 ZL103 | 2. 12 |
| 锡 | 2. 9 | 铸铝 ZL101 | 2. 66 |
| 铜 | 5. 5 | 硬铝 | 3. 6 |
| 单相黄铜 | 3. 5 | 锌合金铸件 | 0. 9 |
| H62 | 4. 3 ~ 4. 6 | | |

## 1.4.4　常用金属材料的密度

1. 铁合金的密度及堆密度（表 1 – 12）。

**表 1 – 12　铁合金的密度及堆密度**

| 铁合金名称 | 密度/（g/cm³） | 堆密度/（t/m³） | 备注 |
|---|---|---|---|
| 硅铁 | 3. 5 | 1. 4 ~ 1. 6 | $w$（Si）= 75% |
| | 5. 15 | 2. 2 ~ 2. 9 | $w$（Si）= 45% |
| 高碳锰铁 | 7. 10 | 3. 5 ~ 3. 7 | $w$（Mn）= 76% |

续表

| 铁合金名称 | 密度/（g/cm³） | 堆密度/（t/m³） | 备注 |
|---|---|---|---|
| 中碳锰铁 | 7.0 | — | $w$（Mn）=92% |
| 电解锰 | 7.2 | 3.5~3.7 | — |
| 硅锰合金 | 6.3 | 3.0~3.5 | $w$（Si）=20%，$w$（Mn）=65% |
| 高碳铬铁 | 6.94 | 3.8~4.0 | $w$（Cr）=60% |
| 中碳铬铁 | 7.28 | — | $w$（Cr）=60% |
| 低碳铬铁 | 7.29 | 2.7~3.0 | $w$（Cr）=60% |
| 金属铬 | 7.19 | 3.3（块重15 kg以下） | — |
| 硅钙 | 2.55 | — | $w$（Ca）=31%，$w$（Si）=59% |
| 镍板 | 8.7 | 2.2 | $w$（Ni）=99% |
| 镍豆 | — | 3.3~3.9 | $w$（Ni）=99.7% |
| 钒铁 | 7.0 | 3.4~3.9 | $w$（V）=40% |
| 钼铁 | 9.0 | 4.7 | $w$（Mo）=60% |
| 铌铁 | 7.4 | 3.2 | $w$（Nb）=50% |
| 钨铁 | 16.4 | 7.2 | $w$（W）=70%~80% |
| 钛铁 | 6.0 | 2.7~3.5 | $w$（Ti）=20% |
| 磷铁 | 6.34 | — | $w$（P）=25% |
| 硼铁 | 7.2 | 3.1 | $w$（B）=15% |
| 铝铁 | 4.9 | — | $w$（Al）=50% |
| 铝锭 | — | 1.5 | — |
| 钴 | 8.8 | — | — |
| 铜 | 8.89 | — | — |
| 铈镧稀土 | — | — | — |
| 硅铁稀土 | 4.57~4.8 | — | — |

注：备注中"$w$（ ）"表示括号中元素在合金中含量的百分比，即质量分数。

**2. 常用钢铁材料的密度**（表1-13）。

表1-13 常用钢铁材料的密度

| 材料名称 | 密度/（g/cm³） | 材料名称 | 密度/（g/cm³） |
|---|---|---|---|
| 灰铸铁（≤HT200） | 7.2 | 铸钢 | 7.8 |
| 灰铸铁（≥HT350） | 7.35 | 钢材 | 7.85 |
| 可锻铸铁 | 7.35 | 高速钢［$w$（W）=18%］ | 8.7 |
| 球墨铸铁 | 7.0~7.4 | 高速钢［$w$（W）=12%］ | 8.3~8.5 |
| 白口铸铁 | 7.4~7.7 | 高速钢［$w$（W）=9%］ | 8.3 |
| 工业纯铁 | 7.87 | 高速钢［$w$（W）=6%］ | 8.16~8.34 |

**3. 常用有色金属材料的密度**（表1-14）。

表1-14 常用有色金属材料的密度

| 材料名称 | 密度/（g/cm³） | 材料名称 | 密度/（g/cm³） |
|---|---|---|---|
| 纯铜，无氧铜 | 8.9 | HAl66—6—2—3 | 8.5 |
| 磷脱氧铜 | 8.89 | HAl60—1—1 | 8.5 |
| 加工黄铜 | | HAl59—3—2 | 8.4 |
| H96，H90 | 8.8 | HMn58—2 | 8.5 |
| H85 | 8.75 | HMn57—3—1 | 8.5 |
| H80 | 8.5 | HMn55—3—1 | 8.5 |
| H68、H68A | 8.5 | HFe59—1—1 | 8.5 |
| H65、H62、H59 | 8.5 | HSi80—3 | 8.6 |
| HPb63—3 | 8.5 | HNi65—5 | 8.5 |
| HPb63—0.1 | 8.5 | 铸造黄铜 | |
| HPb62—0.8 | 8.5 | ZCuZn38 | 8.43 |
| HPb61—1 | 8.5 | ZCuZn25Al6Fe3Mn3 | 7.7 |
| HPb59—1 | 8.5 | ZCuZn26Al4Fe3Mn3 | 7.83 |
| HSn90—1 | 8.8 | ZCuZn31Al2 | 8.5 |
| HSn70—1 | 8.54 | ZCuZn35Al2Mn2Fe1 | 8.5 |
| HSn62—1 | 8.5 | ZCuZn40Mn3Fe1 | 8.5 |
| HSn60—1 | 8.5 | ZCuZn40Mn2 | 8.5 |
| HAl77—2 | 8.6 | ZCuZn33Pb2 | 8.55 |
| HAl67—2.5 | 8.5 | ZCuZn40Pb2 | 8.5 |

| 材料名称 | 密度/（g/cm³） | 材料名称 | 密度/（g/cm³） |
|---|---|---|---|
| 加工青铜 | | ZCuSn5Zn5Pb5 | 8.83 |
| QSn4—3 | 8.8 | ZCuPb10Sn10 | 8.9 |
| QSn4—4—2.5 | 8.77 | ZCuPb15Sn8 | 9.1 |
| QSn4—4—4 | 8.9 | ZCuPb17Sn4Zn4 | 9.2 |
| QSn6.5—0.1 | 8.8 | ZCuPb30 | 9.54 |
| QSn6.5—0.4 | 8.8 | ZCuAl8Mn13Fe3Ni2 | 7.5 |
| QSn7—0.2 | 8.8 | ZCuAl9Mn2 | 7.6 |
| QSn8—0.3 | 8.8 | ZCuAl9Fe4Ni4Mn2 | 7.64 |
| QBe2 | 8.3 | ZCuAl10Fe3 | 7.45 |
| QBe1.9 | 8.3 | ZCuAl10Fe3Mn2 | 7.5 |
| QAl5 | 8.2 | 加工白铜 | |
| QAl7 | 7.8 | B0.6, B5, B10 | 8.9 |
| QAl9—2 | 7.6 | B19, B30 | 8.9 |
| QAl9—4 | 7.5 | BFe30—1—1 | 8.9 |
| QAl10—3—1.5 | 7.5 | BMn3—12 | 8.4 |
| QAl10—4—4 | 7.7 | BMn40—1.5 | 8.9 |
| QSi3—1 | 8.4 | BZn15—20 | 8.6 |
| QSi1—3 | 8.6 | BAl13—3 | 8.5 |
| QMn1.5 | 8.8 | BAl6—1.5 | 8.7 |
| QMn5 | 8.6 | 加工镍及镍合金 | |
| QZr0.2 | 8.9 | N2, N4, N6 | 8.9 |
| QZr0.4 | 8.9 | N8, DN | 8.9 |
| QCr0.5 | 8.9 | NY1～NY3 | 8.85 |
| QCr0.5—0.2—0.1 | 8.9 | NSi0.19 | 8.85 |
| QCd1 | 8.9 | NCu40—2—1 | 8.85 |
| 铸造青铜 | | NCu28—2.5—1.5 | 8.85 |
| ZCuSn3Zn8Pb6Ni1 | 8.8 | NMg0.1 | 8.8 |
| ZCuSn10P1 | 8.76 | NCr10 | 8.7 |
| ZCuSn10Pb5 | 8.85 | 加工铝及铝合金 | |
| ZCuSn10Zn2 | 8.73 | 1070A～8A06 | 2.71 |

续表

| 材料名称 | 密度/（g/cm³） | 材料名称 | 密度/（g/cm³） |
|---|---|---|---|
| 7A01 | 2.72 | 6063 | 2.7 |
| 1A50 | 2.72 | 7A03 | 2.85 |
| 5A02 | 2.68 | 7A04 | 2.85 |
| 5A03 | 2.67 | 7A09 | 2.85 |
| 5083 | 2.67 | 4A01 | 2.68 |
| 5A05 | 2.65 | 5A41 | 2.64 |
| 5056 | 2.64 | 5A66 | 2.68 |
| 5A06 | 2.64 | LQ1、LQ2 | 2.74 |
| 5B0A | 2.65 | 铸造铝合金 | |
| 3A21 | 2.73 | ZL101 | 2.68 |
| 5A43 | 2.68 | ZL101A | 2.68 |
| 2A01 | 2.76 | ZL102 | 2.65 |
| 2A02 | 2.75 | ZL104 | 2.63 |
| 2A04 | 2.76 | ZL105 | 2.71 |
| 2A06 | 2.76 | ZL105A | 2.71 |
| 2B11 | 2.8 | ZL106 | 2.73 |
| 2B12 | 2.78 | ZL107 | 2.80 |
| 2A10 | 2.8 | ZL108 | 2.68 |
| 2A11 | 2.8 | ZL109 | 2.71 |
| 2A12 | 2.78 | ZL110 | 2.89 |
| 2A16 | 2.84 | ZL114 | 2.68 |
| 2A17 | 2.84 | ZL116 | 2.66 |
| 6A02 | 2.7 | ZL201 | 2.78 |
| 2A50 | 2.75 | ZL201A | 2.83 |
| 2B50 | 2.75 | ZL203 | 2.80 |
| 2A70 | 2.8 | ZL204A | 2.81 |
| 2A80 | 2.77 | ZL205A | 2.82 |
| 2A90 | 2.8 | ZL207 | 2.8 |
| 2A14 | 2.8 | ZL301 | 2.55 |
| 6061 | 2.7 | ZL303 | 2.6 |

| 材料名称 | 密度/（g/cm³） | 材料名称 | 密度/（g/cm³） |
|---|---|---|---|
| ZL401 | 2.95 | 加工铅、锡及其合金 | |
| ZL402 | 2.81 | Pb1～Pb3 | 11.34 |
| 加工锌及锌合金 | | PbSb0.5 | 11.32 |
| Zn1，Zn2 | 7.15 | PbSb2 | 11.25 |
| ZCuPb15Sn8 | 9.1 | PbSb4 | 11.15 |
| ZCuPb20Sn5 | 9.2 | PbSb6 | 11.06 |
| ZCuPb30 | 9.54 | PbSb8 | 10.97 |
| ZCuAl10Fe3 | 7.5 | Sn1～Sn3 | 7.3 |
| 硬质合金 | | 轴承合金 | |
| YC3，YG3X | 15.0～15.3 | ZSnSb12Pb10Cu4 | 7.4 |
| YG4 | 14.9～15.2 | ZSnSb11Cu6 | 7.38 |
| YG6X，YG6A | 14.6～15.0 | ZSnSb8Cu4 | 7.3 |
| YG6 | 14.6～15.0 | ZSnSb4Cu4 | 7.34 |
| YG8N，YG8 | 14.5～14.9 | ZPbSb16Sn16Cu2 | 9.29 |
| YG8C | 14.5～14.9 | ZPbSb15Sn5Cu3Cd2 | 9.6 |
| YG10C | 14.3～14.6 | ZPbSb15Sn10 | 9.6 |
| YG11C | 14.0～14.4 | ZPbSb15Sn5 | 10.2 |
| YG15 | 13.9～14.2 | ZPbSb10Sn6 | 10.5 |
| YG20，YG20C | 13.4～13.7 | ZCuSn15Pb5Zn5 | 8.7 |
| 电池锌板 | 7.15 | ZCuSn10P1 | 8.76 |
| 照相制版用普通锌板和微晶锌板 | 7.15 | ZCuPb10Sn10 | 8.9 |
| 胶印锌板 | 7.2 | YG25 | 12.9～13.2 |
| ZnCu1.5 | 7.2 | YW1 | 12.6～13.5 |
| 铸造锌合金 | | YW2 | 12.4～13.5 |
| ZZnAl10—5 | 6.3 | YW3 | 12.7～13.5 |
| ZZnAl9—1.5 | 6.2 | YW4 | 12.0～12.5 |
| ZZnAl4—1 | 6.7 | YT05 | 12.5～12.9 |
| ZZnAl4—0.5 | 6.7 | YT5 | 12.5～13.2 |
| ZZnAl4 | 6.6 | YT14 | 11.2～12.0 |
| | | YT15 | 11.0～11.7 |

续表

| 材料名称 | 密度/（g/cm$^3$） | 材料名称 | 密度/（g/cm$^3$） |
|---|---|---|---|
| YT30 | 9.3~9.7 | YH1 | 14.2~14.4 |
| YN05 | ≥5.9 | YH2 | 13.9~14.1 |
| YN10 | ≥6.3 | | |

# 1.5  国家标准及行业标准代号

国家标准及行业标准代号如表 1－15 所示。

表 1－15  国家标准及行业标准代号

| 代号 | 意义 |
|---|---|
| GB | 国家标准（强制性标准） |
| GB/T | 国家标准（推荐性标准） |
| GBn | 国家内部标准 |
| GJB | 国家军用标准 |
| GBJ | 国家工程建设标准 |
| □□ | □□行业标准（强制性标准） |
| □□/T | □□行业标准（推荐性标准） |
| CB | 船舶行业标准 |
| CH | 测绘行业标准 |
| CJ | 城镇建设行业标准 |
| CY | 新闻出版行业标准 |
| DA | 档案工作行业标准 |
| DL | 电力行业标准 |
| DZ | 地质矿产行业标准 |
| EJ | 核工业行业标准 |
| FZ | 纺织行业标准 |
| GA | 公共安全行业标准 |
| GY | 广播电影电视行业标准 |

| 代号 | 意义 |
| --- | --- |
| HB | 航空行业标准 |
| HG | 化工行业标准 |
| HJ | 环境保护行业标准 |
| HY | 海洋行业标准 |
| JB | 机械行业标准（含机械、电工、仪器仪表等） |
| JC | 建材行业标准 |
| JG | 建筑工业行业标准 |
| JR | 金融行业标准 |
| JT | 交通行业标准 |
| JY | 教育行业标准 |
| LD | 劳动和劳动安全行业标准 |
| LY | 林业行业标准 |
| MH | 民用航空行业标准 |
| MT | 煤炭行业标准 |
| MZ | 民政行业标准 |
| NY | 农业行业标准 |
| QB | 轻工行业标准 |
| QC | 汽车行业标准 |
| QJ | 航天行业标准 |
| SC | 水产行业标准 |
| SH | 石油化工行业标准 |
| SJ | 电子行业标准 |
| SL | 水利行业标准 |
| SN | 商检行业标准 |
| SY | 石油天然气行业标准 |
| TB | 铁路运输行业标准 |
| TD | 土地管理行业标准 |
| TY | 体育行业标准 |
| WB | 物资行业标准 |
| WH | 文化行业标准 |
| WJ | 兵工民品行业标准 |

续表

| 代号 | 意义 |
|------|------|
| XB | 稀土行业标准 |
| YB | 黑色冶金行业标准 |
| YC | 烟草行业标准 |
| YD | 通信行业标准 |
| YS | 有色冶金行业标准 |
| YY | 医药行业标准 |

# 1.6  焊接术语

## 1.6.1  一般术语

（1）焊接：通过加热或加压，或两者并用，并且使用或不使用填充材料，使工件达到结合的一种方法。

（2）焊接技能：焊工执行焊接工艺细则的能力。

（3）焊接方法：指特定的焊接工艺，如埋弧焊、气体保护焊等，其含义包括该方法涉及的冶金、电、物理、化学及力学原则等内容。

（4）焊接工艺：制造焊件（用焊接方法连接的组件）有关的加工方法和实施要求，包括焊接准备、材料选用、焊接方法选定、焊接参数、操作要求等。

（5）焊接顺序：工件上各焊接接头和焊缝的焊接次序。

（6）焊接方向：焊接热源沿焊缝长度增长的移动方向。

（7）焊接回路：焊接电源输出的焊接电流流经工件的导电回路。

（8）坡口：根据设计或工艺需要，在工件的待焊部位加工并装配成的具有一定几何形状的沟槽。

（9）单面坡口：只构成单面焊缝（包括封底焊）的坡口。

（10）双面坡口：形成双面焊缝的坡口。

（11）坡口面：待焊工件上的坡口表面，如图 1 - 1 所示。

（12）坡口角度：两坡口面之间的夹角，如图 1 - 2 所示。

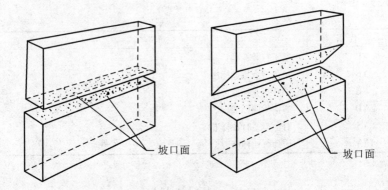

坡口面

坡口面

**图1-1　坡口面**

　　(13) 坡口面角度：待加工坡口的端面与坡口面之间的夹角，如图1-2所示。

　　(14) 根部间隙：焊前在接头根部之间预留的空隙，如图1-2所示。

　　(15) 根部半径：在J形、U形坡口底部的圆角半径，如图1-2所示。

　　(16) 钝边：被焊工件开坡口时，沿工件接头坡口根部端面的直边部分，如图1-2所示。

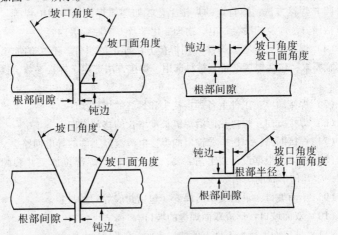

坡口角度

坡口面角度

根部间隙

钝边

钝边

坡口角度
坡口面角度

根部间隙

坡口角度

坡口面角度

根部间隙

钝边

钝边

坡口角度
坡口面角度

根部半径

根部间隙

**图1-2　坡口特征**

（17）母材金属：被焊金属材料的统称。

（18）热影响区：焊接或切割过程中，材料因受热的影响（但未熔化）而发生金相组织和机械性能变化的区域。

（19）过热区：焊接热影响区中，具有过热组织或晶粒显著粗大的区域。

（20）熔合区：焊缝与母材交接的过渡区，即熔合线（熔化区和非熔化区之间的过渡部分）处微观显示的母材半熔化区。

（21）焊缝金属区：在焊接接头横截面上测量的焊缝金属的区域熔焊时，由焊缝表面和熔合线所包围的区域。电阻焊时，指焊后形成的熔核部分。

（22）承载焊缝：焊件上用做承受载荷的焊缝。

（23）连续焊缝：连续焊接的焊缝。

（24）断续焊缝：焊接成具有一定间隔的焊缝。

（25）环缝：沿筒形焊件分布的头尾相接的封闭焊缝。

（26）螺旋形焊缝：用成卷板材按螺旋形方式卷成管接头后焊接所得到的焊缝。

（27）正面角焊缝：焊缝轴线与焊件受力方向相垂直的角焊缝，如图1-3所示。

（28）侧面角焊缝：焊缝轴线与焊件受力方向相平行的角焊缝，如图1-4所示。

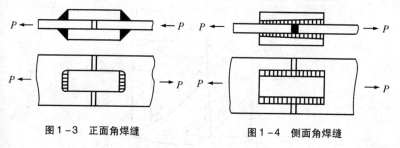

图1-3　正面角焊缝　　　　　图1-4　侧面角焊缝

（29）并列断续角焊缝：T形接头两侧互相对称布置、长度基本相等的断续角焊缝，如图1-5所示。

（30）交错断续角焊缝：T形接头两侧互相交错布置、长度基本相等的断续角焊缝，如图1-6所示。

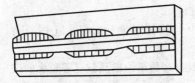

图 1－5　并列断续角焊缝

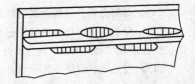

图 1－6　交错继续角焊缝

（31）凸形角焊缝：焊缝表面凸起的角焊缝，如图 1－7 所示。

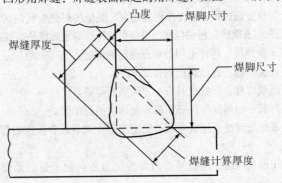

图 1－7　凸形角焊缝

（32）凹形角焊缝：焊缝表面下凹的角焊缝，如图 1－8 所示。

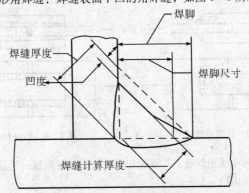

图 1－8　凹形角焊缝

（33）焊缝宽度：焊缝表面两焊趾之间的距离，如图1-9所示。

（34）焊趾：焊缝表面与母材的交界处，如图1-9所示。

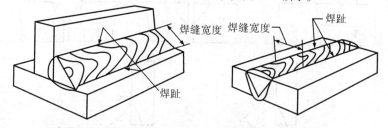

图1-9 焊缝宽度及焊趾

（35）熔深：在焊接接头横截面上，母材或前道焊缝熔化的深度，如图1-10所示。

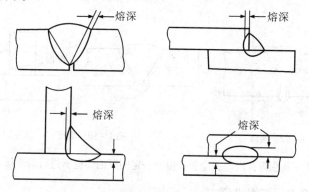

图1-10 熔深

（36）焊缝成形系数：熔焊时，在单道焊缝横截面上的焊缝宽度（$B$）与焊缝计算厚度（$H$）的比值，记作 $p$，则 $p = B/H$，如图1-11所示。

（37）余高：超出母材表面连线上面的那部分焊缝金属的最大高度，如图1-12所示。

（38）焊根：焊缝背面与母材的交界处，如图1-13所示。

（39）定位焊：为装配和固定焊件接头的位置而进行的焊接。

（40）连续焊：为完成焊件上的连续焊缝而进行的焊接。

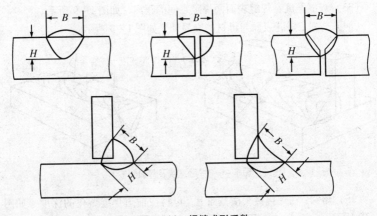

图 1-11 焊缝成形系数

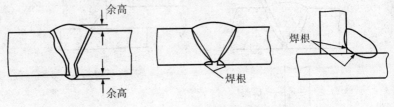

图 1-12 余高          图 1-13 焊根

(41) 断续焊：沿接头全长获得有一定间隔的焊缝所进行的焊接。

## 1.6.2 熔焊术语

(1) 熔池：熔焊时在焊接热源作用下，焊件上所形成的具有一定几何形状的液态金属部分。

(2) 熔敷金属：完全由填充金属熔化后所形成的焊缝金属。

(3) 熔敷顺序：堆焊或多层焊时，在焊缝横截面上各焊道的施焊次序，如图 1-14 所示。

(4) 打底焊道：单面坡口对接焊时，形成背垫（起背垫作用）的焊道，如图 1-15 所示。

(5) 封底焊道：单面对接坡口焊完后，又在焊缝背面施焊的最终焊道

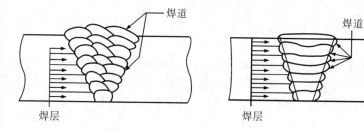

图 1-14 熔敷顺序

（是否清根可视需要确定），如图 1-16 所示。

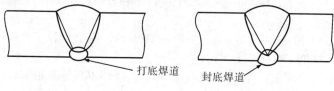

图 1-15 打底焊道     图 1-16 封底焊道

（6）熔透焊道：只从一面焊接而使接头完全熔透的焊道，一般指单面焊双面成形焊道，如图 1-17 所示。

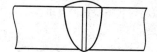
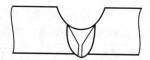

图 1-17 熔透焊道

（7）焊波：焊缝表面上的鱼鳞状波纹。

（8）焊层：多层焊时的每一个分层。每个焊层可由一条焊道或几条并排相搭的焊道组成。

（9）焊接电弧：由焊接电源供给的，在具有一定电压的两电极间或电极与母材间，在气体介质中产生的强烈而持久的放电现象。

（10）电弧稳定性：电弧保持稳定燃烧（不产生断弧、飘移和磁偏吹等）的程度。

（11）电弧挺度：在热收缩和磁收缩等效应的作用下，电弧沿电极轴向挺直的程度。

（12）电弧动特性：对于一定弧长的电弧，当电弧电流发生连续的快速变化时，电弧电压与电流瞬时值之间的关系。

（13）电弧静特性：在电极材料、气体介质和弧长一定的情况下，电弧稳定燃烧时，焊接电流与电弧电压变化的关系。一般也称伏－安特性。

（14）硬电弧：电弧电压（或弧长）稍微变化，引起电流明显变化的电弧。

（15）软电弧：电弧电压变化时，电流值几乎不变的电弧。

（16）电弧偏吹：电弧受磁力作用而产生偏移的现象。

（17）弧长：焊接电弧两端之间（指电极端头和熔池表面间）的最短距离。

（18）熔滴过渡：熔滴通过电弧空间向熔池转移的过程，分粗滴过渡、短路过渡和喷射过渡三种形式。

（19）粗滴过渡（颗粒过渡）：熔滴呈粗大颗粒状向熔池自由过渡的形式，如图1－18a所示。

（20）短路过渡：焊条（或焊丝）端部的熔滴与熔池短路接触，由于强烈过热和磁收缩的作用使其爆断，直接向熔池过渡的形式，如图1－18b所示。

（21）喷射过渡：熔滴呈细小颗粒并以喷射状态快速经过电弧空间向熔池过渡的形式，如图1－18c所示。

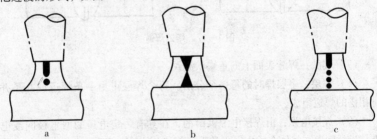

a　　　　　　　　　　b　　　　　　　　　　c

**图1－18　熔滴过渡形式**

（22）脉冲喷射过渡：利用脉冲电流控制的喷射过渡。

（23）极性：直流电弧焊或电弧切割时焊件的极性。焊件接电源正极的称为正极性，接负极的称为反极性。

（24）正接：焊件接电源正极，电极接电源负极的接线法。

（25）反接：焊件接电源负极，电极接电源正极的接线法。

（26）左焊法：焊接热源从接头右端向左端移动，并指向待焊工件部分的操作法。

（27）右焊法：焊接热源从接头左端向右端移动，并指向待焊工件部分的操作法。

（28）分段退焊：将焊件接缝划分成若干段，分段焊接，每段施焊方向与整条焊缝增长方向相反的焊接法，如图1-19所示。

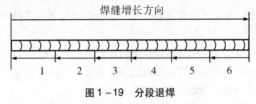

图1-19　分段退焊

（29）分段跳焊：将焊件接缝分成若干段，按预定次序和方向分段间隔施焊，完成整条焊缝的焊接法。如图1-20所示。

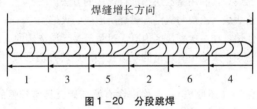

图1-20　分段跳焊

（30）单面焊：只在接头的一面（侧）施焊的焊接。

（31）双面焊：在接头的两面（侧）施焊的焊接。

（32）单道焊：只熔敷一条焊道完成整条焊缝所进行的焊接。

（33）多道焊：由两条以上焊道完成整条焊缝所进行的焊接，如图1-21所示。

（34）多层焊：熔敷两个以上焊层完成整条焊缝所进行的焊接，如图1-21所示。

（35）分段多层焊：将焊件接缝划分成若干段，按工艺规定的顺序对每段进行多层焊，最后完成整条焊缝所进行的焊接，如图 1 – 21 所示。

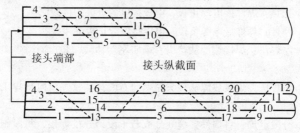

图 1 – 21　多层多道焊

（36）堆焊：为增大或恢复焊件尺寸，或使焊件表面获得具有特殊性能的熔敷金属而进行的焊接。

（37）带极堆焊：使用带状熔化电极进行堆焊的方法。

（38）衬垫焊：在坡口背面放置焊接衬垫进行焊接的方法。

（39）焊剂垫焊：用焊剂作衬垫的衬垫焊。

（40）气焊：利用气体火焰作热源的焊接法，最常用的是氧乙炔焊，但近来液化气或丙烷燃气的焊接也已迅速发展。

（41）氧乙炔焊：利用氧乙炔焰进行焊接的方法。

（42）氧乙炔焰：乙炔与氧混合燃烧所形成的火焰。

（43）中性焰：在一次燃烧区内既无过量氧又无游离碳的火焰。

（44）氧化焰：火焰中有过量的氧，在尖形焰芯外面形成一个有氧化性的富氧区。

（45）碳化焰（还原焰）：火焰中含有游离碳，具有较强的还原作用，也有一定的渗碳作用的火焰。

（46）焰芯：火焰中靠近焊炬（或割炬）喷嘴孔的呈锥状并发亮的部分，如图 1 – 22 所示。

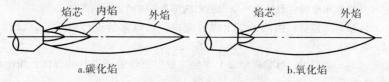

图 1 – 22　气焊火焰

（47）内焰：火焰中含碳气体过剩时，在焰芯周围明显可见的富集区，在碳化焰中有内焰，如图 1 – 22 所示。

（48）外焰：火焰中围绕焰芯或内焰燃烧的火焰，如图 1 – 22 所示。

（49）一次燃烧：可燃性气体在预先混合好的空气或氧气中的燃烧。一次燃烧形成的火焰叫一次火焰。

（50）二次燃烧：一次燃烧的中间产物与外围空气再次反应而生成稳定的最终产物的燃烧。二次燃烧形成的火焰叫做二次火焰。

## 1.6.3 压焊术语

（1）压焊：焊接过程中，必须对焊件施加压力（加热或不加热），以完成焊接的方法。包括固态焊、热压焊、锻焊、扩散焊、气压焊及冷压焊等。

（2）固态焊：焊接温度低于母材金属和填充金属的熔化温度，加压以进行原子相互扩散的焊接工艺方法。

（3）热压焊：加热并加压到足以使工件产生宏观变形的一种固态焊。

（4）锻焊：将工件加热到焊接温度并给予击打，使结合面足以产生永久变形的固态焊接方法。

（5）扩散焊：将工件在高温下加压，但不产生可见变形和相对移动的固态焊接方法。使用这种方法时结合面间可预置填充金属。

（6）气压焊：用氧燃气加热结合区并加压，使整个结合面焊接的方法。

（7）冷压焊：在室温下对结合处加压使此处产生显著变形而焊接的固态焊接方法。

（8）摩擦焊：利用焊件表面相互摩擦所产生的热，使结合面达到热塑性状态，然后迅速顶锻，完成焊接的一种压焊方法。

（9）爆炸焊：利用炸药爆炸产生的冲击力造成焊件迅速碰撞，实现连接焊件的一种压焊方法。

（10）超声波焊：利用超声波的高频振荡对焊件接头进行局部加热和表面清理，然后施加压力实现焊接的一种压焊方法。

（11）电阻焊：工件组合后通过电极施加压力，利用电流通过接头的结合面及邻近区域所产生的电阻热进行焊接的方法。

（12）电阻对焊：将工件装配成对接接头，使两工件的端面紧密接触，利用电阻热加热至塑性状态，然后迅速施加顶锻力完成焊接的方法。

（13）闪光对焊：将工件装配成对接接头，接通电源，并使工件的端面逐渐移近达到局部接触，利用电阻热加热这些接触点（产生闪光），使端面金属熔化，直至端部在一定深度范围内达到预定温度时，迅速施加顶锻力完成焊接的方法。闪光对焊又可分为连续闪光焊和预热闪光焊。

（14）高频电阻焊：利用 10～500 kHz 的高频电流进行焊接的一种电阻焊方法。

（15）电阻点焊：焊件装配成搭接接头，并压紧在两电极之间，利用电阻热熔化母材金属，形成焊点的电阻焊方法。

（16）多点焊：用两对或两对以上电极，同时或按自动控制程序焊接两个或两个以上焊点的点焊。

（17）手压点焊：用点焊枪，以人工加压而完成的单面点焊。

（18）间接点焊：焊接电流通过焊点处及远离焊点处的母材构成电流回路，同时在焊点侧加压以形成焊点的电阻点焊，如图 1-23 所示。

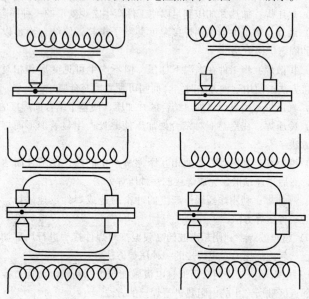

图 1-23　间接点焊

（19）串联电阻点焊：通过串联电路同时焊接两个焊点的点焊、缝焊或凸焊的电阻焊方法。

（20）并联电阻点焊：通过并联电路同时焊接两个或两个以上焊点的电阻焊方法。

（21）脉冲点焊：在一个焊接循环中，通过两个以上焊接电流脉冲的点焊。

（22）胶接点焊：以胶接加强电阻点焊强度的连接方法。

（23）缝焊：将工件装配成搭接或对接接头并置于两滚轮电极之间，滚轮加压工件并滚动，连续或断续送电，形成一条连续焊缝的电阻焊方法。

（24）滚点焊：将工件搭接并置于两滚轮电极之间，滚轮电极连续滚动并加压工件，断续通电，焊出有一定间距焊点的点焊方法。

（25）步进点焊：工件置于两滚轮电极之间，滚轮电极连续加压，间歇滚动，通电时滚轮停止滚动，断电时滚轮滚动，交替进行形成焊点的焊接方法。

（26）步进缝焊：将工件置于两滚轮电极之间，滚轮电极连续加压，间歇滚动，当滚轮停止滚动时通电，滚轮滚动时断电，交替进行的缝焊法。

（27）凸焊：在一工件的结合面上预先加工出一个或多个凸起点，使其与另一工件表面相接触并通电加热，然后压塌，使这些接触点形成焊点的电阻焊方法。

（28）电容贮能点焊：利用电容贮存电能，然后迅速释放进行加热完成点焊的方法。

（29）电极压力：电阻焊时，通过电极施加在工件上的压力。

（30）顶锻力：闪光对焊和电阻对焊时，顶锻阶段施加给焊件端面上的力。

（31）顶锻时间：电阻对焊或闪光对焊时，在顶锻阶段，顶锻力所持续的时间。包括有电顶锻时间和无电顶锻时间。

（32）焊接通电时间（电阻焊）：电阻焊时的每一个焊接循环中，自焊接电流接通到焊接电流停止的持续时间。

（33）间歇时间：从焊接通电时间结束到下一焊点开始焊接的时间。

（34）休止时间：电阻点焊或缝焊过程中，两个相邻焊接循环的间隔时间。

（35）预热电流：电阻焊时，预热阶段通过焊件的电流。

（36）回火电流：电阻焊过程中，对焊件进行回火加热时所通过的电流。

（37）闪光电流：闪光对焊时，闪光阶段通过焊件的电流。

（38）顶锻电流：闪光对焊和电阻对焊时，有电顶锻阶段通过焊件的电流。

（39）分流：从焊接主回路以外流过的电流。

（40）闪光：闪光对焊时，从结合面间飞散出光亮金属微粒的现象。

（41）闪光留量：闪光对焊时，考虑工件会因闪光烧化缩短而预留的长度。

（42）顶锻：闪光对焊和电阻对焊时，对工件施加顶锻力，使接头的结合面紧密接触并使其实现优质结合所必需的操作。

（43）顶锻留量：考虑工件因顶锻缩短而预留的长度。

（44）顶锻速度：闪光对焊和电阻对焊过程中，顶锻阶段中动夹具的移动速度。

（45）工作行程：电阻焊过程中，活动电极在加压方向上规定移动的距离。

（46）辅助行程：电阻焊过程中，活动电极在工作行程以外可以移动的距离。

（47）调伸长度：闪光对焊、电阻对焊和摩擦焊时，工件从动夹具和静夹具中向外伸出的长度。

（48）总留量：闪光对焊、电阻对焊和摩擦焊时，考虑工件在焊接过程中可能产生的总减短量而预留的长度。

（49）熔核：电阻点焊、凸焊和缝焊时，在工件结合面上的熔化金属凝固后形成的金属核，如图 1-24 所示。

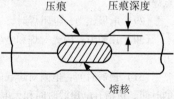

图 1-24　熔核

（50）熔核直径：点焊时，垂直于焊点中心的横截面熔核的宽度；缝焊时，垂直焊缝横截面上测量的熔核宽度。

（51）焊透率：点焊、凸焊和缝焊时焊件的焊透程度。

（52）焊点距：点焊时，两个相邻焊点间的中心距。

（53）边距：焊点（或焊缝）中心至焊件板边的距离。

（54）压痕：点焊和缝焊后，由于通电加压，在焊件表面上所产生的与电极端头形状相似的凹痕，如图 1-24 所示。

（55）压痕深度：焊件表面至压痕底部的距离，如图 1-24 所示。

（56）电极头：点焊或缝焊时与焊件表面相接触的电极端头部分。

（57）滚轮电极：缝焊和滚点焊用的圆盘状电极。焊接时，它与焊件表面相接触，以便导电和传递压力，其中与焊机传动机构相连的称为主动滚轮，不相连的称为从动滚轮。

（58）电极滑移：点焊或缝焊时，电极沿焊件表面滑动的现象。

（59）电极粘损：点焊或缝焊时，电极工作面被焊件表面的金属和氧化皮粘连污损的现象。

（60）贴合面：点焊或缝焊时，在电极压力作用下，两焊件彼此紧密接触的表面。

（61）缩孔：熔化金属在凝固过程中收缩而产生的，残留在熔核中的孔穴。

（62）喷溅：点焊或缝焊时，从焊件贴合面间或电极与焊件接触面间飞出熔化金属颗粒的现象。

（63）飞边：电阻对焊和摩擦焊时，顶锻后残留在接头处向两侧翻卷的光滑的金属。

## 1.6.4　钎焊术语

（1）钎焊：采用比母材熔点低的金属材料作钎料，将焊件和钎料加热到高于钎料熔点、低于母材熔化温度，从而利用液态钎料润湿母材，填充接头间隙并与母材相互扩散实现连接焊件的方法。

（2）硬钎焊：使用硬钎料进行的钎焊。

（3）软钎焊：使用软钎料进行的钎焊。

（4）硬钎料：熔点高于 450 ℃的钎料。

（5）软钎料：熔点低于 450 ℃的钎料。

（6）自钎剂硬钎料：钎料中有起钎剂作用的成分的硬钎料。

（7）钎焊焊剂：钎焊时使用的熔剂，简称钎剂。它的作用是清除钎料和母材表面的氧化物，并保护焊件和液态钎料在钎焊过程中免于氧化，改善液态钎料对焊件的润湿性。

（8）钎焊温度：钎焊时，为使钎料熔化填满接头间隙及与母材发生必要的相互扩散作用所需要的加热温度。

（9）烙铁钎焊：使用烙铁进行加热的软钎焊。

（10）火焰钎焊：使用可燃性气体与氧气（或压缩空气）混合燃烧的火焰进行加热的钎焊，分为火焰硬钎焊和火焰软钎焊。

（11）电阻钎焊：将工件直接通以电流或将工件放在通电的加热板上，利用电阻热进行钎焊的方法。

（12）电弧硬钎焊：利用电弧加热工件所进行的硬钎焊。

（13）感应钎焊：利用高频、中频或工频交流电感应加热所进行的钎焊。

（14）浸渍钎焊：把焊件局部或整体地浸入盐混合物或液态钎料中，依靠这些液体介质的热量把焊件加热到钎焊温度来实现钎焊的方法。浸渍钎焊分为盐浴钎焊和熔化钎料中浸渍钎焊。

（15）炉中钎焊：将装配好的工件放在炉中加热并进行钎焊的方法。

（16）真空硬钎焊：将装配好钎料的工件置于真空环境中加热所进行的硬钎焊。

（17）超声波软钎焊：利用超声波的振动使液体钎料产生空蚀过程，破坏工件表面的氧化膜，从而改善钎料对母材的润湿作用而进行的钎焊。

（18）钎焊性：指在专门、适当设计构件的制造条件下，材料被硬钎焊或软钎焊，并在短期使用中有良好运行的能力。材料对钎焊加工的适应性指在一定的钎焊条件下，获得优质接头的难易程度。

（19）润湿性：钎焊时，液态钎料对母材浸润和附着的能力。

（20）铺展性：液态钎料在母材表面上流动展开的能力，通常以一定质量的钎料熔化后覆盖母材表面的面积来衡量。

# 1.7 常用金属材料的焊接性

## 1.7.1 金属材料焊接性的定义及其影响因素

焊接性是指金属材料在一定的焊接工艺条件下（焊接方法、焊接材料、焊接工艺参数和结构形式等），获得优质焊接接头的难易程度。它包括两方面的内容，一是结合性能，即在一定焊接工艺条件下，焊接接头产生焊接缺欠的难易程度；二是使用性能，即在一定焊接工艺条件下，焊接接头对使用要求的适应性。

影响金属焊接性的因素很多，主要有材料（化学成分、组织状态、力学性能等）、设计（结构形式）、工艺（焊接方法、焊接规范等）及工作条件（工作温度、负荷条件、工作环境等）四个方面。

### 1.7.2　焊接性的评价

化学成分是影响金属材料焊接性的主要因素。生产中，常根据钢材的化学成分来评定其焊接性。由于钢中含碳量对其焊接性的影响最为明显，通常把钢中合金元素含量对钢焊接性的影响，按它们的作用换算成碳元素的相当含量，即用碳当量（CE）法评价金属材料的焊接性。

### 1.7.3　铸铁的焊接性

铸铁的含碳量高，含硫、磷等杂质较多，塑性差，焊接性也较差。所以，铸铁不宜作为焊接结构的材料。

铸铁焊补时，常见的焊接缺欠有：

（1）焊接接头易产生白口组织：碳和硅是促进石墨化的元素，焊接时会大量烧损，焊后冷却速度又快，不利于石墨的析出，故容易产生白口组织。

（2）易产生焊接裂纹：铸铁是脆性材料，焊接时容易产生白口组织和淬硬组织。当焊接应力超过铸铁的抗拉强度时，就会在焊缝或近焊缝区产生裂纹，甚至完全开裂。

（3）易产生气孔和夹渣：铸铁中的碳、硅元素剧烈氧化，形成 CO 气体和硅酸盐熔渣，它们滞留在焊缝中会形成气孔和夹渣等缺欠。

### 1.7.4　碳素钢及低合金结构钢的焊接性

碳素钢中的低碳钢塑性好、淬硬倾向小，不易产生裂纹。但是还应注意在低温环境下焊接厚度大、刚性大的结构时，应进行预热，否则容易产生裂纹；重要结构焊后要进行去应力退火以消除焊接应力。中碳钢有一定的淬硬倾向，焊接接头容易产生低塑性的淬硬组织和冷裂纹，焊接性较差，应采用焊前预热、焊后缓冷等措施来减小淬硬倾向，减小焊接应力。高碳钢焊接性较差，焊接高碳钢大多用于修理一些损坏件，也应注意焊前预热和焊后缓冷。

低合金结构钢焊接的特点一是热影响区有较大的淬硬倾向，且随强度等级的提高，淬硬倾向亦随着显著增大；二是热影响区有冷裂纹倾向，也随着强度等级的提高而增大，在刚性较大的接头中，甚至会出现所谓的"延迟裂纹"。

### 1.7.5　铜、铝及其合金的焊接性

铜及其合金在采用一般的焊接方法焊接时的焊接性很差，其原因是：裂纹倾向大，气孔倾向大，容易产生焊不透缺欠及合金元素易氧化。铜及其合金的焊接通常采用氩弧焊、气焊、手弧焊和钎焊等方法，其中氩弧焊的焊接质量最好。

铝及其合金在采用一般的焊接方法进行焊接时的焊接性很差，其原因是：极易氧化，易产生气孔，易产生裂纹。铝及其合金的焊接通常采用氩弧焊、电阻焊、钎焊和气焊等方法。

# 1.8　焊接工艺知识

### 1.8.1　焊接接头的基本形式

采用焊接方法连接的工件的接头称为焊接接头，焊接接头的基本形式分为对接接头、搭接接头、角接接头、T形接头、十字接头、端部接头、卷边接头和套管接头8种，如图1-25所示。

### 1.8.2　焊缝的种类

焊缝的种类很多，按其断续情况不同可将焊缝分为定位焊缝、断续焊缝、连续焊缝；按其空间位置不同可将焊缝分为平焊缝、横焊缝、立焊缝和仰焊缝，如表1-16所示。焊缝倾角及焊缝转角如图1-26所示。

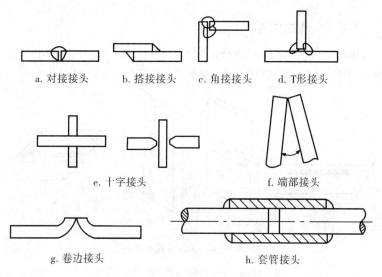

a. 对接接头　　b. 搭接接头　　c. 角接接头　　d. T形接头

e. 十字接头　　　　　　f. 端部接头

g. 卷边接头　　　　　　h. 套管接头

**图 1-25　焊接接头的基本形式**

**表 1-16　空间位置不同的焊缝**

| 焊缝名称 | 焊缝倾角 | 焊缝转角 | 施焊位置 |
| --- | --- | --- | --- |
| 平焊缝 | 0°~5° | 0°~10° | 水平位置 |
| 横焊缝 | 0°~5° | 70°~90° | 横向位置 |
| 立焊缝 | 80°~90° | 0°~180° | 立向位置 |
| 仰焊缝 | 0°~5° | 165°~180° | 仰焊位置 |

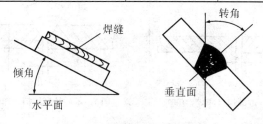

**图 1-26　焊缝倾角及焊缝转角**

### 1.8.3 焊接位置

焊接时工件连接处的空间位置叫做焊接位置。焊接位置分为平焊位置、横焊位置、立焊位置和仰焊位置，如图 1-27 所示。

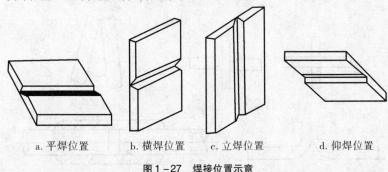

a. 平焊位置      b. 横焊位置      c. 立焊位置          d. 仰焊位置

图 1-27　焊接位置示意

### 1.8.4 坡口类型

焊接接头的坡口一般有 I 形坡口、V 形坡口、U 形坡口和 X 形坡口 4 种。

（1）I 形坡口一般用于厚度在 6 mm 以下的金属板材的焊接，如图 1-28 所示。

（2）V 形坡口形状简单，加工方便，是最常用的坡口形式，常用于厚度为 6~40 mm 的工件的焊接，如图 1-29 所示。

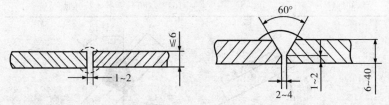

图 1-28　I 形坡口（单位：mm）　　图 1-29　V 形坡口（单位：mm）

（3）U 形坡口一般用于厚板的焊接，焊接变形小，一般用于重要的焊接结构，如图 1-30 所示。

（4）X 形坡口常用于厚度在 12~60 mm 的板材的双面焊接，焊后的残余变形较小，如图 1-31 所示。

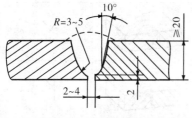

图 1-30 U 形坡口（单位：mm）

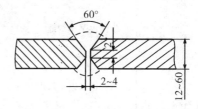

图 1-31 X 形坡口（单位：mm）

# 1.9 焊缝符号表示方法

GB/T 324—2008 对焊缝符号的表示规则有明确的规定，正确理解产品图样和工艺文件上焊缝符号的含义，是一个合格焊工必备的基础知识。

## 1.9.1 基本符号

基本符号表示焊缝横截面的基本形式和特征，如表 1-17 所示。

表 1-17 表示焊缝的基本符号

| 序号 | 名称 | 示意图 | 符号 |
|------|------|--------|------|
| 1 | 卷边焊缝（卷边完全熔化） | | 八 |
| 2 | I 形焊缝 | | ‖ |
| 3 | V 形焊缝 | | ∨ |
| 4 | 单边 V 形焊缝 | | ∨ |

| 序号 | 名称 | 示意图 | 符号 |
|---|---|---|---|
| 5 | 带钝边 V 形焊缝 | | Y |
| 6 | 带钝边单边 V 形焊缝 | | Y |
| 7 | 带钝边 U 形焊缝 | | Y |
| 8 | 带钝边 J 形焊缝 | | Y |
| 9 | 封底焊缝 | | ⌣ |
| 10 | 角焊缝 | | ◺ |
| 11 | 塞焊缝或槽焊缝 | | ⊓ |
| 12 | 点焊缝 | | ○ |

续表

| 序号 | 名称 | 示意图 | 符号 |
|------|------|--------|------|
| 13 | 缝焊缝 | | ⊖ |
| 14 | 陡边 V 形焊缝 | | 符号 |
| 15 | 陡边单 V 形焊缝 | | 符号 |
| 16 | 端焊缝 | | ‖‖ |
| 17 | 堆焊缝 | | ⌒⌒ |
| 18 | 平面连接（钎焊） | | ＝ |
| 19 | 斜面连接（钎焊） | | ∥ |
| 20 | 折叠连接（钎焊） | | 符号 |

### 1.9.2 基本符号的组合

在标注双面焊焊接接头和焊缝时，基本符号可以组合使用，如表1-18所示。

表1-18 基本符号的组合

| 名称 | 示意图 | 符号 |
|------|--------|------|
| 双面V形焊缝<br>（X焊缝） | | X |
| 双面单V形焊缝<br>（K焊缝） | | K |
| 带钝边的双面V形焊缝 | | |
| 带钝边的双面单V形焊缝 | | |
| 双面U形焊缝 | | |

### 1.9.3 补充符号

补充符号用来补充说明有关焊缝或接头的某些特征（诸如表面形状、衬垫、焊缝分布、施焊位置等），如表1-19所示。

表1-19 补充符号

| 名称 | 符号 | 说明 |
|------|------|------|
| 平面 | —— | 焊缝表面通常经过加工后平整 |
| 凹面 | ⌣ | 焊缝表面凹陷 |
| 凸面 | ⌢ | 焊缝表面凸起 |

续表

| 名称 | 符号 | 说明 |
|---|---|---|
| 圆滑过渡 |  | 焊趾处过渡圆滑 |
| 永久衬垫 | 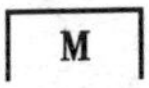 M | 衬垫永久保留 |
| 临时衬垫 | 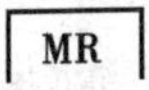 MR | 衬垫在焊接完成后拆除 |
| 三面焊缝 | | 三面带有焊缝 |
| 周围焊缝 | | 沿着工件周边施焊的焊缝<br>标注位置为基准线与箭头线的交点处 |
| 现场焊缝 |  | 在现场焊接的焊缝 |
| 尾部 |  | 可以表示所需的信息 |

### 1.9.4 尺寸符号

产品图样上焊缝的尺寸符号如表1-20所示。

表1-20 尺寸符号

| 符号 | 名称 | 示意图 | 符号 | 名称 | 示意图 |
|---|---|---|---|---|---|
| $\delta$ | 工作厚度 | 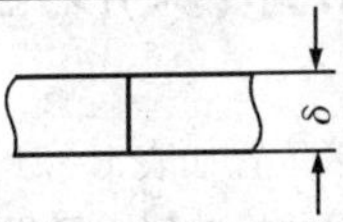 | $c$ | 焊缝宽度 | 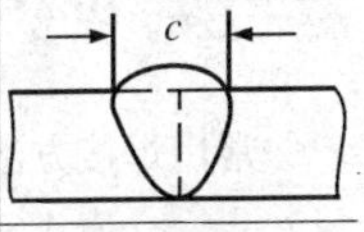 |
| $\alpha$ | 坡口角度 | 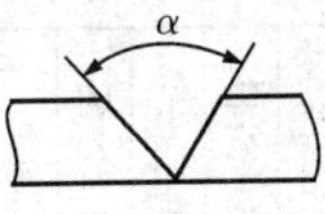 | $K$ | 焊脚尺寸 | 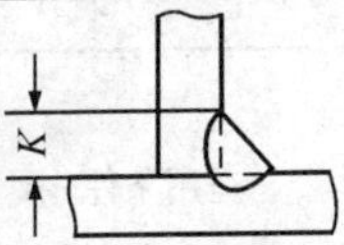 |
| $\beta$ | 坡口面角度 | 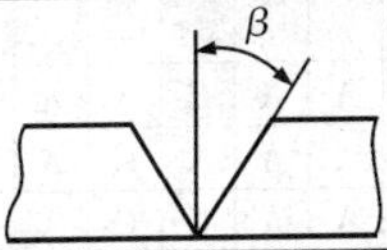 | $d$ | 点焊：熔核直径<br>塞焊：孔径 | 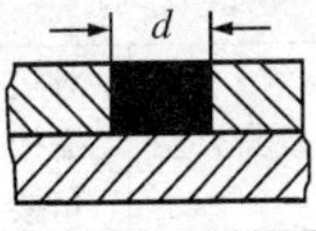 |

| 符号 | 名称 | 示意图 | 符号 | 名称 | 示意图 |
|---|---|---|---|---|---|
| $b$ | 根部间隙 | | $n$ | 焊缝段数 | $n=2$ |
| $p$ | 钝边 | | $l$ | 焊缝长度 | $l$ |
| $R$ | 根部半径 | $R$ | $e$ | 焊缝间距 | $e$ |
| $H$ | 坡口深度 | $H$ | $N$ | 相同焊缝数量 | $N=3$ |
| $S$ | 焊缝有效厚度 | $S$ | $h$ | 余高 | $h$ |

# 1.10 常用焊接方法适用的接头形式及焊接位置

常用焊接方法适用的接头形式及焊接位置如表1-21所示。

表1-21 常用焊接方法适用的接头形式及焊接位置

| 适用条件 | | 手工电弧焊 | 埋弧焊 | 电渣焊 | 气体保护焊 | | | 氩弧焊 | 等离子焊 | 电阻焊 | 闪光对焊 | 气焊 | 扩散焊 | 摩擦焊 | 电子束焊 | 激光焊 | 钎焊 |
|---|---|---|---|---|---|---|---|---|---|---|---|---|---|---|---|---|---|
| | | | | | 喷射过渡 | 脉冲喷射 | 短路过渡 | | | | | | | | | | |
| 接头类型 | 对接 | A | A | A | A | A | A | A | A | C | A | A | A | A | A | A | C |
| | 搭接 | A | A | B | A | A | A | A | A | C | A | A | C | B | A | A | A |
| | 角接 | A | A | B | A | A | A | A | A | C | C | A | C | C | A | A | C |

续表

| 适用条件 | | 手工电弧焊 | 埋弧焊 | 电渣焊 | 气体保护焊 | | | 氩弧焊 | 等离子焊 | 电阻焊 | 闪光对焊 | 气焊 | 扩散焊 | 摩擦焊 | 电子束焊 | 激光焊 | 钎焊 |
|---|---|---|---|---|---|---|---|---|---|---|---|---|---|---|---|---|---|
| | | | | | 喷射过渡 | 脉冲喷射 | 短路过渡 | | | | | | | | | | |
| 焊接位置 | 平焊 | A | A | C | A | A | A | A | A | — | — | A | — | — | A | A | — |
| | 立焊 | A | C | A | B | A | A | A | A | — | — | A | — | — | C | A | — |
| | 仰焊 | A | C | C | C | A | A | A | A | — | — | A | — | — | C | A | — |
| | 全位置 | A | C | C | C | A | A | A | A | — | — | A | — | — | C | A | — |
| 设备成本 | | 低 | 中 | 高 | 中 | 中 | 中 | 低 | 高 | 高 | 高 | 低 | 高 | 高 | 高 | 高 | 低 |
| 焊接成本 | | 低 | 低 | 低 | 中 | 中 | 低 | 中 | 中 | 中 | 中 | 中 | 高 | 低 | 高 | 中 | 中 |

注：A——好；B——可用；C——一般不用。

# 第2章 焊条电弧焊

## 2.1 焊条电弧焊的特点及应用

焊条电弧焊又称为手工电弧焊，是利用电弧作为热源，用手工操作焊条进行焊接的熔焊方法，英文缩写为 SMAW，ISO 代号为 111。焊条电弧焊是一种发展较早、目前仍然在生产中广泛应用的电弧焊接方法。

**1. 焊条电弧焊的原理** 使用焊条电弧焊方法焊接时，在焊接工件与焊条末端之间形成电弧并产生高温，使焊件、焊芯和药皮熔化。药皮在不断地分解、熔化过程中，生成气体及熔渣，保护焊条端部、电弧、熔池及其附近区域，防止大气对熔化金属的有害污染，同时也不断地向熔池过渡合金元素，发生冶金反应。焊芯熔化时在焊条端部迅速形成细小的金属熔滴，在其自身重力和电弧气体吹力作用下，不断地向熔池过渡，与熔化的焊件熔合，在冷却凝固后形成焊缝金属。焊条电弧焊的示意和基本原理如图 2-1、图 2-2 所示。

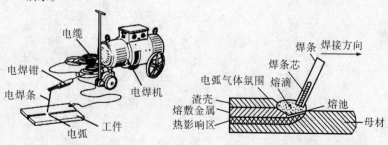

图 2-1  焊条电弧焊的示意          图 2-2  焊条电弧焊的原理

## 2. 焊条电弧焊的特点

（1）焊条电弧焊的优点：

1）使用的设备比较简单，操作轻便，价格相对便宜。焊条电弧焊使用的交流焊机和直流焊机都比较简单，焊接操作时不需要复杂的辅助设备，只需配备简单的辅助工具。因此，购置设备的投资少，而且维护方便，这是它得以广泛应用的原因之一。

2）不需要辅助气体防护。焊条不但能提供填充金属，而且在焊接过程中能够产生保护熔池和使焊接处避免氧化的保护气体，并且具有较强的抗风能力。

3）操作灵活，适应性强。焊条电弧焊适用于焊接单件或小批量的产品，以及短的和不规则的、空间任意位置的或其他不易实现机械化焊接的焊缝。凡焊条能够达到的地方都能进行焊接。

4）应用范围广，适用于大多数工业用金属和合金的焊接。若选用合适的焊条，焊条电弧焊不仅可以焊接碳素钢、低合金钢，而且还可以焊接高合金钢及有色金属；不仅可以焊接同种金属，而且可以焊接异种金属；还可以进行铸铁焊补和各种金属材料的堆焊等。

（2）焊条电弧焊的缺点：

1）对焊工操作技术要求高，焊工培训费用大。焊条电弧焊的焊接质量，除靠选用合适的焊条、焊接工艺参数和焊接设备外，主要靠焊工的操作技术和经验来保证，即焊条电弧焊的焊接质量在一定程度上决定于焊工的操作技术。因此必须经常进行焊工培训，所需要的培训费用很大。

2）劳动条件差。焊条电弧焊主要靠焊工的手工操作和眼睛观察来完成全过程，焊工的劳动强度大，并且始终处于高温烘烤和有毒的烟尘环境中，劳动条件比较差，因此要加强劳动保护。

3）生产效率低。焊条电弧焊主要靠手工操作，并且焊接工艺参数选择范围较小。另外，焊接时要经常更换焊条，并要经常进行焊道熔渣的清理。与自动焊相比，其焊接生产率低。

4）不适于特殊金属以及薄板的焊接。对于活泼金属（如 Ti、Nb、Zr 等）和难熔金属（如 Ta、Mo 等），由于这些金属对氧的污染非常敏感，焊条的保护作用不足以防止这些金属氧化，保护效果不够好，焊接质量达不到要求，所以不能采用焊条电弧焊；对于低熔点金属（如 Sn、Al）及其合金等，由于电弧的温度对其来讲太高，所以也不能采用焊条电弧焊焊接。另外，焊条电弧焊的焊接工件厚度一般在 1.5 mm 以上，1 mm 以下的薄板不适合用焊条电弧焊。

**3. 焊条电弧焊的应用**  由于焊条电弧焊具有一系列优点，所以被广泛应用于各个工业领域，它不仅可以焊接碳钢、合金钢和有色金属等材料，还可对有耐磨损、耐腐蚀等特殊使用要求的构件进行表层堆焊。其应用范围如表 2 – 1 所示。

表 2 – 1  焊条电弧焊的应用范围

| 材料 | 接头形式 | 焊缝空间位置 | 焊件的工作条件 |
|---|---|---|---|
| 碳钢、低合金钢、不锈钢 | 对接、翻边对接、搭接、丁字接、堆焊 | 任意 | 在静止、冲击和振动载荷下工作，要求坚固密实的焊缝 |
| 铝及铝合金 | 对接 | 俯焊 | |
| 铜 | 对接、翻边对接 | 任意 | |
| 青铜 | 对接、堆焊 | 任意 | |
| 铸铁 | 对接、堆焊 | 任意 | |
| 硬质合金 | 对接、堆焊 | 任意 | |

# 2.2  焊  条

电焊条是指在一定长度金属丝（焊芯）外表层均匀地涂敷一定厚度的具有特殊作用的涂料（药皮）的焊条电弧焊焊接材料，简称"焊条"。在焊接过程中，它既是电极，又作为填充金属直接过渡到熔池，与熔化的母材共同形成焊缝金属。

## 2.2.1  焊条的组成及作用

焊条是由金属焊芯和涂料（药皮）组成的。焊条结构如图 2 – 3 所示。为了便于引弧，引弧端开有 45°的倒角，有的则涂以黑色的引弧剂（主要由石墨、有机物等组成）；为了便于焊钳夹持及导电，焊条夹持端有一段裸焊芯，约占焊条总长的 1/16。焊条长度取决于焊条直径、材质和药皮类型等，通常在 200～450 mm。

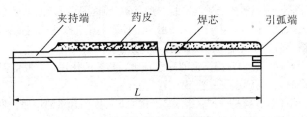

图 2-3 焊条结构示意

**1. 焊芯** 焊芯是指焊条中的金属丝部分。除了铸造焊芯外，一般是将通过冶炼得到钢锭热轧、拉拔而成。焊条种类不同，焊芯也不同。为了保证焊缝的质量与性能，对焊芯中各金属元素的含量都有严格的规定，特别是对有害杂质（硫、磷等）的含量，应有严格的限制。焊芯成分直接影响着焊缝金属的成分和性能，所以焊芯中的有害元素要尽量少。

（1）焊芯中各合金元素对焊接的影响：

1）碳（C）：碳是钢中的主要元素，当含碳量增加时，钢的强度、硬度明显提高，而塑性降低。在焊接过程中，碳起到一定的脱氧作用，可在电弧高温作用下与氧发生化合作用，生成一氧化碳和二氧化碳气体，将电弧区和熔池周围的空气排除，防止空气中的氧、氮等有害气体对熔池产生不良影响，减少焊缝金属中氧和氮的含量。若含碳量过高，还原作用剧烈，会引起较大的飞溅和气孔。考虑到碳对钢的淬硬性的影响，及其易使裂纹增加，低碳钢焊芯的含碳量（碳的质量分数）一般为 0.1%。

2）锰（Mn）：锰在钢中是一种较好的合金剂，随着锰含量的增加，钢的强度和韧性会有所提高。在焊接过程中，锰也是一种较好的脱氧剂，能减少焊缝中氧的含量。锰与硫化合形成硫化锰浮于熔渣中，从而减少焊缝的热裂纹倾向。因此，一般碳素结构钢焊芯的含锰量为 0.30% ~ 0.55%。某些特殊用途的焊芯，其含锰量（锰的质量分数）高达 1.70% ~ 2.10%。

3）硅（Si）：硅也是一种较好的合金剂，在钢中加入适量的硅能提高钢的屈服强度、弹性及抗酸性能。若硅含量过高，则降低钢的塑性和韧性。在焊接过程中，硅也具有较好的脱氧能力，与氧形成二氧化硅，但它会提高渣的黏度，易促进非金属夹杂物的生成。

4）铬（Cr）：铬能够提高钢的硬度、耐磨性和耐腐蚀性。对于低碳钢来说，铬是一种偶然的杂质。铬的主要冶金特征是易急剧氧化，形成难熔的氧化物三氧化二铬（$Cr_2O_3$），从而增加了焊缝金属夹杂物的可能性。$Cr_2O_3$过渡到熔渣后，能使熔渣黏度提高，流动性降低。

5）镍（Ni）：镍对提高钢的韧性有比较显著的作用，一般低温冲击值要求较高时，可适当掺入一些镍。

6）硫（S）：硫是一种有害杂质，随着焊芯中硫含量的增加，将增大焊缝的热裂纹倾向。因此，焊芯中硫的含量不得大于 0.04%，在焊接重要结构时，硫含量不得大于 0.03%。

7）磷（P）：焊芯中磷含量不得大于 0.03%。

（2）焊芯的作用：

1）传导焊接电流，产生焊接电弧。

2）焊芯本身熔化后，作为填充金属与熔化的母材一起形成焊缝。

（3）焊芯牌号表示方法：焊芯牌号的首位字母是"H"，后面的数字表示含碳量，其他合金元素含量的表示方法与钢材的表示方法大致相同。对高质量的焊芯，尾部加"A"表示优质钢，加"E"表示特优质钢。

**2. 药皮** 焊条药皮是指涂在焊芯表面的涂料层。药皮在焊接过程中分解熔化后形成气体和熔渣，起到机械保护、冶金处理、改善工艺性能的作用。

（1）药皮的种类：焊条药皮的组成物按其作用分为稳弧剂、造气剂、造渣剂、脱氧剂、合金剂、黏结剂等，由矿石、铁合金、有机物和化工产品四大类原材料粉末，如碳酸钾、碳酸钠、大理石、萤石、锰铁、硅铁、钾钠水玻璃等配成。

药皮的组成物按其成分可分为矿物类（如大理石、氟石等）、铁合金和金属粉类（如锰铁、钛铁等）、有机物类（如木粉、淀粉等）、化工产品类（如钛白粉、水玻璃等）几种。

（2）焊条药皮的作用：焊条药皮是决定焊缝质量的重要因素，在焊接过程中有以下几方面的作用：

1）提高电弧燃烧的稳定性。无药皮的光焊条不容易引燃电弧，即使引燃了也不能稳定地燃烧。在焊条药皮中，一般含有钾、钠、钙等电离电位低的物质，这可以提高电弧的稳定性，保证焊接过程持续进行。

2）保护焊接熔池。焊条药皮熔化后，产生的大量气体笼罩着电弧和熔池，会减少熔化的金属和空气的相互作用。焊缝冷却时，熔化后的药皮形成一层熔渣，覆盖在焊缝表面，保护焊缝金属并使之缓慢冷却、减少产生气孔的可能性。

3）保证焊缝脱氧、去硫磷杂质。焊接过程中虽然进行了保护，但仍难免有少量氧进入熔池，使金属及合金元素氧化，烧损合金元素，降低焊缝质量。因此，需要在焊条药皮中加入还原剂（如锰、硅、钛、铝等），使已进入熔池的氧化物还原。

4）为焊缝补充合金元素。由于电弧的高温作用，焊缝金属的合金元素会被蒸发烧损，使焊缝的机械性能降低。因此，必须通过药皮向焊缝加入适当的合金元素，以弥补合金元素的烧损，保证或提高焊缝的机械性能。

5）提高焊接生产率。焊条药皮具有使熔滴增加而减少飞溅的作用。焊条药皮的熔点稍低于焊芯的熔点，但因焊芯处于电弧的中心区，温度较高，所以焊芯先熔化，药皮稍迟一点熔化。这样，在焊条端头形成一短段药皮套管，加上电弧吹力的作用，使熔滴径直射到熔池上，使之有利于仰焊和立焊。另外，在焊芯涂了药皮后，电弧热量更集中。同时，由于减少了由飞溅引起的金属损失，提高了熔敷系数，也就提高了焊接生产率。另外，焊接过程中发尘量也会减少。

## 2.2.2 焊条的分类、型号和牌号

焊条种类繁多，我国国产的焊条约有300多种。在同一类型焊条中，根据不同的特性将它们分成不同的型号。某一型号的焊条可能有一个或几个品种。同一型号的焊条在不同的焊条制造厂也往往有不同的牌号。

**1. 焊条分类** 焊条的分类方法很多，可以从不同的角度分类，根据使用习惯和我国现行国家标准，焊条的分类方法如图2-4所示。

**2. 焊条型号** 焊条型号指的是国家规定的各类标准焊条代号。焊条型号包括以下含义：焊条类别、焊条特点（如焊芯金属类型、使用温度、熔敷金属化学组成或抗拉强度等）、药皮类型及焊接电源。不同类型焊条的型号表示方法也不同。

（1）碳钢焊条型号及划分：根据GB/T 5117—1995《碳钢焊条》标准规定，碳钢焊条型号可根据熔敷金属的力学性能（抗拉强度）、药皮类型、焊接位置和焊接电流种类进行划分。如表2-2所示。

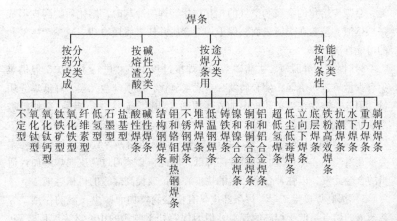

**图2-4 焊条的分类方法**

碳钢焊条型号编制方法为：首字母"E"表示焊条；前两位数字（也可能有3位）表示熔敷金属抗拉强度的最小值，单位为 $kgf/mm^2$ （$1\ kgf/mm^2 \approx 9.81\ MPa$）；第三位数字表示焊条的焊接位置，"0"及"1"表示焊条适用于全位置焊接（平焊、立焊、仰焊、横焊），"2"表示焊条适用于平焊及水平角焊，"4"表示焊条适用于向下立焊；第三位和第四位数字组合时表示焊接电流种类及药皮类型；在第四位数字后有附加字母的表示有特殊规定的焊条，如"R"表示耐吸潮焊条；在第四位数字后附加"-1"表示冲击性能有特殊规定的焊条。

碳钢焊条型号举例：

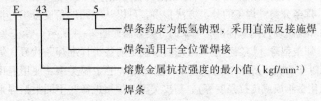

## 表2-2 碳钢焊条型号的划分

| 焊条型号 | 药皮类型 | 焊接位置 | 电源种类 |
|---|---|---|---|
| E43 系列——熔敷金属抗拉强度≥420 MPa（43 kgf/mm²） | | | |
| E4300 | 特殊型 | 平焊、立焊、仰焊、横焊 | 交流或直流正、反接 |
| E4301 | 钛铁矿型 | | |
| E4303 | 钛钙型 | | |
| E4310 | 高纤维素钠型 | | 直流反接 |
| E4311 | 高纤维素钾型 | | 交流或直流反接 |
| E4312 | 高钛钠型 | | 交流或直流正接 |
| E4313 | 高钛钾型 | | 交流或直流正、反接 |
| E4315 | 低氢钠型 | | 直流反接 |
| E4316 | 低氢钾型 | | 交流或直流反接 |
| E4320 | 氧化铁型 | 平焊 | 交流或直流正、反接 |
| | | 水平角焊 | 交流或直流正接 |
| E4322 | | 平焊 | 交流或直流正接 |
| E4323 | 铁粉钛钙型 | 平焊、水平角焊 | 交流或直流正、反接 |
| E4324 | 铁粉钛型 | | |
| E4327 | 铁粉氧化铁型 | 平焊 | 交流或直流正、反接 |
| | | 水平角焊 | 交流或直流正接 |
| | 铁粉低氢型 | 平焊、水平角焊 | 交流或直流反接 |
| E50 系列——熔敷金属抗拉强度≥490 MPa（50 kgf/mm²） | | | |
| E5001 | 钛铁矿型 | 平焊、立焊、仰焊、横焊 | 交流或直流正、反接 |
| E5003 | 钛钙型 | | |
| E5010 | 高纤维素钠型 | | 直流反接 |
| E5011 | 高纤维素钾型 | | 交流或直流反接 |
| E5014 | 铁粉钛型 | | 交流或直流正、反接 |
| E5015 | 低氢钠型 | | 直流反接 |
| E5016 | 低氢钾型 | | 交流或直流反接 |
| E5018 | 铁粉低氢钾型 | | |
| E5018M | 铁粉低氢型 | | 直流反接 |
| E5023 | 铁粉钛钙型 | 平焊、水平角焊 | 交流或直流正、反接 |
| E5024 | 铁粉钛型 | | |
| E5027 | 铁粉氧化铁型 | 平焊、水平角焊 | 交流或直流正接 |
| E5028 | 铁粉低氢型 | | 交流或直流反接 |
| E5048 | | 平焊、仰焊、横焊、向下立焊 | |

注：1. 焊接位置栏中立焊和仰焊指适用于立焊和仰焊的直径不大于4.0 mm 的 E××15、E××16、E5018 和 E5018M 型焊条及直径不大于5.0 mm 的其他型号焊条。

2. E4322 型焊条适用于单道焊。

（2）低合金钢焊条型号划分：根据 GB/T 5118—1995《低合金钢焊条》标准规定，低合金钢焊条型号根据熔敷金属的力学性能、化学成分、药皮类型、焊接位置及电流种类划分。

低合金钢焊条型号中的首字母"E"表示焊条；前两位数字表示熔敷金属抗拉强度的最小值，单位为 $kgf/mm^2$；第三位数字表示焊条的焊接位置，"0"及"1"表示焊条适用于全位置焊接（平焊、立焊、仰焊及横焊），"2"表示焊条适用于水平焊及水平角焊；第三位和第四位数字组合时表示焊接电流种类及药皮类型；第四位数字后的后缀字母为熔敷金属化学成分的分类代号，并以一字线"—"与前面数字分开。如后缀字母后还有附加的化学成分时，附加化学成分直接用元素符号表示，并以一字线"—"与前面的后缀字母分开。

对于 E50××—×、E55××—×、E60××—×低氢型焊条的熔敷金属化学成分分类，后缀字母或附加化学成分后面加字母"R"时，表示耐吸潮焊条。低合金钢焊条型号划分如表2-3所示。

表2-3　低合金钢焊条型号划分

| 焊条型号 | 药皮类型 | 焊接位置 | 电源种类 |
|---|---|---|---|
| E50 系列——熔敷金属抗拉强度≥490 MPa（50 kgf/mm²） | | | |
| E5003—× | 钛钙型 | 平焊、立焊、仰焊、横焊 | 交流或直流正、反接 |
| E5010—× | 高纤维素钠型 | | 直流反接 |
| E5011—× | 高纤维素钾型 | | 交流或直流反接 |
| E5015—× | 低氢钠型 | | 直流反接 |
| E5016—× | 低氢钾型 | | 直流反接 |
| E5018—× | 铁粉低氢型 | | 交流或直流反接 |
| E5020—× | 高氧化铁型 | 水平角焊 | 交流或直流正接 |
| | | 平焊 | 交流或直流正、反接 |
| E5027—× | 铁粉氧化铁型 | 水平角焊 | 交流或直流正接 |
| | | 平焊 | 交流或直流正、反接 |
| E55 系列——熔敷金属抗拉强度≥540 MPa（55 kgf/mm²） | | | |
| E5500—× | 特殊型 | 平焊、立焊、仰焊、横焊 | 交流或直流正、反接 |
| E5503—× | 钛钙型 | | |
| E5510—× | 高纤维素钠型 | | 直流反接 |

续表

| 焊条型号 | 药皮类型 | 焊接位置 | 电源种类 |
|---|---|---|---|
| E5511—× | 高纤维素钾型 | 平焊、立焊、仰焊、横焊 | 交流或直流反接 |
| E5513—× | 高钛钾型 | | 交流或直流正、反接 |
| E5515—× | 低氢钠型 | | 直流反接 |
| E5516—× | 低氢钾型 | | 交流或直流反接 |
| E5518—× | 铁粉低氢型 | | |

E60 系列——熔敷金属抗拉强度≥590 MPa（60 kgf/mm²）

| 焊条型号 | 药皮类型 | 焊接位置 | 电源种类 |
|---|---|---|---|
| E6000—× | 特殊型 | 平焊、立焊、仰焊、横焊 | 交流或直流正、反接 |
| E6010—× | 高纤维素钠型 | | 直流反接 |
| E6011—× | 高纤维素钾型 | | 交流或直流反接 |
| E6013—× | 高钛钾型 | | 交流或直流正、反接 |
| E6015—× | 低氢钠型 | | 直流反接 |
| E6016—× | 低氢钾型 | | 交流或直流反接 |
| E6018—× | 铁粉低氢型 | | |

E70 系列——熔敷金属抗拉强度≥690 MPa（70 kgf/mm²）

| 焊条型号 | 药皮类型 | 焊接位置 | 电源种类 |
|---|---|---|---|
| E7010—× | 高纤维素钠型 | 平焊、立焊、仰焊、横焊 | 直流反接 |
| E7011—× | 高纤维素钾型 | | 交流或直流反接 |
| E7013—× | 高钛钾型 | | 交流或直流正、反接 |
| E7015—× | 低氢钠型 | | 直流反接 |
| E7016—× | 低氢钾型 | | 交流或直流反接 |
| E7018—× | 铁粉低氢型 | | |

E75 系列——熔敷金属抗拉强度≥740 MPa（75 kgf/mm²）

| 焊条型号 | 药皮类型 | 焊接位置 | 电源种类 |
|---|---|---|---|
| E7515—× | 低氢钠型 | 平焊、立焊、仰焊、横焊 | 直流反接 |
| E7516—× | 低氢钾型 | | 交流或直流反接 |
| E7518—× | 铁粉低氢型 | | |

E80 系列——熔敷金属抗拉强度≥780 MPa（80 kgf/mm²）

| 焊条型号 | 药皮类型 | 焊接位置 | 电源种类 |
|---|---|---|---|
| E8015—× | 低氢钠型 | 平焊、立焊、仰焊、横焊 | 直流反接 |
| E8016—× | 低氢钾型 | | 交流或直流反接 |
| E8018—× | 铁粉低氢型 | | |

E85 系列——熔敷金属抗拉强度≥830 MPa（85 kgf/mm²）

续表

| 焊条型号 | 药皮类型 | 焊接位置 | 电源种类 |
|---|---|---|---|
| E8515—× | 低氢钠型 | 平焊、立焊、仰焊、横焊 | 直流反接 |
| E8516—× | 低氢钾型 | | 交流或直流反接 |
| E8518—× | 铁粉低氢型 | | |
| E90 系列——熔敷金属抗拉强度≥880 MPa（90 kgf/mm²） | | | |
| E9015—× | 低氢钠型 | 平焊、立焊、仰焊、横焊 | 直流反接 |
| E9016—× | 低氢钾型 | | 交流或直流反接 |
| E9018—× | 铁粉低氢型 | | |
| E100 系列——熔敷金属抗拉强度≥980 MPa（100 kgf/mm²） | | | |
| E10015—× | 低氢钠型 | 平焊、立焊、仰焊、横焊 | 直流反接 |
| E10016—× | 低氢钾型 | | 交流或直流反接 |
| E10018—× | 铁粉低氢型 | | |

注：1. 后缀字母代表熔敷金属化学成分分类代号，如 A1、B1、B2 等。

2. 表中立焊和仰焊指适用于立焊和仰焊的直径不大于 4.0 mm 的 E××15—×、E××16—×及 E××18—×型焊条，以及直径不大于 5.0 mm 的其他型号焊条。

低合金钢焊条型号举例如下：

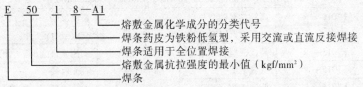

（3）不锈钢焊条型号划分：根据 GB/T 983—1995《不锈钢焊条》标准规定，不锈钢焊条根据熔敷金属的化学成分、药皮类型、焊接位置及焊接电流种类划分型号。首字母"E"表示焊条，"E"后面的数字表示熔敷金属化学成分的分类代号，有特殊要求的化学成分用元素符号表示，放在数字的后面。一字符"—"后面的两位数字表示焊条药皮类型、焊接位置及焊接电流种类。

不锈钢焊条型号举例如下：

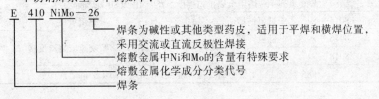

不锈钢焊条型号后面附加的后缀（15、16、17、25、26）表示焊条药皮类型及焊接电源种类，如表2-4所示。后缀15表示焊条为碱性药皮的直流反极性焊接；后缀16表示焊条可以是碱性药皮，也可以是钛型或钛钙型药皮，交流、直流两用；后缀17是药皮类型16的改变类型，表示焊条为钛酸型药皮（用二氧化硅代替药皮类型16中的一些二氧化钛），焊接熔化速度快，抗发红性能优良，可交流、直流两用；后缀25和26焊条的药皮成分和操作特征与药皮类型15和16的焊条类似，药皮类型15和16焊条的说明也适合于药皮类型25和26。

表2-4　焊条药皮类型、焊接电源种类及焊接位置

| 焊条型号 | 药皮类型 | 电源种类 | 焊接位置 |
|---|---|---|---|
| E×××（×）—15 | 碱性低氢型 | 直流 | 全位置 |
| E×××（×）—25 | | | 平焊、横焊 |
| E×××（×）—16 | 低氢型、钛型或钛钙型 | 交流或直流 | 全位置 |
| E×××（×）—17 | | | 全位置 |
| E×××（×）—26 | | | 平焊、横焊 |

（4）堆焊焊条型号划分：根据GB/T 984—2001《堆焊焊条》标准规定，堆焊焊条的型号按熔敷金属化学成分及药皮类型划分。堆焊焊条型号编制方法为：首字母"E"表示焊条；型号第二位"D"表示堆焊焊条；型号中第三位至倒数第三位表示焊条特点，是用拼音字母或化学元素符号表示的。堆焊焊条的型号分类如表2-5所示。

表2-5　堆焊焊条的型号分类

| 型号分类 | 熔敷金属类型 | 型号分类 | 熔敷金属类型 |
|---|---|---|---|
| EDP××—×× | 普通低中合金钢 | EDD××—×× | 高速刀具钢 |
| EDR××—×× | 热强合金钢 | EDZ××—×× | 合金铸铁 |
| EDCr××—×× | 高铬钢 | EDZCr××—×× | 高铬铸铁 |
| EDMn××—×× | 高锰钢 | EDCoCr××—×× | 钴基合金 |
| EDCrMn××—×× | 高铬锰钢 | EDW××—×× | 碳化钨 |
| EDCrNi××—×× | 高铬镍钢 | EDT××—×× | 特殊型 |
| | | EDNi××—×× | 镍基合金 |

堆焊焊条型号中最后二位数字表示焊条药皮类型及焊接电源种类，用一字线"—"与前面符号分开，如表2-6所示。如在同一基本型号内有几个分型时，可用字母A、B、C等标志，如再细分可加注数字1，2，3，…，如A1，A2，A3，…，此时再用一字线"—"与前面的符号分开。

表2-6 堆焊焊条型号中药皮类型的数字表示

| 焊条型号 | 药皮类型 | 焊接电源 | 焊条型号 | 药皮类型 | 焊接电源 |
|---|---|---|---|---|---|
| ED××—00 | 特殊型 | 交流或直流 | ED××—16 | 低氢钾型 | 交流或直流 |
| ED××—03 | 钛钙型 | 交流或直流 | ED××—08 | 石墨型 | 交流或直流 |
| ED××—15 | 低氢钠型 | 直流 | | | |

堆焊焊条型号举例如下：

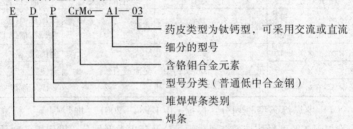

E　D　P　CrMo—　A1—　03

—— 药皮类型为钛钙型，可采用交流或直流
—— 细分的型号
—— 含铬钼合金元素
—— 型号分类（普通低中合金钢）
—— 堆焊焊条类别
—— 焊条

(5) 铸铁焊条型号划分：根据 GB/T 10044—2006《铸铁焊条及焊丝》标准规定，铸铁焊条型号根据熔敷金属的化学成分及用途划分。首字母"E"表示焊条，字母"Z"表示用于铸铁焊接，在"EZ"后面用熔敷金属主要化学元素符号或金属类型代号表示，如表2-7所示。再细分时用数字表示。

表2-7 铸铁焊接用焊条、填充焊丝、气保护焊丝及药芯焊丝类别与型号

| 类别 | 型号 | 名称 |
|---|---|---|
| 铁基焊条 | EZC | 灰口铸铁焊条 |
| | EZCQ | 球墨铸铁焊条 |
| 镍基焊条 | EZNi | 纯镍铸铁焊条 |
| | EZNiFe | 镍铁铸铁焊条 |
| | EZNiCu | 镍铜铸铁焊条 |
| | EZNiFeCu | 镍铁铜铸铁焊条 |
| 其他焊条 | EZFe | 纯铁及碳钢焊条 |
| | EZV | 高钒焊条 |

续表

| 类别 | 型号 | 名称 |
|---|---|---|
| 铁基填充焊丝 | RZC | 灰口铸铁填充焊丝 |
| | RZCH | 合金铸铁填充焊丝 |
| | RZCQ | 球墨铸铁填充焊丝 |
| 镍基气体保护焊焊丝 | ERZNi | 纯镍铸铁气保护焊丝 |
| | ERZNiFeMn | 镍铁锰铸铁气保护焊丝 |
| 镍基药芯焊丝 | ET3ZNiFe | 镍铁铸铁自保护药芯焊丝 |

铸铁焊条型号标记示例如下：

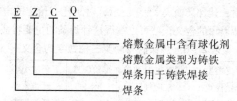

（6）镍及镍合金焊条型号划分：根据 GB/T 13814—2008《镍及镍合金焊条》标准规定，焊条型号由三部分组成。第一部分为字母"ENi"，表示镍及镍合金焊条；第二部分为四位数字，表示焊条型号；第三部分为可选部分，表示化学成分代号。

镍及镍合金焊条型号示例如下：

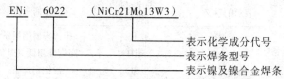

第二部分四位数字中第一位数字表示熔敷金属的类别。其中"2"表示非合金系列；"4"表示镍铜合金；"6"表示含铬，且铁含量不大于 25% 的 NiCrFe 和 NiCrMo 合金；"8"表示含铬，且铁含量大于 25% 的 NiFeCr 合金；"10"表不含铬，含钼的 NiMo 合金。

（7）铜及铜合金焊条型号划分：根据 GB/T 3670—1995《铜及铜合金焊条》标准规定，铜及铜合金焊条的型号根据熔敷金属的化学成分划分。首字母"E"表示焊条，"E"后面的字母直接用元素符号表示型号分类，同一分类中有不同化学成分要求时，用字母或数字表示，并以一字线"—"

与前面的元素符号分开。

3. **焊条牌号** 焊条牌号是根据焊条的主要用途及性能特点对焊条产品的具体命名，并由焊条厂制定。每种焊条产品只有一个牌号，但多种牌号的焊条可以同时对应于一种型号。

焊条牌号是用一个汉语拼音字母或汉字与三位数字来表示，拼音字母或汉字表示焊条各大类，后面的三位数字中，前两位数字表示各大类中的若干小类，第三位数字表示各种焊条牌号的药皮类型及焊接电流种类，其含义如表2-8所示，其中盐基型主要用于有色金属焊条（如铝及铝合金焊条等），石墨型主要用于铸铁焊条及个别堆焊焊条。数字后面的字母符号表示焊条的特殊性能和用途，其含义如表2-9所示，对于任一给定的电焊条，只要从表中查出字母所表示的含义，就可以掌握这种焊条的主要特征。

表2-8 焊条牌号中第三位数字的含义

| 焊条牌号 | 药皮类型 | 焊接电源种类 | 焊条牌号 | 药皮类型 | 焊接电源种类 |
|---|---|---|---|---|---|
| □××0 | 未做规定 | 未做规定 | □××5 | 纤维素型 | 直流或交流 |
| □××1 | 氧化钛型 | 直流或交流 | □××6 | 低氢钾型 | 直流或交流 |
| □××2 | 钛钙型 | 直流或交流 | □××7 | 低氢钠型 | 直流 |
| □××3 | 钛铁矿型 | 直流或交流 | □××8 | 石墨型 | 直流或交流 |
| □××4 | 氧化铁型 | 直流或交流 | □××9 | 盐基型 | 直流 |

表2-9 焊条牌号后面加注的各字母符号的含义

| 字母符号 | 表示的意义 | 字母符号 | 表示的意义 |
|---|---|---|---|
| D | 底层焊条 | R | 压力容器用焊条 |
| DF | 低尘 | RH | 高韧性超低氢焊条 |
| Fe | 铁粉焊条 | SL | 渗铝钢焊条 |
| Fe13 | 铁粉焊条，焊条名义熔敷效率130% | X | 向下立焊用焊条 |
| Fe18 | 铁粉焊条，焊条名义熔敷效率180% | XG | 管子用向下立焊焊条 |
| G | 高韧性焊条 | Z | 重力焊条 |
| GM | 盖面焊条 | Z15 | 重力焊条，焊条名义熔敷效率150% |
| GR | 高韧性压力容器用焊条 | CuP | 含Cu和P的抗大气腐蚀焊条 |
| H | 超低氢焊条 | CrNi | 含Cr和Ni的耐海水腐蚀焊条 |
| LMA | 低吸潮焊条 | | |

（1）结构钢焊条（包括低合金高强钢焊条）：焊条牌号首字母"J"

（或汉字"结"）表示结构钢焊条。牌号中前两位数字表示熔敷金属抗拉强度的最低值（kgf/mm²），如表 2 - 10 所示；第三位数字表示药皮类型和焊接电源种类（表 2 - 8）。药皮中铁粉含量约为 30% 或熔敷效率在 105% 以上的，在牌号末尾加注"Fe"字及两位数字（以效率的 1/10 表示）。有特殊性能和用途的结构钢焊条，在牌号后面加注起主要作用的元素符号或主要用途的拼音字母（一般不超过两个），如 J507MoV、J507CuP。

**表 2 - 10　结构钢焊条熔敷金属强度等级**

| 焊条牌号 | 熔敷金属抗拉强度/MPa（kgf/mm²） | 熔敷金属屈服强度/MPa（kgf/mm²） | 焊条牌号 | 熔敷金属抗拉强度/MPa（kgf/mm²） | 熔敷金属屈服强度/MPa（kgf/mm²） |
|---|---|---|---|---|---|
| J42 × | ≥412（42） | ≥430（34） | J75 × | ≥740（75） | ≥640（65） |
| J50 × | ≥490（50） | ≥410（42） | J80 × | ≥780（80） | — |
| J55 × | ≥540（55） | ≥440（45） | J85 × | ≥780（85） | ≥740（75） |
| J60 × | ≥590（60） | ≥530（54） | J10 × | ≥980（100） | |
| J70 × | ≥690（70） | ≥590（60） | | | |

例如，J507（结507）焊条，"J"（结）表示结构钢焊条，牌号中前两位数字表示熔敷金属抗拉强度的最低值为 50 kgf/mm²（490 MPa），第三位数字"7"表示药皮类型为低氢钠型，直流反接电源。按照国标 GB/T 5117—1995，它应符合 E5015 型焊条的要求。

结构钢焊条牌号举例如下：

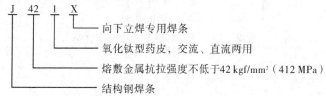

（2）钼和铬钼耐热钢焊条：焊条牌号首字母"R"（或汉字"热"）表示钼和铬钼耐热钢焊条。牌号中第一位数字表示熔敷金属主要化学成分组成（表 2 - 11）；第二位数字表示熔敷金属主要化学成分组成等级中的不同牌号，对于同一组成等级的焊条，可有 10 个序号，按 0，1，2，…，9 顺序编排，以区别铬、钼之外的其他成分；第三位数字表示药皮类型及焊接电源种类（表 2 - 8）。

表 2 - 11　耐热钢焊条熔敷金属主要化学成分组成

| 焊条牌号 | 熔敷金属主要化学成分组成 | 焊条牌号 | 熔敷金属主要化学成分组成 |
|---|---|---|---|
| R1×× | 含 Mo 量约为 0.5% | R5×× | 含 Cr 量约为 5%，含 Mo 量约为 0.5% |
| R2×× | 含 Cr 量约为 0.5%，含 Mo 量约为 0.5% | R6×× | 含 Cr 量约为 7%，含 Mo 量约为 1% |
| R3×× | 含 Cr 量约为 1% ~2%，含 Mo 量约为 0.5% ~1% | R7×× | 含 Cr 量约为 9%，含 Mo 量约为 1% |
| R4×× | 含 Cr 量约为 2.5%，含 Mo 量约为 1% | R8×× | 含 Cr 量约为 11%，含 Mo 量约为 1% |

耐热钢焊条牌号举例如下：

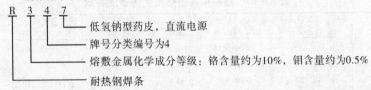

R 3 4 7

- 低氢钠型药皮，直流电源
- 牌号分类编号为4
- 熔敷金属化学成分等级：铬含量约为10%，钼含量约为0.5%
- 耐热钢焊条

（3）低温钢焊条：焊条牌号首字母"W"（或汉字"温"）表示低温钢焊条。牌号中前两位数字表示低温钢焊条工作温度等级（表 2 - 12）；第三位数字表示药皮类型和焊接电源种类（表 2 - 8）。

低温钢焊条牌号举例如下：

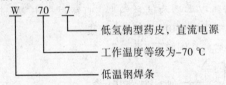

W 70 7

- 低氢钠型药皮，直流电源
- 工作温度等级为 -70 ℃
- 低温钢焊条

表 2 - 12　低温钢焊条工作温度等级

| 焊条牌号 | 工作温度/℃ | 焊条牌号 | 工作温度/℃ |
|---|---|---|---|
| W70× | -70 | W19× | -196 |
| W90× | -90 | W25× | -253 |
| W10× | -100 | | |

（4）不锈钢焊条：焊条牌号中的首字母"G"（或汉字"铬"）或"A"（或汉字"奥"），分别表示铬不锈钢焊条或奥氏体铬镍不锈钢焊条。牌号中第一位数字表示熔敷金属主要化学成分组成（表 2 - 13）；第二位数字表示同一熔敷金属主要化学成分组成等级中的不同牌号，对同一组成等级的焊条，可有 10 个牌号，按 0，1，2，…，9 顺序编排，以区别铬、镍之外的其他成分；第三位数字，表示药皮类型和焊接电源种类（表 2 - 8）。

表 2 - 13　不锈钢焊条熔敷金属主要化学成分组成

| 焊条牌号 | 熔敷金属主要化学成分组成 | 焊条牌号 | 熔敷金属主要化学成分组成 |
|---|---|---|---|
| G2×× | 含 Cr 量约为 13% | A4×× | 含 Cr 量约为 26%，含 Ni 量约为 21% |
| G3×× | 含 Cr 量约为 17% | A5×× | 含 Cr 量约为 16%，含 Ni 量约为 25% |
| A0×× | 含 C 量≤0.04%（超低碳） | A6×× | 含 Cr 量约为 16%，含 Ni 量约为 35% |
| A1×× | 含 Cr 量约为 19%，含 Ni 量约为 10% | A7×× | 铬锰氮不锈钢 |
| A2×× | 含 Cr 量约为 18%，含 Ni 量约为 12% | A8×× | 含 Cr 量约为 18%，含 Ni 量约为 18% |
| A3×× | 含 Cr 量约为 23%，含 Ni 量约为 13% | A9×× | 待发展 |

不锈钢焊条牌号举例如下：

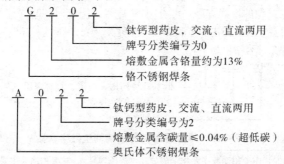

铬不锈钢焊条
熔敷金属含铬量约为 13%
牌号分类编号为 0
钛钙型药皮，交流、直流两用

奥氏体不锈钢焊条
熔敷金属含碳量≤0.04%（超低碳）
牌号分类编号为 2
钛钙型药皮，交流、直流两用

（5）铸铁焊条：焊条牌号中首字母"Z"（或汉字"铸"）表示铸铁焊条。牌号中第一位数字表示熔敷金属主要化学成分组成类型（表 2 - 14）；第二位数字表示同一熔敷主要化学成分组成类型中的不同牌号，对于同一成分组成类型的焊条，可有 10 个牌号，按 0，1，2，…，9 顺序排列；第三位数字表示药皮类型和焊接电源种类（表 2 - 8）。

铸铁焊条牌号举例如下：

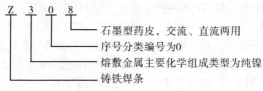

铸铁焊条
熔敷金属主要化学组成类型为纯镍
序号分类编号为 0
石墨型药皮，交流、直流两用

表2-14 铸铁焊条熔敷金属主要化学成分组成

| 焊条牌号 | 熔敷金属主要化学成分组成类型 | 焊条牌号 | 熔敷金属主要化学成分组成类型 |
|---|---|---|---|
| Z1×× | 碳钢或高钒钢 | Z5×× | 镍铜合金 |
| Z2×× | 铸铁（包括球墨铸铁） | Z6×× | 铜铜合金 |
| Z3×× | 纯镍 | Z7×× | 待发展 |
| Z4×× | 镍铁合金 | | |

（6）堆焊焊条：焊条牌号中首字母"D"（或汉字"堆"）表示堆焊焊条。牌号中第一位数字表示堆焊焊条的用途或熔敷金属的主要化学成分类型（表2-15）；第二位数字表示同一用途或熔敷金属主要成分中的不同牌号，对同一药皮类型的堆焊焊条，可有10个序号，按0，1，2，…，9顺序排列；第三位数字表示药皮类型和焊接电源种类（表2-8）。

堆焊焊条牌号举例如下：

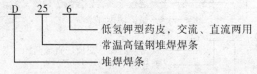

表2-15 堆焊焊条牌号的前两位数字含义

| 焊条牌号 | 主要用途或主要化学成分 | 焊条牌号 | 主要用途或主要化学成分 |
|---|---|---|---|
| D00×—09× | 不规定 | D60×—69× | 合金铸铁堆焊焊条 |
| D10×—24× | 不同硬度的常温堆焊焊条 | D70×—79× | 碳化钨堆焊焊条 |
| D25×—29× | 常温高锰钢堆焊焊条 | D80×—89× | 钴基合金堆焊焊条 |
| D30×—49× | 刀具工具用堆焊焊条 | D90×—99× | 待发展的堆焊焊条 |
| D50×—59× | 阀门堆焊焊条 | | |

（7）有色金属焊条：牌号前加"Ni"（或汉字"镍"）、"T"（或汉字"铜"）或"L"（或汉字"铝"），分别表示镍及镍合金焊条、铜及铜合金焊条、铝及铝合金焊条。牌号中第一位数字表示熔敷金属化学成分组成类型，其含义如表2-16所示；第二位数字表示同一熔敷金属化学成分组成类型中的不同牌号，对于同一组成类型的焊条，可有10个牌号，按0，1，2，…，9顺序排列；第三位数字表示药皮类型和焊接电源种类（表2-8）。

表2-16 有色金属焊条牌号中熔敷金属化学成分组成

| 镍及镍合金焊条 | | 铜及铜合金焊条 | | 铝及铝合金焊条 | |
|---|---|---|---|---|---|
| 焊条牌号 | 熔敷金属化学成分组成 | 焊条牌号 | 熔敷金属化学成分组成 | 焊条牌号 | 熔敷金属化学成分组成 |
| Ni1×× | 纯镍 | T1×× | 纯铜 | L1×× | 纯铝 |
| Ni2×× | 镍铜合金 | T2×× | 青铜合金 | L2×× | 铝硅合金 |
| Ni3×× | 因康镍合金 | T3×× | 白铜合金 | L3×× | 铝锰合金 |
| Ni4×× | 待发展 | T4×× | 待发展 | L4×× | 待发展 |

有色金属焊条牌号举例如下：

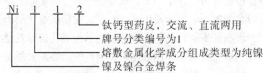

（8）特殊用途焊条：牌号前加字母"TS"（或汉字"特"）表示特殊用途焊条，其含义如表2-17所示。牌号中第一位数字表示熔敷金属主要成分及具体用途；第二位数字表示同一用途焊条的不同牌号，对于同一类型焊条，可有10个牌号，按0，1，2，…，9顺序排列；第三位数字表示药皮类型和焊接电源种类。

特殊用途焊条牌号举例如下：

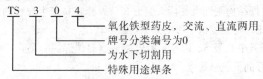

表2-17 特殊用途焊条牌号中第一位数字的含义

| 焊条牌号 | 熔敷金属主要成分及焊条用途 | 焊条牌号 | 熔敷金属主要成分及焊条用途 |
|---|---|---|---|
| TS2×× | 水下焊接用 | TS5×× | 电渣焊用管状焊条 |
| TS3×× | 水下切割用 | TS6×× | 铁锰铝焊条 |
| TS4×× | 铸铁件焊补前开坡口用 | TS7×× | 高硫堆焊条 |

## 2.2.3 焊条的要求及选用原则

### 1. 焊条的要求

（1）容易引弧，保证电弧稳定，在焊接过程中飞溅小。

（2）药皮熔化速度应慢于焊芯熔化速度，以造成喇叭状的套筒（套筒长度应小于焊芯直径），有利于熔滴过渡和造成保护气氛。

（3）熔渣的相对密度应小于熔化金属的相对密度，凝固温度也应稍低于金属的凝固温度，渣壳应易脱掉。

（4）具有向焊缝中渗合金元素和进行冶金处理作用。

（5）适应各种位置的焊接。

**2. 焊条的选用原则**　焊条的种类繁多，每种焊条均有一定的特性和用途。选用焊条是焊接准备工作中一个很重要的环节。在实际工作中，除了要认真了解各种焊条的成分、性能及用途外，还应在确保焊接结构安全、可行使用的前提下，根据被焊材料的化学成分、力学性能，板厚及接头形式，焊接结构特点、受力状态，结构使用条件对焊缝性能的要求，焊接施工条件和技术经济效益等情况，有针对性地选用焊条，必要时还需进行焊接性试验。选用焊条一般应考虑以下原则：

（1）焊接材料的力学性能和化学成分：

1）对于普通结构钢，通常要求焊缝金属与母材等强度，应选用抗拉强度等于或稍高于母材的焊条。

2）对于合金结构钢，通常要求焊缝金属的主要合金成分与母材金属的相同或相近。

3）在被焊结构刚性大、接头应力高、焊缝容易产生裂纹的情况下，可以考虑选用比母材强度低一级的焊条。

4）当母材中 C 及 S、P 等元素含量偏高时，焊缝容易产生裂纹，应选用抗裂性能好的低氢型焊条。

（2）焊件的使用性能和工作条件：

1）对承受动载荷和冲击载荷的焊件，除满足强度要求外，还要保证焊缝具有较高的韧性和塑性，应选用塑性和韧性指标较高的低氢型焊条。

2）接触腐蚀介质的焊件，应根据介质的性质及腐蚀特征，选用相应的不锈钢焊条或其他耐腐蚀焊条。

3）在高温或低温条件下工作的焊件，应选用相应的耐热钢或低温钢焊条。

（3）焊件的结构特点和受力状态：

1）对结构形状复杂、刚性大及大厚度焊件，由于焊接过程中产生很大的应力，容易使焊缝产生裂纹，应选用抗裂性能好的低氢型焊条。

2）对焊接部位难以清理干净的焊件，应选用氧化性强，对铁锈、氧化皮、油污不敏感的酸性焊条。

3）对受条件限制不能翻转的焊件，有些焊缝处于非平焊位置，应选用可于全位置焊接的焊条。

（4）施工条件及设备：

1）在没有直流电源，而焊接结构又要求必须使用低氢型焊条的场合，应选用交流、直流两用低氢型焊条。

2）在狭小或通风条件差的场所，应选用酸性焊条或低尘焊条。

（5）改善操作工艺性能：在满足产品性能要求的条件下，尽量选用电弧稳定、飞溅少、焊缝成形均匀整齐、容易脱渣的工艺性能好的酸性焊条。焊条工艺性能要满足施焊操作需要。如在非水平位置施焊时，应选用适于各种位置焊接的焊条。如在向下立焊、管道焊接、底层焊接、盖面焊、重力焊时，可选用相应的专用焊条。

（6）合理的经济效益：在满足使用性能和操作工艺性能的条件下，尽量选用成本低、效率高的焊条。对于焊接工作量大的结构，应尽量采用高效率焊条，如铁粉焊条、高效率不锈钢焊条及重力焊条等，以提高焊接生产率。

## 2.2.4 焊条电弧焊设备

焊条电弧焊的主要设备是电焊机，电弧焊时所用的电焊机实际上就是一种弧焊电源。电焊机的接线方法如图 2－5 所示。

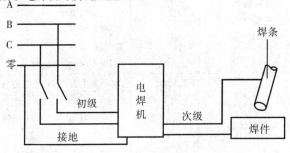

图 2－5 电焊机接线方法

**1. 电焊机型号的编制方法**

焊条电弧焊焊机的型号是按统一规定编制的,用汉语拼音字母和阿拉伯数字表示。型号的编制次序如图2-6所示。

代码1、2、3各项用汉语拼音字母表示,第4项代码用阿拉伯数字表示。部分产品代表字母及序号的编制如表2-18所示。

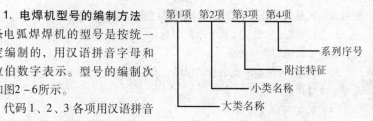

图2-6　电焊机型号的编排次序

表2-18　电焊机型号的代表字母及数字含义

| 产品名称 | 第一项代码 | | 第二项代码 | | 第三项代码 | | 第四项代码 | |
|---|---|---|---|---|---|---|---|---|
| | 代表字母 | 大类名称 | 代表字母 | 小类名称 | 代表字母 | 附注特征 | 数字序号 | 系列序号 |
| 电弧焊机 | B | 交流弧焊机(弧焊变压器) | X | 下降特性 | L | 高空载电压 | 省略 | 磁放大器或饱和电抗器式 |
| | | | | | | | 1 | 动铁芯式 |
| | | | | | | | 2 | 串联电抗器式 |
| | | | P | 平特性 | | | 3 | 动圈式 |
| | | | | | | | 4 | |
| | | | | | | | 5 | 晶闸管式 |
| | | | | | | | 6 | 变换抽头式 |
| | A | 机械驱动的弧焊机(弧焊发电机) | X | 下降特性 | 省略 | 电动机驱动 | 省略 | 直流 |
| | | | | | D | 单纯弧焊发电机 | 1 | 交流发电机整流 |
| | | | P | 平特性 | Q | 汽油机驱动 | 2 | 交流 |
| | | | | | C | 柴油机驱动 | | |
| | | | D | 多特性 | T | 拖拉机驱动 | | |
| | | | | | H | 汽车驱动 | | |
| | Z | 直流弧焊机(弧焊整流器) | X | 下降特性 | 省略 | 一般电源 | 省略 | 磁放大器或饱和电抗器式 |
| | | | | | | | 1 | 动铁芯式 |
| | | | | | M | 脉冲电源 | 2 | |
| | | | | | | | 3 | 动线圈式 |

续表

| 产品名称 | 第一项代码 | | 第二项代码 | | 第三项代码 | | 第四项代码 | |
|---|---|---|---|---|---|---|---|---|
| | 代表字母 | 大类名称 | 代表字母 | 小类名称 | 代表字母 | 附注特征 | 数字序号 | 系列序号 |
| | Z | 直流弧焊机（弧焊整流器） | P | 平特性 | L | 高空载电压 | 4 | 晶体管式 |
| | | | | | | | 5 | 晶闸管式 |
| | | | D | 多特性 | E | 交直流两用电源 | 6 | 变换抽头式 |
| | | | | | | | 7 | 逆变式 |
| | M | 埋弧焊机 | Z | 自动焊 | 省略 | 直流 | 省略 | 焊车式 |
| | | | | | | | 1 | |
| | | | B | 半自动焊 | J | 交流 | 2 | 横臂式 |
| | | | U | 堆焊 | E | 交直流 | 3 | 机床式 |
| | | | D | 多用 | M | 脉冲 | 9 | 焊头悬挂式 |
| 电弧焊机 | N | MIG/MAG焊机（熔化极惰性气体保护弧焊机/活性气体保护弧焊机） | Z | 自动焊 | 省略 | 直流 | 省略 | 焊车式 |
| | | | | | | | 1 | 全位置焊车式 |
| | | | B | 半自动焊 | | | 2 | 横臂式 |
| | | | | | M | 脉冲 | 3 | 机床式 |
| | | | D | 点焊 | | | 4 | 旋转焊头式 |
| | | | U | 堆焊 | | | 5 | 台式 |
| | | | | | C | 二氧化碳保护焊 | 6 | 焊接机器人 |
| | | | G | 切割 | | | 7 | 变位式 |
| | W | TIG焊机 | Z | 自动焊 | 省略 | 直流 | 省略 | 焊车式 |
| | | | | | | | 1 | 全位置焊车式 |
| | | | S | 手工焊 | J | 交流 | 2 | 横臂式 |
| | | | | | | | 3 | 机床式 |
| | | | D | 点焊 | E | 交直流 | 4 | 旋转焊头式 |
| | | | | | | | 5 | 台式 |
| | | | Q | 其他 | M | 脉冲 | 6 | 焊接机器人 |
| | | | | | | | 7 | 变位式 |
| | | | | | | | 8 | 真空充气式 |

续表

| 产品名称 | 第一项代码 | | 第二项代码 | | 第三项代码 | | 第四项代码 | |
|---|---|---|---|---|---|---|---|---|
| | 代表字母 | 大类名称 | 代表字母 | 小类名称 | 代表字母 | 附注特征 | 数字序号 | 系列序号 |
| 电弧焊机 | L | 等离子弧焊机/等离子弧切割机 | G | 切割 | 省略 | 直流等离子 | 省略 | 焊车式 |
| | | | | | R | 熔化极等离子 | 1 | 全位置焊车式 |
| | | | H | 焊接 | M | 脉冲等离子 | 2 | 横臂式 |
| | | | | | J | 交流等离子 | 3 | 机床式 |
| | | | U | 堆焊 | S | 水下等离子 | 4 | 旋转焊头式 |
| | | | | | F | 粉末等离子 | 5 | 台式 |
| | | | D | 多用 | E | 热丝等离子 | 8 | 手工等离子 |
| | | | | | K | 空气等离子 | | |

**2. 焊接电弧的静特性**　电弧的静特性是指在电极材料、气体介质和弧长一定的情况下，电弧稳定燃烧时，两极间稳态的电压与电流之间的变化关系，也称为电弧的伏－安特性。焊接电流和电弧电压之间的关系常用一条曲线形象地表示出来，我们称这样的曲线为焊接电弧的静特性曲线，如图 2－7 所示。该曲线有三个不同的区域。

在电流较小时，电弧的温度较低，电离度较小，电弧电压较高；随着电流的增加，电弧的温度升高，电离度迅速增加，电弧的等效电阻迅速降低，电导率增大，电弧电压反而降低。这就是电弧的负阻特性区，即图 2－7 中的 A 区。

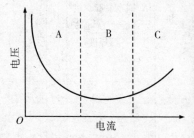

图 2－7　电弧的静特性曲线

当电弧电流提高到中等电流范围内时，随着电流增加或温度升高，电导率的增长速度变缓，弧柱的导电截面随电流的增加而增大，在一定范围内保持电流密度不变或增加不多，电弧电压不随电流的增加而增加，表现为平特性区，即图 2－7 中的 B 区。

在大电流范围内，电导率随温度增长而增长的速率大大减小，电弧的电离度基本上不再增加，电弧的导电截面也不能再进一步扩大。这样，随着电流增加，电弧电压也要升高，表现为上升特性区，即图 2 – 7 中的 C 区。

电弧静特性曲线的形状，决定了它对焊接电源的要求。采用不同的电弧焊方法，焊接电流的范围也不同，其焊接电弧的静特性只是曲线的某一段。对于焊条电弧焊，焊接电流一般不超过 500 A，其静特性曲线表现为下降特性区（A 区）和水平特性区（B 区）。

**3. 电弧焊电源的外特性**　在规定范围内，电焊机稳态输出电流和输出电压的关系称为电焊机的外特性。电焊机的外特性曲线如图 2 – 8 所示。从电弧焊接工艺的要求出发，目前已研制出具有各种各样外特性形状的电弧焊电源。

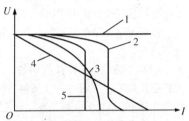

**图 2 – 8　各种常见的电弧焊电源外特性曲线**

1. 平特性　2. 恒流带外拖特性
3. 陡降特性　4. 缓降特性
5. 垂直下降特性

电焊机外特性有两种形式：下降特性和平特性。

（1）下降特性：这种外特性的特点是，当输出电流在运行范围内增加时，其输出电压随之急剧下降。在其工作部分，每增加 100 A 电流，其电压下降一般应大于 7 V。根据斜率的不同，可将下降特性分为垂直下降（恒流）特性、缓降特性、陡降特性和恒流带外拖特性等，如图 2 – 8 所示。

1）垂直下降特性：也叫恒流特性，其特点是在工作部分，当输出电压变化时，输出电流几乎不变，如图 2 – 8 所示。

2）缓降特性：其特点是当输出电压变化时，输出电流变化较恒流特性的大。其中一种缓降特性的形状按接近于 1/4 椭圆的规律变化，另一种接近于一斜线，如图 2 – 8 所示。

3）恒流带外拖特性：其特点是在工作部分的恒流段，输出电流基本上不随输出电压变化，但在输出电压下降至低于一定值（外拖拐点）之后，外特性转折为缓降的外拖段，随着电压的降低，输出电流将有较大的增加，而且外拖拐点和外拖斜率往往可以调节。还有其他形式的外拖特性，如图 2 – 8 所示。

由于熔滴过渡和热惯性及操作等原因，焊接时电弧长度总是在不断地变化，因而电弧电压和焊接电流也在不断地变化。为保证焊接质量稳定，总希望焊接过程中焊接电流变动越小越好。从图 2-8 可以看出，具有陡降外特性的电焊机和缓降外特性的电焊机，当焊接电流发生相应的变化 $\Delta I$ 时，陡降外特性曲线引起的电压变化值 $\Delta U_2$ 大于缓降外特性曲线引起的电压变化值 $\Delta U_1$。换句话说，对于相同的弧长变化，陡降外特性电焊机所引起的电流变化要比缓降外特性电焊机所引起的焊接电流变化小得多。焊条电弧焊过程中，弧长变化是经常发生的，为了保证焊接电流稳定，必须要求电焊机具有陡降的外特性。

（2）平特性：平特性有两种：一种是在运行范围内，随着电流增大，电弧电压接近于恒定不变（又称为恒压特性）或稍有下降，电压下降率应小于 7 V/100 A；另一种是在运行范围内随着电流增大，电压稍有增高（有时称为上升特性），电压上升率应小于 10 V/100 A，如图 2-8 所示。

**4. 电弧焊电源的动特性和调节特性** 所谓电弧焊电源的动特性是指电弧负载状态发生突然变化时（如熔滴的短路过渡、颗粒过渡、射流过渡等），电弧焊电源输出电压与电流的过程，可以用电弧焊电源的输出电流和电压分别对时间的关系，即 $U = f(t)$，$I = f(t)$ 来表示，用以表征对负载瞬时变化的反应能力（动态反应能力），简称"动特性"。动特性指标有空载到短路的瞬时短路电流峰值、负载到短路的瞬时电流上升率和短路峰值、短路到空载的电压建立时间等。

电弧电压和电流是由电弧静特性和电弧焊电源外特性曲线相交的一个稳定工作点决定的。为了获得一定范围的焊接电流和电压，电弧焊电源的外特性必须可以均匀调节。下降特性电源的可调参数为输出电流的大小，电弧电压由弧长决定，如图 2-9 所示。平特性电源的可调参数为工作电压，如图 2-10 所示。图 2-9、图 2-10 中的负载特性指包括输出回路电缆压降在内的电源的工作电压，以及下降外特性电源的可调参数（工作电流）的关系。

**5. 对焊条电弧焊设备的要求** 焊接电源是焊条电弧焊的主要设备。电源外特性、动特性及焊接参数调节特性的优劣，直接影响电弧的稳定性和焊接过程的稳定性，所以焊条电弧焊电源应满足下列要求：

（1）对电弧焊电源外特性的要求：焊条电弧焊电极尺寸较大，电流密度低。在电弧稳定燃烧条件下，其负载特性处于 U 形曲线的水平段，故首先要求电源外特性曲线与电弧静特性曲线的水平段相交，即要求焊条电弧

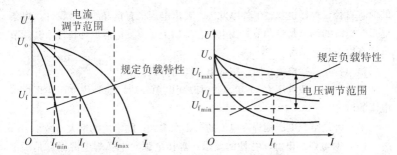

图 2-9　下降特性电源的可调参数　　图 2-10　平特性电源的可调参数

的电源应具有下降的外特性。再从焊接参数稳定性考虑，要求电源外特性形状陡降一些为好，因为对于相同的弧长变化，陡降外特性电源所引起的电流变化比缓降外特性电源所引起的电流变化小得多。焊条电弧焊过程中，弧长的变化是经常发生的。为了保证焊接参数稳定，从而获得均匀一致的焊缝，显然要求电源具有陡降的外特性。

垂降外特性能克服由于弧长波动所引起的电流变化，但其短路电流过小，不利于引弧。最理想的焊条电弧焊电源的外特性是具有垂降带外拖的外特性。在正常电弧电压范围内，弧长变化时焊接电流保持不变。当电弧电压低于拐点电压值时，外特性曲线向外倾斜，焊接电流变大，增大了熔滴过渡的推力。由于短路电流也相应增大，有利于引燃电弧。

（2）对电源空载电压的要求：电源空载电压的确定应保证引弧容易和电弧功率稳定。电源的空载电压越高，引弧越容易，电弧燃烧的稳定性越好，电弧功率越稳定。但空载电压越高，安全性越低；电源所需的铁、铜材料越多，体积和重量越大，同时还会增加能量的损耗，降低弧焊电源效率。为保证人身和设备安全，提高经济性，就要求对空载电压必须加以限制。因此，在设计弧焊电源确定空载电压时，应在满足弧焊工艺需要的前提下，尽可能采用较低的空载电压。对于通用的交流和直流焊条电弧焊电源的空载电压有如下规定：

1）焊条电弧焊交流弧焊电源 $U_o = 55 \sim 70$ V、$U_o \geqslant (1.8 \sim 2.25) U_f$。

2）焊条电弧焊直流弧焊电源 $U_o = 45 \sim 70$ V。

（3）对电源调节特性的要求：为了满足不同焊接工艺的要求，如不同的焊芯直径、焊接位置、工件厚度等，要求电焊机有良好的调节特性。焊条电弧焊电源的调节是指调节焊接电流，实质上是改变电源的外特性。其调节特性有以下三种情况：

第一种是焊接电流小时，空载电压同时降低。

第二种是空载电压 $U_0$ 不变，通过改变电源外特性陡降程度而实现焊接电流的改变。

第三种是空载电压随焊接电流的减小而增大，随电流的增大而减小。

（4）对电弧焊电源动特性的要求：焊接电弧对电弧焊电源而言是一个动负载。形成动负载的主要原因是熔滴过渡时弧长发生频繁的变化。尤其在短路过渡时这种变化尤为突出，使电弧的燃烧过程经常处于不稳定状态。这就要求弧焊电源具有良好的动态特性，从而适应焊接电流和电弧电压的瞬态变化。

**6. 焊条电弧焊机的类型**　焊条电弧焊机按电源种类可分为弧焊变压器、直流弧焊机和整流电弧焊机三大类。这三大类焊机的比较如表 2 - 19 所示。

表 2 - 19　三类焊条电弧焊机比较

| 项目 | 弧焊变压器 | 直流弧焊机 | 整流电弧焊机 |
|---|---|---|---|
| 稳弧性 | 较差 | 好 | 较好 |
| 噪声 | 小 | 大 | 较小 |
| 硅钢片与铜导线需要量 | 少 | 多 | 较少 |
| 结构与维修 | 简单 | 复杂 | 较简单 |
| 功率因素 | 较低 | 较高 | 较高 |
| 空载电压 | 较大 | 较小 | 较小 |
| 成本 | 低 | 高 | 较高 |
| 重量 | 轻 | 重 | 较轻 |

（1）弧焊变压器：

1）结构：弧焊变压器的三个类别的结构分别如图 2 - 11、图 2 - 12、图 2 - 13 所示。

2）工作原理：目前应用最广泛的"动铁式"交流弧焊变压器如图 2 - 11 所示。它是一个结构特殊的降压变压器，属于动铁芯漏磁式类型。它的空载电压为 60 ~ 70 V，工作电压为 30 V，电流调节范围为 50 ~ 450 A。铁芯由两侧的静铁芯 5 和中间的动铁芯 4 组成。变压器的次级绕组分成两部分：

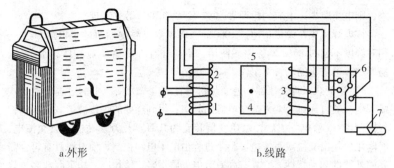

a.外形 b.线路

图 2－11　BX1—330 型（动铁式）交流弧焊变压器

1. 初级绕组　2、3. 次级绕组　4. 动铁芯　5. 静铁芯　6. 接线板　7. 摇把

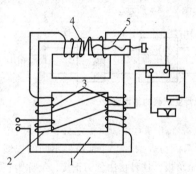

图2-12　BX2—500型（同体式）弧焊
变压器

1.固定铁芯　2.初级绕组　3.次级绕组
4.电抗线圈　5.活动铁芯

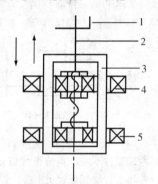

图2-13　BX3型（动圈式）弧焊
变压器

1.调节手柄　2.调节螺杆　3.主铁芯
4.可动次级线圈　5.初级线圈

一部分紧绕在初级绕组 1 的外部，另一部分绕在铁芯的另一侧。前一部分起建立电压的作用，后一部分相当于电感线圈。焊接时，电感线圈的感抗电压降使该变压器获得较低的工作电压，这是它具有陡降外特性的原因。引弧时，该变压器能供给较高的电压和较小的电流，当电弧稳定燃烧时，电流增大，而电压急剧降低；当焊条与工件短路时，也限制了短路电流。

　　焊接电流的调节分为粗调、细调两挡。电流的细调靠移动铁芯 4 改变变压器的漏磁来实现。向外移动铁芯，磁阻增大，漏磁减小，电流增大；反之，则电流减少。电流的粗调靠改变次级绕组的匝数来实现。

该电焊机应在海拔不超过 1000 m、周围空气温度不超过 +40 ℃、空气相对湿度不超过 85% 等条件下使用，不应在存在有害工业气体、水蒸气、易燃物、多灰尘的场合下工作。

3）逆变式弧焊变压器：逆变是指将直流电变为交流电的过程。逆变式弧焊变压器可通过逆变来改变电源的频率，得到想要的焊接波形。它把单相（或三相）交流电整流后，由逆变器转变为几百至几万赫兹的中频交流电，经降压后输出交流或直流电。整个过程由电子电路控制，使电源具有符合需要的外特性和动特性。它具有高效节电、质量轻、体积小、功率因数高、焊接性能好等独特的优点，可应用于各种弧焊方法，是一种最有发展前途的普及型弧焊电源。目前我国生产的逆变式弧焊变压器产品有 ZX7 系列，如 ZX7—400、ZX7—315ST 等。其原理如图 2 – 14 所示。

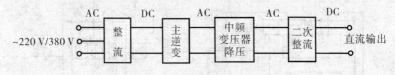

图 2 – 14　逆变式弧焊变压器的基本原理

（2）直流弧焊机：直流弧焊机电源输出端有正、负极之分，焊接时电弧两端极性不变。直流弧焊机正、负两极与焊条、工件有两种不同的接线法：将工件接到弧焊机正极，焊条接至负极，这种接法称为正接，又称为正极性；反之，将工件接到负极，焊条接至正极，称为反接，又称为反极性。直流弧焊机的不同极性接法如图 2 – 15 所示。焊接厚板时，一般采用直流正接，这是因为电弧正极的温度和热量比负极高，采用正接能获得较大的熔深。焊接薄板时，为了防止烧穿，常采用反接。在使用碱性低氢钠型焊条时，均采用直流反接。

旋转式直流弧焊机是由一台三相感应电动机和一台直流弧焊发电机组成的，又称为直流弧焊发电机。它的特点是能够得到稳定的直流电，因此，引弧容易，电弧稳定，焊接质量较好，过载能力强、输出脉动小，可用做各种弧焊方法的电源，还可由柴油机驱动用于没有电源的野外施工。但这种直流弧焊机的缺点是空载损耗较大，结构复杂，价格比交流弧焊机贵得多，维修

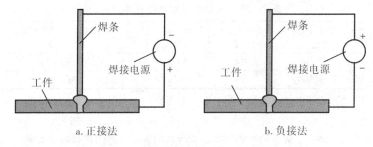

a. 正接法　　　　　　　　　　　　b. 负接法

**图2-15　直流弧焊机的不同极性接法**

较困难，使用时噪声大。现在，这种弧焊机已停止生产，正在淘汰中。

（3）整流电弧焊机：整流电弧焊机与直流弧焊机比较，因没有机械旋转部分，故具有噪声小、空载损耗小、效率高、成本低和制造维护简单等优点。它有取代直流弧焊机的趋势。整流电弧焊机常用型号如 ZXG—300、ZXG—400 等。硅整流电弧焊机是利用硅半导体整流元件（二极管）将交流电变为直流电来作为焊接电源的一种整流电弧焊机。图2-16 为硅整流电弧焊机的结构示意。

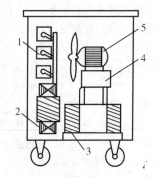

**图2-16　硅整流电弧焊机的结构示意**
1. 硅整流器组　2. 三相变压器
3. 三相磁饱和电抗器
4. 输出电抗器　5. 通风机组

**7. 焊条电弧焊辅助设备及工具**　除弧焊电源外，焊条电弧焊所用设备还包括一些辅助设备和工具，主要有电焊钳、焊接电缆、面罩及其他防护用具等。

（1）电焊钳：又称焊把，是一种夹持器，焊工用电焊钳能夹住和控制焊条。电焊钳还起着从焊接电缆向焊条传导焊接电流的作用。电焊钳可被分为各种规格（按能安全通过的最大电流划分），以适应各种标准焊条直径。对电焊钳的一般要求是：导电性能好，重量轻，焊条夹持稳固，换装焊条方便等。最常用的电焊钳有 300 A、500 A 两种规格，如表2-20 所示。

表 2-20  常用电焊钳的型号和规格

| 型号 | 能安全通过的最大电流/A | 焊接电缆孔径/mm | 适用的焊条直径/mm | 质量/kg | 尺寸（长×宽×高）/mm |
|---|---|---|---|---|---|
| G—352 | 300 | 14 | 2~5 | 0.5 | 250×40×80 |
| G—582 | 500 | 18 | 4~8 | 0.7 | 290×45×100 |

（2）面罩和护目玻璃及防护服：面罩的用途是保护焊工面部不受电弧的直接辐射与飞出的火星和飞溅物的伤害。面罩有盾式（手持式）和盔式（头戴式）两种，焊接时可根据实际情况选用。面罩上的护目玻璃起到减弱电弧光并过滤红外线、紫外线的作用。护目玻璃（又叫黑玻璃）有不同色号，目前以黑绿色的居多，应根据电焊工的年龄和视力情况尽量选择颜色较深的护目玻璃以保护视力。护目玻璃的常用规格如表 2-21 所示。

表 2-21  护目玻璃规格

| 色号 | 7~8 | 9~10 | 11~12 |
|---|---|---|---|
| 颜色深度 | 较浅 | 中等 | 较深 |
| 适用焊接电流范围/A | <100 | 100~350 | ≥350 |
| 尺寸/mm | 2×50×107 | 2×50×107 | 2×50×107 |

在焊接过程中往往会从电弧中飞出火花或熔滴，特别是在非平焊位置或采用非常高的焊接电流焊接时，这种飞溅就更加严重。为了避免烧伤，焊工应戴上防护手套、穿上防护服和高筒劳动鞋。

（3）电焊条保温筒：使用低氢焊条焊接重要结构时，焊条必须先进烘箱烘干，烘干温度和保温时间因材料和季节的不同而不同。一般烘干温度为150~400℃，保温时间为 1~2 h。焊条从烘箱内取出后，应贮存在焊条保温筒内，在施工现场逐根取出使用。

（4）清渣榔头和钢丝刷：用于除锈，清渣。

（5）夹具及变位器：夹具用于定位，以防止焊接变形。变位器用于将工件上待焊的焊缝置于更容易焊接的位置，以提高焊接质量及生产效率。

（6）焊接电缆：焊条电弧焊在工作中除焊接设备外，还必须有焊接电缆。焊接电缆是焊接回路的一部分，它的作用是传导电流，一般用多股紫铜软线制成。使用时必须保证其绝缘性好、耐磨和耐擦伤。焊接电缆应采用橡皮绝缘多股软电缆，根据电焊机的容量，选取适当的电缆截面，选取时可参考表2-22。如果电焊机距焊接工作点较远，需要较长电缆时，应当加大电缆的截面积，使在焊接电缆上的电压降不超过 4 V，以保证引弧容易及电弧燃烧稳定。工作时不允许用扁铁搭接或其他办法来代替连接焊接的电缆，以免因接触不良而使回路上的压降过大，造成引弧困难和焊接电弧的不稳定。

**表 2-22 焊接电缆选用表**

| 最大焊接电流/A | 200 | 300 | 450 | 600 |
|---|---|---|---|---|
| 焊接电缆横截面积/mm² | 25 | 50 | 70 | 95 |

**8. 焊条电弧焊设备的选择** 在实际的焊接操作中，应根据如下内容来选择焊条电弧焊的设备。

（1）根据焊接金属材质、焊条类型、焊接结构来选择弧焊电源的类型。例如，使用酸性焊条焊接低碳钢时，应优先考虑选用交流弧焊变压器（如 BX1—300、BX3—300—1、BX6—120—1 等）。当使用碱性焊条焊接高压容器、高压管道等重要钢结构，或焊接非铁金属、合金钢、铸铁时，则必须选用弧焊整流器、弧焊发电机等直流电源（如 ZXG1—250、ZXG—400、AX1—165、AX—320、AX5—500、AX7—500 等）。

在弧焊电源数量有限，而焊接材料的类型又较多的场合，可以考虑选用通用性较强的交流、直流两用电源或多用途弧焊电源。

（2）根据焊接结构所用材料、板厚范围、结构形式等因素选择。根据焊接结构所用材料、板厚范围、结构形式等因素确定所需弧焊电源的容量，然后参照弧焊电源技术数据，尤其应注意焊机的负载持续率，选用相应的电源。负载持续率是用来表示焊接设备工作状态的参数，它是在选定的工作时间周期内允许焊接设备连续负载的时间。

众所周知，焊接设备工作时会发热，温升过高会把焊接设备的线包绝缘烧毁（一般焊接设备的温度不得超过 60~80 ℃）。温升与焊接电流大小有关，同时也与焊机的使用状态有关，连续运转与断续使用时温升情况不一样。

负载持续率计算方法如下：

$$负载持续率 = \frac{在选定的工作时间内负载的时间}{选定的工作时间周期} \times 100\%$$

焊条电弧焊电源的工作周期规定为 5 min，额定负载持续率一般为 60%，而轻便式弧焊电源为 15%~25%。

（3）影响弧焊电源选择的其他因素还有价格、效率、电网容量、操作维修费用及占地面积、场地设施等。例如，弧焊变压器价格低，效率高，使用方便，维修简单。而直流弧焊机造价高，耗材（铜、铁）多，效率低，维修费用高，噪声大，但其输出电流平稳，电弧燃烧稳定。

# 2.3 焊条电弧焊的基本操作技术工艺

焊条电弧焊是用手工操作的焊接方法，因此焊缝的质量在很大程度上取决于焊工的操作技术。

## 2.3.1 焊接参数选择

焊条电弧焊的焊接工艺参数通常包括：焊条直径、焊接电流、电弧电压、焊接速度、电源种类和极性、焊接层数等。焊接工艺参数选择得正确与否，直接影响焊缝的形状、尺寸，以及焊接质量和生产率，因此选择合适的焊接工艺参数是焊接生产中不可忽视的一个重要问题。

1. **焊条直径** 焊条直径是指焊芯直径。它是保证焊接质量和效率的重要因素。焊条直径一般根据工件的厚度选择，同时还要考虑接头形式、施焊位置和焊接层数，对于重要结构还要考虑焊接热输入的要求。在一般情况下，根据工件厚度选择的焊接直径如表2-23所示。

表2-23 焊条直径的选择

| 工件厚度/mm | 2 | 3 | 4~5 | 6~12 | >13 |
|---|---|---|---|---|---|
| 焊条直径/mm | 2 | 3.2 | 3.2~4 | 4~5 | 4~6 |

在板厚相同的条件下，平焊位置的焊接所选用的焊条直径应比其他位置的大一些，立焊、横焊和仰焊应选用较细的焊条，一般不超过4.0mm。第一层焊道应选用小直径的焊条，以后各层可以根据工件厚度，选用较大直径的焊条。焊接T形接头、搭接接头都应选用较大直径的焊条。

2. **焊接电源种类和极性的选择** 焊条电弧焊使用的电流种类有交流和直流，直流电源电弧稳定性好，焊缝中含氢量可以减低，但成本高。使用酸性焊条（如牌号末位数字为1~5的结构钢焊条）时可选用交流电源，使用碱性焊条（如牌号末位数字为7的结构钢焊条）时可选用直流电源，使用结构钢焊条牌号末位数字为6时可选用交流、直流两用电源。选用直流电源时要根据焊缝要求和焊条性质确定接线极性。工件为负、焊条为正时称为反极性，工件为正、焊条为负时称为正极性。用碱性焊条（低氢型）时，采用反极性为好。反极性可以增加母材的熔化量，提高电弧的稳定性，减少焊缝中的含氢量。

**3. 焊接电流的选择** 焊接时，流经焊接回路的电流称为焊接电流。选择焊接电流时，应根据焊条类型、焊条直径、工件厚度、接头形式、焊接位置和层数等因素综合考虑。焊接电流的大小对焊接质量影响很大，增大焊接电流能提高生产率，增加熔深，适于焊接厚度大的焊件。焊接电流过大易造成咬边（沿焊趾的母材部位产生沟槽或凹陷）、增加飞溅，且药皮易脱落；焊接电流过小则电弧不稳定，易造成未焊透等质量问题。焊接电流的大小取决于焊条直径，焊条直径越大，焊接电流越大，碳钢、低合金钢、酸性焊条平对焊时，焊接电流值的选用可参考表 2 - 24。焊接位置改变时，焊接电流应做适当调节：立焊、横焊时焊接电流减小 10% ~ 15%，仰焊时应减小 15% ~ 20%。改用碱性焊条时，焊接电流还应适当减小。

表 2 - 24　焊条直径与焊接电流的关系

| 焊条直径/mm | 焊接电流/A | 焊条直径/mm | 焊接电流/A |
|---|---|---|---|
| 1.6 | 25 ~ 40 | | |
| 2 | 40 ~ 65 | | |
| 2.5 | 50 ~ 80 | >3.2 | $I = (35 \sim 40) \, d$<br>$d$ 为焊条直径（mm） |
| 3.2 | 100 ~ 130 | | |

确定焊接电流大小的最主要因素是焊条直径和焊缝空间位置。在使用一般结构钢焊条时，可按下式选用：

$$I = Kd$$

式中，$I$ 为焊接电流（A）；$K$ 为系数；$d$ 为焊条直径（mm），其值按表 2 - 25 选取。

表 2 - 25　焊条直径 $d$ 与系数 $K$ 的关系

| $d$/mm | 1.6 | 2 ~ 2.5 | 3.2 | 4 ~ 6 |
|---|---|---|---|---|
| $K$ | 15 ~ 25 | 20 ~ 30 | 30 ~ 40 | 40 ~ 50 |

总之，在保证不焊穿和成形良好的条件下，应尽量采用较大的焊接电流，并适当提高焊接速度，以提高生产率。

**4. 电弧电压的选择** 电弧电压由弧长来决定。电弧长，则电弧电压高；

电弧短，则电弧电压低。焊条电弧焊的电弧电压通常为 16～25 V。在焊接过程中，电弧过长，会使电弧燃烧不稳定，飞溅增加，熔深减小，而且外部空气易侵入，造成气孔等缺陷。因此，要求电弧长度小于或等于焊条直径，即短弧焊。使用酸性焊条焊接时，为了预热待焊部位或降低熔池温度，有时将电弧稍微拉长进行焊接，即所谓长弧焊。

**5. 焊接速度的选择** 焊接速度是指焊条在焊缝轴线方向的移动速度，它影响焊缝成形、焊缝区的金属组织和生产率。焊接过程中，焊接速度应该均匀适当，既要保证焊透又要保证不焊穿，同时还要使焊缝宽度和余高符合设计要求。如果焊速过快，熔化温度不够，易造成未熔合、焊缝成形不良等缺陷；如果焊速过慢，使高温停留时间增长，热影响区宽度增加，焊接接头的晶粒变粗，力学性降低，同时使工件变形量增大。当焊接较薄工件时，易形成烧穿。

焊速的大小应根据焊缝所需的线能量 $E$（J/cm）、焊接电流 $I$（A）与电弧电压 $U$（V）综合考虑确定。焊接速度 $V$（cm/min）与 $E$、$I$、$U$ 的关系为

$$V = \frac{IU}{E} \times 60$$

例如，6 mm 厚的钢板平对焊时，选用焊条直径为 4 mm，焊接电流为 160～170 A，电弧电压为 20～24 V，根据板厚及工件结构形式，线能量取 13 714～15 300 J/cm 时焊接速度应为 14～16 cm/min。焊接速度和电弧电压对于焊条电弧焊一般不做具体硬性数值规定，焊工可以根据焊缝成形等因素较灵活地掌握。

**6. 焊缝层数的选择** 在工件厚度较大时，往往需要进行多层焊。对于低碳钢和强度等级较低的低合金钢的多层焊时，每层焊缝厚度过大时，对焊缝金属的塑性（主要表现在冷弯上）有不利影响。因此，对质量要求较高的焊缝，每层厚度最好不大于 4～5 mm。焊接层数主要根据钢板厚度、焊条直径、坡口形式和装配间隙等来确定，可进行如下近似估算：

$$n = \delta / d$$

式中，$n$ 为焊接层数；$\delta$ 为工件厚度（mm）；$d$ 为焊条直径（mm）。

多层焊的焊缝和焊接顺序如图 2-17 所示。

**图 2-17 多层焊的焊缝和焊接顺序**

## 2.3.2　各种位置的焊接技术

焊接位置的变化，对操作技术提出了不同的要求，这主要是由于熔化金属的重力作用造成焊缝成形困难。所以，在焊接操作中，只要仔细观察并控制熔池的形状和大小，及时调整焊条角度和焊条动作，就能控制焊缝成形和确保焊接质量。焊接位置分为平焊、立焊、横焊、仰焊。

各种焊接位置的焊接特点及操作要点如表 2 - 26、表 2 - 27、表 2 - 28、表 2 - 29 所示。

表 2 - 26　焊条电弧焊平焊位置的焊接特点及操作要点

| | |
|---|---|
| 焊接特点 | （1）熔滴主要依靠重力向熔池过渡<br>（2）熔池形状和熔池金属容易保持<br>（3）焊接同样板厚金属，平焊位置的焊接电流比其他焊接位置的大，生产效率高<br>（4）液态金属和熔渣容易混在一起，特别是焊接角焊缝时，熔渣容易往熔池前部流动造成夹渣<br>（5）焊接参数和操作不正确时，可能产生未焊透、咬边或焊瘤等缺欠<br>（6）平板对接焊时，若焊接参数或焊接顺序选择不当，容易产生焊接变形 |
| 操作要点 | （1）由于焊缝处于水平位置，熔滴主要靠重力过渡，所以，根据板厚可以选用直径较粗的焊条和较大的焊接电流焊接<br>（2）最好采用短弧焊接<br>（3）焊接时焊条与焊件成 40° ~ 90° 夹角，控制好电弧长度和运条速度（焊条运行速度），使熔渣与液态金属分离，防止熔渣向前流动<br>（4）板厚在 5 mm 以下，焊接时一般开 I 形坡口，可用 $\phi3$ mm 或 $\phi4$ mm 焊条，采用短弧法焊接。背面封底焊前，可以不铲除焊根（重要构件除外）<br>（5）焊接水平倾斜焊缝时，应采用上坡焊，防止熔渣向熔池前方流动，避免焊缝产生夹渣缺欠<br>（6）采用多层多道时，应注意选好焊道数及焊道顺序<br>（7）T 形、角接、搭接的平角焊接头，若两板厚度不同，应调整焊条角度，将电弧偏向厚板，使两板受热均匀<br>（8）正确选用运条方法：<br>1）板厚在 5 mm 以下，I 形坡口对接平焊，采用双面焊时，正面焊缝采用直线形运条方法，焊深应大于 2/3 板厚；背面焊缝也采用直线形运条方法，焊接电流应比焊正面焊缝时稍大些，运条速度要快 |

续表

| | |
|---|---|
| 操作要点 | 　2）板厚在 5 mm 以上，开其他形坡口<sup>①</sup>的对接平焊，可采用多层焊成多层多道焊，打底焊宜用小直径焊条、小焊接电流、直线形运条焊接。多层焊缝的填充层及盖面层焊缝，根据具体情况分别选用直线形、月牙形、锯齿形运条。多层多道焊时，宜采用直线形运条<br>　3）T 形接头焊脚尺寸较小时，可选用单层焊，用直线形、斜环形或锯齿形运条方法；焊脚尺寸较大时，宜采用多层焊或多层多道焊，打底焊都采用直线形运条方法，其后各层的焊接可选用斜锯齿形、斜环形运条。多层多道焊宜选用直线形运条方法焊接<br>　4）搭接、角接平角焊时，运条操作与 T 形接头平角焊运条相似<br>　5）船形焊的运条操作与开坡口对接平焊相似 |

① 指除 I 形坡口以外的其他形坡口，如 V 形、X 形、Y 形等，下同。

表 2 − 27　焊条电弧焊立焊位置的焊接特点及操作要点

| | |
|---|---|
| 焊条角度图示 | 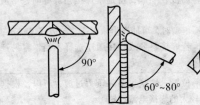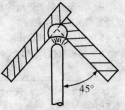 |
| 焊接特点 | （1）熔化金属在重力作用下易向下淌，形成焊瘤、咬边、夹渣等缺欠；焊缝成形不良<br>（2）熔池金属与熔渣容易分离<br>（3）T 形接头焊缝根部容易产生未焊透<br>（4）焊接过程、熔透程度容易控制<br>（5）焊接生产效率较平焊低<br>（6）采用短弧焊接 |
| 操作要点 | （1）保持正确的焊条角度<br>（2）选用较小的焊条直径（$< \phi 4$ mm）和较小的焊接电流$[(80\% - 85\%)I_F^①]$，采用短弧施焊<br>（3）采用正确的运条方法：<br>　1）I 形坡口时焊向上立焊时，可选用直线形、锯齿形、月牙形运条和挑弧法焊接 |

①$I_F$ 表示平焊位置的焊接电流。

| 操作要点 | 2）开其他形坡口对接焊时，第一层焊缝常选用挑弧法或摆幅不大的月牙形、三角形运条焊接，其后可采用月牙形或锯齿形运条方法<br>3）T形接头立焊时，运条操作与开其他形坡口时接立焊相似；为防止焊缝两侧产生咬边、根部未焊透，电弧应在焊缝两侧及顶角有适当的停留时间<br>4）焊接盖面层时，应根据对焊缝表面的要求选用运条方法，焊缝表面要求稍高的可采用月牙形运条，如只要求焊缝表面平整的可采用锯齿形运条方法 |
| --- | --- |

表2-28 焊条电弧焊横焊位置的焊接特点及操作要点

| 焊条角度图示 |  75°~80°　　75°~80° |
| --- | --- |
| 焊接特点 | （1）熔化金属受重力作用易向下淌，造成坡口上侧产生咬边缺欠，下侧形成泪滴形焊瘤或未焊透<br>（2）其他形式坡口对接横焊，常选用多层多道施焊法防止熔化金属下淌<br>（3）焊接电流较平焊的焊接电流小些 |
| 操作要点 | （1）选用小直径焊条、小焊接电流、短弧操作，能较好地控制熔化金属流淌<br>（2）厚板横焊时，打底焊缝以外的焊缝，宜采用多层多道焊法施焊<br>（3）多层多道焊时，要特别注意控制焊道间的重叠距离。每道叠焊，应在前一道焊缝的1/3处开始焊接，以防止焊缝产生凹凸不平<br>（4）根据具体情况，保持适当的焊条角度<br>（5）用正确的运条方法：<br>1）开I形坡口对接横焊时，正面焊缝采用往复直线运条方法较好；稍厚件宜选用直线形或小斜环形运条，背面焊缝选用直线形运条，焊接电流可适当加大<br>2）开其他形坡口对接多层横焊，间隙较小时，可采用直线形运条；间隙较大时，打底层可采用往复直线形运条，其后各层多层焊时，可采用斜环形运条，多层多道焊时，宜采用直线形运条 |

表2-29 焊条电弧焊仰焊位置的焊接特点及操作要点

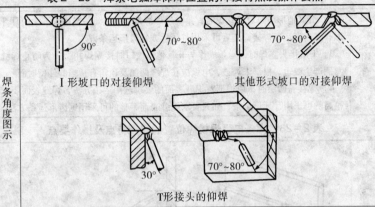

| 焊条角度图示 | I形坡口的对接仰焊　　　　　其他形式坡口的对接仰焊　　　　T形接头的仰焊 |
|---|---|
| 焊接特点 | (1) 熔化金属因重力作用易下坠，熔滴过渡、焊缝成形较困难<br>(2) 熔池金属温度高，熔池尺寸大<br>(3) 焊缝正面容易形成焊瘤，背面则会出现内凹缺欠<br>(4) 流淌的熔化金属易飞溅扩散，若防护不当，容易造成烫伤事故<br>(5) 仰焊比其他空间位置焊接的效率低 |
| 操作要点 | (1) 为便于熔滴过渡，焊接过程中应采用最短的弧长施焊<br>(2) 打底层焊缝应采用小直径焊条和小焊接电流施焊，以免焊缝两侧产生凹陷和夹渣<br>(3) 根据具体情况，选用正确的运条方法：<br>1) 开I形坡口对接仰焊时，直线形运条方法适用于小间隙焊接，往复直线形运条方法适用于大间隙焊接<br>2) 开其他形坡口对接多层仰焊时，打底层焊接的运条方法，应根据坡口间隙的大小，决定选用直线形或往复直线形运条方法。其后各层可选用锯齿形或月牙形运条方法。多层多道焊宜采用直线形运条。无论采用哪种运条方法，每一次向熔池过渡的熔化金属质量均不宜过多<br>3) T形接头仰焊时，焊脚尺寸如果较小，可采用直线形或往复直线形运条方法，由单层焊接完成。焊脚尺寸若较大时，可用多层焊或多层多道施焊，第一层宜采用直线形运条，其后各层可选用斜三角形式或斜环形的运条方法 |

### 2.3.3　焊条电弧焊操作技术

焊条电弧焊的基本操作是由引弧、运条和收尾三部分组成的。

**1. 引弧**　焊接前，应把工件接头两侧20 mm范围内的表面清理干净（消除铁锈、油污、水分），并使焊条芯的端部金属外露，以便进行短路引弧。引弧是焊接过程中频繁进行的动作，引弧技术的好坏，直接影响焊接质量，所以，必须予以重视。通常的引弧方法有以下两种（图2-18）。

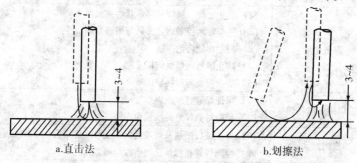

a.直击法                            b.划擦法

图2-18 引弧方法（单位：mm）

（1）划擦法：先将焊条对准焊件，再将焊条像划火柴似地在焊件表面轻轻划擦，引燃电弧，然后迅速将焊条提起2~4 mm，并使之稳定燃烧。

（2）直击法：将焊条末端对准焊件，然后手腕下弯，使焊条轻微碰一下焊件，再迅速将焊条提起2~4 mm，引燃电弧后手腕放平，使电弧保持稳定燃烧。这种引弧方法既不会使焊件表面划伤，又不受焊件表面大小、形状的限制，所以是在生产中主要采用的引弧方法。但该操作方法不易掌握，需要提高熟练程度。

引弧时需注意如下事项：①引弧处应无油污、水锈，以免产生气孔和夹渣。②焊条在与焊件接触后提升速度要适当，太快难以引弧，太慢焊条和焊件易粘在一起造成短路。

2. **运条** 运条是焊接过程中最重要的环节，它直接影响焊缝的外表成形和内在质量。电弧引燃后，一般情况下焊条有三个基本运动：朝熔池方向逐渐送进（图2-19中的方向1）、沿焊接方向逐渐移动（图2-19中的方向2）、横向摆动（图2-19中的方向3）。各种动作的作用及运条方法如表2-30、表2-31所示。

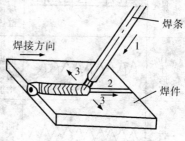

图2-19 焊条的运动

表 2-30　焊条电弧焊运条时焊条角度和焊条动作的作用

| 焊条角度和焊条动作 | 作用 |
|---|---|
| 焊条角度 | (1) 防止立焊、横焊和仰焊时熔化金属下坠<br>(2) 能很好地控制熔化金属与熔渣分离<br>(3) 控制焊缝熔池深度<br>(4) 防止熔渣向熔池前部流淌<br>(5) 防止咬边等焊接缺欠 |
| 沿焊接方向移动 | (1) 保证焊缝直线施焊<br>(2) 控制每道焊缝的横截面积 |
| 横向摆动 | (1) 保证坡口两侧及焊道之间相互很好地熔合<br>(2) 控制焊缝获得预定的熔深与熔宽 |
| 焊条送进 | (1) 控制弧长，使熔池有良好的保护<br>(2) 促进焊缝形成<br>(3) 使焊接连续不断地进行<br>(4) 与焊条角度的作用相似 |

表 2-31　焊条电弧焊常用的运条方法

| 运条方法 | 轨迹 | 特点 | 适用范围 |
|---|---|---|---|
| 直线形 | | 焊条以直线移动，不做摆动。焊缝宽度较窄，熔深大 | 适用于薄板Ⅰ形坡口对接平焊、多层焊打底及多层多道焊 |
| 往复直线形 | | 焊条末端沿着焊接方向做来回直线形摆动。焊接速度快，焊缝窄，散热快 | 适用于接头间隙较大的多层焊的第一层焊缝或薄板焊接 |
| 月牙形 | | 焊条末端沿着焊接方向做月牙形的左右摇动，使焊缝宽度及余高增加 | 适用于中厚板材对接平焊、立焊和仰焊等位置的层间焊接 |
| 锯齿形 | | 焊条末端沿着焊接方向做锯齿形连续摆动，控制熔化金属的流动性，使焊缝增宽 | 适用于中厚钢板对接平焊、立焊、仰焊及角焊 |

续表

| 运条方法 | 轨迹 | 特点 | 适用范围 |
|---|---|---|---|
| 环形 | 正环形<br>斜环形 | 焊接过程中，焊条末端做圆环形运动，同时不断向前移动 | 适用于厚板平焊，斜环形适用于干焊、仰焊位置的角焊缝和开坡口横焊 |
| 三角形 | 正三角形<br>斜三角形 | 焊接过程中，焊条末端做三角形摆动。能控制熔化金属，使焊缝成形良好。正三角形一次能焊出较厚的焊缝断面，不易产生夹渣等缺欠 | 适用于厚板的对接立焊和角焊。斜三角形适用于平焊、仰焊位置的角焊缝和开坡口横焊 |
| 8字形 | | 焊条末端做8字形运动，使焊缝增宽，波纹美观 | 适用于厚板平焊的盖面层焊接及平面堆焊 |

上述各种运条的动作必须协调一致，根据焊缝的空间位置和接头形式，采用适当的运条操作，才能得到符合要求的焊缝。

**3. 焊缝收尾**  焊缝的收尾是指一条焊缝焊完后如何收弧。焊接结束时，如果将电弧突然熄灭，则焊缝表面留有凹陷较深的弧坑，会降低焊缝收尾处的强度，并容易引起弧坑裂纹。过快拉断电弧，液体金属中的气体来不及逸出，还容易产生气孔等缺欠。为克服弧坑缺欠，常采用的收尾法如表2-32所示。

表2-32  焊条电弧焊常用的收弧方法

| 收弧方法 | 操作要点 | 适用范围 |
|---|---|---|
| 划圈收弧法 | 焊接电弧移至焊缝终端时，焊条端部做圆周运动，直至弧坑被填满后再断弧 | 适用于厚板焊接 |
| 回焊收弧法 | 焊接电弧移至焊缝收尾处稍停，然后改变焊条角度回焊一小段后断弧 | 适用于碱性焊条焊接 |
| 反复熄弧-引弧法 | 在焊缝终端多次熄弧和引弧，直到弧坑填满为止 | 适用于大电流或薄板焊接 |

# 2.4 常用金属材料的焊条电弧焊

## 2.4.1 低碳钢、普通低合金钢的焊条电弧焊

**1. 低碳钢的焊条电弧焊** 低碳钢的焊接广泛采用焊条电弧焊。焊条在选择时应根据低碳钢的强度等级选用结构钢焊条，并考虑焊件所在的工作条件选用酸性或碱性焊条。常用于低碳钢焊条电弧焊的焊条选择如表2-33所示。

表2-33 低碳钢焊条电弧焊选用的焊条牌号

| 钢材牌号 | 焊一般结构（包括厚度不大的低压容器）用的焊条牌号 | 受压载荷，厚板，中、高压容器及低温容器用的焊条牌号 | 施焊条件 |
|---|---|---|---|
| Q235 | J421、J422、J423、J424、J425 | J426、J427（J506、J507） | 一般不预热 |
| 10、20、20g | J422、J423、J424、J425 | J426、J427（J506、J507） | 一般不预热 |
| 22g、20HP | J426、J427 | J506、J507 | 厚板预热150℃ |

**2. 低合金钢的焊条电弧焊** 由于低合金钢焊缝长度的强度等级比低碳钢的高，为了达到焊缝与母材等强度的要求，应优先选用碱性焊条。碱性焊条具有抗热裂、抗冷裂的性能。焊接低合金钢的焊条如表2-34所示。

表2-34 焊接低合金钢的焊条的选用

| 钢材牌号 | 焊条电弧焊用焊条牌号 | 钢材牌号 | 焊条电弧焊用焊条牌号 |
|---|---|---|---|
| 09MnV<br>09Mn2<br>09MnNb<br>12Mn | J422、J426、J427 | 15MnVR<br>15MnVN<br>15MnVTi<br>16MnNb | J506、J507、J553、J557 |
| 14MnNb<br>16Mn | J502、J506、J507 | 14MnMoV<br>18MnMoNb | J707 |

**3. 低碳钢、低合金钢焊条电弧焊具体工艺** 低碳钢、低合金钢是工程中常用的材料，为了确保此类材料的焊条电弧焊的施工质量，需优化具体的焊接工艺。

（1）焊前准备：

1）根据施焊结构钢材的强度等级，各种接头形式，选择相应强度等级的焊条和合适的焊条直径。

2）当施工环境温度低于 0 ℃，或钢材的含碳量大于 0.41% 及结构刚性过大、构件较厚时，应采用焊前预热措施，预热温度为 80～100 ℃，预热宽度（与焊缝的距离）为板厚的 5 倍，但不小于 100 mm。

3）工件厚度大于 6 mm 对接焊时，为确保焊透强度，在板材的对接边沿应开切 V 形或 X 形坡口，坡口角度 $\alpha$ 为 60°。钝边 $P=0～1$ mm，装配间隙 $\delta=0～1$ mm；当板厚差≥4 mm 时，应对较厚板材的对接边缘进行削斜处理。

4）焊条烘干，两次：酸性药皮类型焊条焊前烘干工艺参数：温度 150 ℃、保温 2 h，两次；碱性药皮类焊条焊前必须进行 300～350 ℃下的烘干，两次。

5）焊前接头要清洁干净，将坡口或焊接处两侧 30 mm 范围内影响焊缝质量的飞边、油污、水、锈蚀、氧化皮等清洁干净。

6）当焊缝长度小于 50 mm 时，焊前两端应加引弧板、熄弧板，其规格不小于 50 mm × 50 mm。

（2）焊接材料的选用原则：

1）首先应保证母材强度等级与焊条强度等级相匹配，并考虑不同药皮类型焊条的使用特性。

2）考虑焊件所处的工作条件，其中承受动载荷、高应力或形状复杂、刚性较大的焊件，应选用抗裂性能和冲击韧性好的低氢型焊条。

（3）焊接规范：

1）应根据母材板厚选择焊条直径及焊接电流，如表 2-35 所示。

表 2-35　不同母材板厚焊条电弧焊所对应的焊条直径及焊接电流

| 板厚/mm | 焊条直径/mm | 焊接电流/A | 备注 |
|---|---|---|---|
| 3 | 2.5 | 80～90 | 不开坡口 |
| 8 | 3.2 | 110～150 | 开 V 形坡口 |
| 16 | 4.0 | 160～180 | 开 X 形坡口 |
| 20 | 4.0 | 180～200 | 开 X 形坡口 |

注：表中电流为平焊位置焊接时所选值，立焊、横焊、仰焊时的焊接电流应比表中值降低 10%～15%；板厚大于 16 mm 时，焊接底层应选用 φ3.2 mm 的焊条，角焊焊接电流应比对接焊焊接电流稍大。

2）为使对接焊缝焊透，在底层焊接时应选用比其他层焊接较小的焊条直径。

3）厚件焊接时，应严格控制层间温度，各层焊缝不宜过宽，应考虑多道多层焊接。

4）对接焊缝正面焊接后，反面使用碳弧气刨扣槽，并进行封底焊接。

（4）焊接程序：

1）焊接纵横交错的焊缝时，应先焊端接缝，后焊边接缝。

2）焊缝长度超过 1 m 以上时，应采用分中对称焊法或逐步码焊法。

3）凡对称工件，应从中央向前、后两方向开始焊接，并左、右方向对称进行。

4）先焊短焊缝，后焊长焊缝。

5）部件焊缝质量不好时，应在部件上进行反修处理，直至合格，不得留在整体安装焊接时再进行处理。

（5）操作要点：

1）焊接重要结构时要使用低氢型焊条，必须经 300～350 ℃烘干 2 h，一次领用焊条量不超过 4 h 的用量，并将焊条装在保温筒内。其他焊条也应放在焊条箱内妥善保管。

2）根据焊条的直径和型号、焊接位置等调试焊接电流，选择焊接极性。

3）在保证接头不致爆裂的前提下，根部焊道应尽可能的薄。

4）多层焊接时，下一层焊开始前应将上层焊缝的药皮、飞溅等表面物除干净，多层焊时每层焊缝的厚度不超过 3～4 mm。

5）焊前工件有预热要求时，进行多层多道焊时应尽可能连续完成，保证层间温度不低于最低预热温度。

6）多层焊起弧接头应相互错开 30～40 mm，"T"和"一"字缝交叉处50 mm 范围内不准起弧和熄弧。

7）低氢型焊条应采用短弧焊进行焊接，选择直流电源反极性接法。

## 2.4.2 中碳钢的焊条电弧焊

焊接中碳钢时，应当尽量选用低氢焊接材料如低氢焊条，以提高抗热裂纹或抗氢致裂纹的能力。在少数情况下，也可采用钛铁矿型或钛钙型焊条，但必须有严格的工艺措施相匹配，即严格控制预热温度并减小母材的熔深，以减少焊缝的含碳量。焊条的具体选择如表 2-36 所示。

表 2-36　中碳钢焊条电弧焊所用焊条举例

| 钢号 | 母材 $w(C)/\%$ | 焊接性 | $R_{eL}/$ MPa | $R_m/$ MPa | $A/\%$ | $Z/\%$ | $A_k/$ J | 不要求强度或不要求等强度 | 要求等强度 |
|---|---|---|---|---|---|---|---|---|---|
| 35 | 0.32~0.40 | 较好 | 315 | 530 | 20 | 45 | 55 | J422 J423 | J506 |
| ZG270—500 | 0.31~0.40 | 较好 | 270 | 500 | 18 | 25 | 22 | J426 J427 | J507 |
| 45 | 0.42~0.50 | 较差 | 355 | 600 | 16 | 40 | 39 | J422 J423 | |
| ZG310—570 | 0.41~0.50 | 较差 | 310 | 570 | 15 | 21 | 15 | J426 J427 J506 J507 | J556 J557 |
| 55 | 0.52~0.60 | 较差 | 380 | 645 | 13 | 35 | — | J422 J423 | |
| ZG340—640 | 0.51~0.60 | 较差 | 340 | 640 | 10 | 18 | 10 | J426 J427 J506 J507 | J606 J607 |

中碳钢的焊条电弧焊工艺如下：

（1）需要采取整体或局部预热并保持一定的焊缝间温度，防止热影响区和熔敷金属产生硬脆的马氏体组织。35 号钢和 45 号钢的预热温度一般为 150~250 ℃；当含碳量提高，或板厚增加、刚性加大时，预热温度为 250~400 ℃。

（2）焊后消除应力退火（特别是对于大厚度工件、大刚性结构件和处于动载荷或冲击载荷工况环境的工件）。消除应力回火温度一般为 600~650 ℃。如果不能立即进行消除应力退火，则必须采取后热，以便扩散氢逸出，其温度视具体情况而定，其保温时间的计算方法为：每 10 mm 板厚保温 1 h。

（3）除上述工艺措施外，为防止焊接裂纹，还需要注意以下事项：

1）焊接坡口尽量开成 U 形。如果工件有铸件缺欠，铲挖出的坡口外形应圆滑，其目的是减少母材溶入焊缝金属中的比例，有利于防止裂纹。

2）可以用气割、碳弧气刨等方法开坡口。

3）焊条使用前要烘干。碱性焊条烘干温度为350~400 ℃，时间为1~2 h；钛钙型酸性焊条烘干温度为150 ℃，时间为1~2 h。

4）第一层焊缝焊接时，尽量采用小电流、慢焊速，以减小母材的熔深。但必须注意母材的熔透，避免出现夹渣及未熔合等缺欠。

5）焊后尽可能缓冷。

6）有时可采用锤击焊缝的方法来减少焊接残余应力。

## 2.4.3 不锈钢的焊条电弧焊（以奥氏体不锈钢为例）

不锈钢是$\omega$（Cr）≥13%的高铬、高镍合金钢，在一定化学介质或腐蚀环境中具有高度的化学稳定性。当钢中含铬量为18%~25%、含镍量为8%~20%时，便有稳定的奥氏体组织产生。这种钢具有良好的耐腐蚀性能和耐酸性能，称为奥氏体不锈钢，是不锈钢中得到广泛应用的一个钢种。

下面以奥氏体不锈钢焊条电弧焊为例，简述其焊接工艺特点：

（1）焊条有酸性钛钙型（如 A102）和碱性低氢钠型（如 A107）两大类，低氢钠型不锈钢焊条的抗热裂性较高，但焊缝外表成形不如钛钙型焊条，抗腐蚀性也较差。钛钙型不锈钢焊条具有良好的工艺性能，可采用交流、直流电源，生产中用得较普遍。

（2）奥氏体不锈钢热导率小、线膨胀系数大，焊后容易产生较大变形，所以宜用快速焊。

（3）奥氏体不锈钢的电阻率大，焊接过程中焊条药皮容易发红，所以焊接电流应比普通低合金钢的减少10%~20%，同时焊条长度也缩短。

（4）坡口面及焊件表面的清理应采用不锈钢丝刷或铜丝刷，锤击焊缝时宜用铜锤或包铜的锤，禁止用铁锤锤击。与焊件连接的地线卡头，也应采用不锈钢制作。

（5）焊前应在坡口面两侧各涂上一道100 mm 宽的石灰浆保护层，焊后将烘干的石灰和溅落在焊件表面上的飞溅物一并扫除干净，不然溅落在焊件表面的飞溅物，会引起点状腐蚀，影响不锈钢表面的耐腐蚀性。

（6）禁止在焊件表面随意引弧、熄弧或任意焊接临时支架、法兰、吊环等，必要时可在焊缝的引弧端加引弧板。

（7）接触腐蚀介质的焊缝应尽可能最后焊接，如一盛装腐蚀介质的容器，设计坡口朝内时，焊接最后封底焊缝时，将对与腐蚀介质接触的焊缝进行重复加热。设计坡口朝外时，能够保证与腐蚀介质、接触的焊缝最后焊接，避免了焊缝的重复加热，有利于提高与腐蚀介质接触的焊缝的耐蚀性。

（8）增加焊接过程中的冷却速度是奥氏体不锈钢焊件提高抗蚀性的重要工艺措施。因此，焊接时应采用小电流、窄焊道、高焊速，焊条在施焊过程中不应做横向摆动，严格控制较低的道间温度。条件允许时，对于小焊件可半浸在水中进行焊接。也可焊后直接将焊件迅速投入冷水中，加速冷却。

（9）即使选用酸性焊条，最好也选用直流反接电源，因为此时焊件是负极，温度低、受热少。

（10）由奥氏体不锈钢制造的压力容器，焊缝表面不得有咬边，因为在咬边处会引起应力集中，导致应力腐蚀断裂。

### 2.4.4　铸铁的焊补

铸铁中的主要成分是铁和碳。按碳在组织中存在的不同形式，铸铁可分为灰铸铁、白口铸铁、球墨铸铁和可锻铸铁等四种。

**1. 灰铸铁的补焊**　灰铸铁在焊接过程中对冷却速度非常敏感，且强度低、塑性差，所以在焊后会因冷却速度快，或工件受热不均匀，造成焊接应力大，极易产生白口组织和裂纹。因此，焊前应对补焊处彻底消除油污等杂物。为防止裂纹扩张，在距裂纹两端 $3\sim5$ mm 处钻止裂孔（$\phi5\sim8$ mm）。加工的坡口形状既要保证施焊，又要尽量减少母材的熔化量。其焊接方法和工艺措施如表 2 - 37 所示。

**表 2 - 37　灰铸铁补焊的方法及特点**

| 焊接方法 | 焊接材料 | 预热及后热 | 应用范围 | 工艺特点 |
|---|---|---|---|---|
| 焊条电弧焊 | 铸 248<br>铸 208 | 600~700 ℃<br>焊后缓冷 | 用于中等厚度的工件补焊 | 宜用大电流，长电弧焊接，快焊速，不间断，以免工作变冷 |
| | 铸 308<br>铸 408<br>铸 508 | 不预热 | 用于各种厚度工件加工面的补焊 | 采用最小电流，分段焊断续焊，分散焊及焊后用锤击，以降低应力防止裂纹。裂纹多或厚度大时，可用镶块或多层焊 |
| | 铸 607<br>铸 612 | 不预热 | 用于非加工面刚度较大的补焊 | |
| | 结 422<br>结 427 | | 用于非加工面，不要求致密性和刚度不大的补焊 | |

2. **球墨铸铁的补焊** 由于球墨铸铁熔炼时加入了一定量的球化剂，所以其机械性能明显提高，焊接性也受到影响。球墨铸铁的白口化倾向和淬硬倾向比灰铸铁大，焊缝及半熔化区更容易形成白口，奥氏体区易出现马氏体组织并对加工性及抗裂性有不利影响。球墨铸铁补焊的焊条及电源选择如表2-38所示。

表2-38 球墨铸铁焊条电弧焊补焊的焊条及电源选择

| 焊条类型 | 电源种类 | 焊条直径/mm | | | |
|---|---|---|---|---|---|
| | | 2.0 | 2.5 | 3.2 | 4.0 |
| 铜铁焊条（铸607） | 直流反接 | — | 90 | 90~100 | — |
| | 交流 | — | 100 | 100~120 | — |
| 高钒焊条（铸116） | 交流成直流正接 | 40~60 | 60~80 | 80~100 | 120~160 |
| 氧化铁型（铸110） | 交流、直流 | — | — | 80~100 | 100~120 |
| 镍基焊条（铸408） | 交流或直流正接 | — | 60~80 | 90~100 | 120~150 |

## 2.4.5 镍及镍合金的焊条电弧焊

1. **焊条** 镍及镍合金焊条电弧焊所用焊条牌号有 Ni102 纯镍焊条、Ni207 镍铜合金焊条和 Ni317 镍基耐热合金焊条，焊条的熔敷金属化学成分及用途如表2-39所示。

表2-39 镍及镍合金焊条电弧焊常用焊条的熔敷金属化学成分及用途

| 牌号 | 化学成分（质量分数/%） | | | | | |
|---|---|---|---|---|---|---|
| | C | Ti | Mn | Fe | Nb | Si |
| Ni102 | 0.06 | 1.5 | 2.5 | 4.5 | 2.5 | 1.5 |
| Ni207 | 0.15 | 1.0 | 4.0 | 2.5 | 0.3 | 1.5 |
| Ni317 | 0.10 | — | 2.0 | 7.0 | 0.3~0.8 | 0.8 |

| 牌号 | 化学成分（质量分数/%） | | | | 用途 |
|---|---|---|---|---|---|
| | Ni | Cu | Cr | Mo | |
| Ni102 | 余量 | | | | 纯镍 |
| Ni207 | ≥62 | 27~34 | | | 镍铜合金 |
| Ni317 | ≥55 | — | 20~23 | 8.0~10.0 | 镍基合金，铬镍奥氏体钢 |

2. **焊接工艺参数** 镍及镍合金在焊条电弧焊时应选用小电流、短弧和尽可能快的焊接速度，当选用不同的焊条，其焊接电流的选用如表2-40所示。

表2-40 焊接电流的选用

| 焊条直径/mm | 2.5 | 3.2 | 4.0 | 5.0 |
|---|---|---|---|---|
| 焊接电流/A | 50～70 | 80～120 | 105～140 | 140～170 |

**3. 焊接工艺**

(1) 运条时焊条不做横向摆动，如必须摆动时，摆幅不应超过焊条直径的2倍。

(2) 多层焊时要严格控制层间温度在100℃以下，焊完一道焊缝后，要待焊件冷至能用手摸后，再焊下一道焊缝。

(3) 为防止弧坑裂纹，断弧时要进行弧坑处理（将弧坑铲除或采用钩形收弧），终断弧时，一定要将弧坑填满或把弧坑引出。

# 第3章 气焊及气割

## 3.1 气焊、气割的特点及应用

气焊是指利用可燃气体与助燃气体混合燃烧时形成的高温火焰,熔化工件与焊接材料,使它们达到原子间结合的一种焊接方法,如图3-1所示。

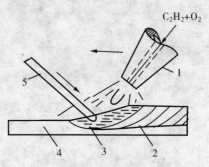

$C_2H_2+O_2$

**图3-1 气焊示意**
1. 焊炬 2. 焊缝 3. 熔池 4. 工件 5. 焊丝

气割是利用助燃气体与可燃气体混合燃烧的火焰将工件待切割处预热到一定温度后,再用喷射的切割氧气流,使待割缝处的金属燃烧,同时利用切割氧气流把熔化状态的金属氧化物熔渣吹掉,实现切割的方法,如图3-2所示。

**1. 气焊的特点及应用范围** 气焊的特点及应用范围如表3-1所示。

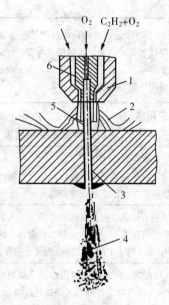

图 3-2　气割示意

1. 预热嘴　2. 预热焰　3. 割缝　4. 氧化渣　5. 切割氧　6. 切割嘴

表 3-1　气焊的特点及应用范围

| 气焊的优点 | （1）设备简单，移动方便，通用性强<br>（2）加热温度低，加热温度均匀且缓慢，气焊熔池温度容易控制<br>（3）焊接铸铁或有色金属时能获得较好的焊缝质量<br>（4）在电力系统供应不足或无电源的地方需要焊接时，气焊可以发挥更大的作用<br>（5）适用于薄件和小件的焊接及熔点较低的金属焊接 |
|---|---|
| 气焊的缺点 | （1）加热区较宽，焊接变形较大，接头显微组织粗大，接头机械性能差<br>（2）生产效率较低<br>（3）不易焊接较厚的工件<br>（4）技术较难掌握，难于实现自动化 |

续表

| 应用范围 | 气焊适用于焊接低熔点材料及各种黑色金属和有色金属，特别是薄工件的焊接、管子的全位置焊接及堆焊、钎焊、铸铁补焊等，同时广泛应用于磨损和报废零件的焊补等。由于设备简单，易于移动，气焊还特别适用于野外施工 |
| --- | --- |

**2. 气割的特点及应用范围** 气割的特点及应用范围如表 3 - 2 所示。

表 3 - 2 气割的特点及应用范围

| 气割的优点 | (1) 成本较低<br>(2) 设备简单，机动性强，操作方便<br>(3) 适用面较广且效率较高 |
| --- | --- |
| 气割的缺点 | (1) 劳动强度大，对操作者的技术水平要求较高<br>(2) 气割薄板时会产生较大的变形，不适用于有色金属，仅适用于低碳钢、中碳钢、普通低合金钢等钢种 |
| 应用范围 | 气割在钢结构制造中应用广泛，从钢板的合理下料、装配过程中的余量气割、各种形式焊接坡口的加工，到铸件浇注冒口的切割，都可以采用气割方法来进行 |

# 3.2　气焊火焰

气焊火焰是由可燃气体（乙炔气体）与助燃气体（氧气）通过焊炬混合并点火后形成的，称为氧 - 乙炔火焰。气焊火焰是气焊的热源，气焊火焰的选用和调节正确与否，将直接影响焊接质量的好坏。

## 3.2.1　可燃气体的发热量及火焰温度

能够燃烧，并能在燃烧过程中放出大量热量的气体叫做可燃气体。可燃气体的种类很多，工业上常用的有氢气（$H_2$）和碳氢化合物（如乙炔、液化石油气、煤气、沼气），它们的发热量和火焰温度如表 3 - 3 所示。

表3-3 可燃气体的发热量及火焰温度

| 名称 | 发热量/（kJ/m³） | 火焰温度/℃ |
|------|------|------|
| 乙炔 | 52668 | 3150 |
| 氢气 | 10032 | 2100 |
| 丙烷 | 11704 | 2850 |
| 丙-丁烷（液化石油气） | 88616 | 2100～2800 |
| 煤气 | 20900 | 2100 |
| 沼气 | 33022 | 2000 |

## 3.2.2 氧-乙炔火焰的种类及应用

氧气和乙炔气体混合燃烧发生化学反应的方程式为

$$2C_2H_2 + 5O_2 \rightarrow 4CO_2 + 2H_2O$$

通过调节氧气阀门和乙炔阀门，可改变氧气和乙炔的混合比例，得到三种不同的火焰：中性焰、碳化焰和氧化焰，如图3-3所示。三种火焰的特点、性能及用途如表3-4所示。

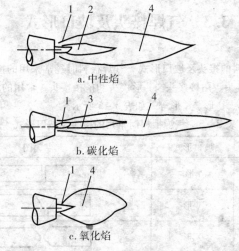

a. 中性焰

b. 碳化焰

c. 氧化焰

图3-3 氧-乙炔火焰

1. 焰心 2. 内焰（暗红色） 3. 内焰（淡白色） 4. 外焰

表 3 - 4　氧 - 乙炔火焰的种类、焊接性能和适用范围

| 火焰种类 | 氧／乙炔 | 焊接性能 | 焊接条件 | 可焊接的材料 |
|---|---|---|---|---|
| 碳化焰 | <1 | 火焰中乙炔过剩,含有游离碳和较多的氢。焊接低碳钢时焊缝会渗碳<br>火焰温度为 2700~3000 ℃ | 焊接时焰芯应离熔池 3~5 mm | 镍、高碳钢、高速钢、硬质合金、蒙乃尔合金、碳化钨合金、铸铁和合金铸铁、镀锌铁皮等 |
| 中性焰 | 1~1.2 | 火焰中无过剩乙炔和氧,焊接时熔池不沸腾,清澈且洁净,液态金属流动性好<br>火焰温度为 3050~3150 ℃ | 焊接时焰芯应离熔池 3~5 mm,不需搅拌 | 低碳钢、低合金钢、灰铸铁、球墨铸铁、铝及铝合金等 |
| 氧化焰 | >1.2 | 火焰具有氧化性,过剩的氧气会使熔池中合金元素烧损<br>火焰温度为 3100~3300 ℃ | 焊接时焊芯应离熔池 3~10 mm | 黄铜、青铜等 |

# 3.3　气焊接头及坡口形式

1. **气焊板料的接头及坡口形式**　气焊板料时经常采用的接头形式有卷边接头、对接接头、角接接头、T 形接头和搭接接头,常用的坡口形式有 I 形、V 形、X 形、U 形、K 形等,如表 3 - 5 所示。

表 3 - 5　气焊板料时常用的接头及坡口形式

| 接头形式 | 坡口形式 | 形状简图 |
|---|---|---|
| 对接接头 | I 形 | |
| | V 形 | |
| | X 形 | |
| | U 形 | |

| 接头形式 | 坡口形式 | 形状简图 |
|---|---|---|
| 角接接头 | 无坡口 | |
| | 单 V 形 | |
| T 形接头 | 无坡口 | |
| | V 形 | |
| | K 形 | |
| 搭接接头 | — | |
| 卷边接头 | — | |

2. 气焊管子的接头及坡口形式　气焊管子时的接头形式常用的有对接接头、角接接头和套接接头等。根据管壁厚度的不同，可采用不开坡口和 V 形坡口两种形式。具体形式如表 3－6 所示。

表 3－6　气焊管子时常用的接头及坡口形式

| 接头形式 | 坡口形式 | 形状简图 |
|---|---|---|
| 对接接头 | I 形 | |
| | V 形 | |

| 接头形式 | 坡口形式 | 形状简图 |
|---|---|---|
| 角接接头 | 无坡口 | |
|  | 单 V 形 | |
| 套接接头 | — | |

3. 气焊管子与板料的接头及坡口形式　气焊管子与板料时常用的接头及坡口形式如表3－7所示。

表3－7　气焊管子与板料时常用的接头及坡口形式

| 接头形式 | 坡口形式 | 形状简图 |
|---|---|---|
| 插入式 | 无坡口 | |
|  | 单 V 形 | |

续表

| 接头形式 | 坡口形式 | 形状简图 |
|---|---|---|
| 安放式 | 无坡口 | |
| | 单 V 形 | |

4. 气焊棒料的接头及坡口形式　气焊棒料常用的接头及坡口形式如表
3 - 8 所示。

表 3 - 8　气焊棒料常用的接头及坡口形式

| 接头形式 | 坡口形式 | 形状简图 |
|---|---|---|
| 对接接头 | I 形 | |
| | V 形 | |
| | X 形 | |
| 对接接头 | 圆周坡口 | |
| 搭接接头 | — | |

# 3.4 气焊工艺参数的选择及操作技术

气焊的焊接工艺参数包括焊丝直径、火焰能率、火焰种类、焊炬型号、焊嘴的号码、焊嘴倾角和焊接速度等。由于焊件的材质、气焊的工作条件、焊件的形状尺寸、焊接位置、气焊工的操作习惯和气焊设备等的不同，所选用的焊接工艺参数也不尽相同。

## 3.4.1 主要气焊工艺参数的选择

**1. 焊丝直径的选择** 焊丝的直径要根据焊件的厚度和坡口形式来选择。在火焰能率一定时，即焊丝熔化速度确定的情况下，如果焊丝过细，则焊接时往往焊件尚未熔化，焊丝已熔化下滴，这样，容易造成熔合不良和焊波高低不平、焊缝宽窄不均匀等缺欠；如果焊丝过粗，则熔化焊丝所需要的加热时间就会延长，同时增大了对焊件的加热范围，使焊件焊接热影响区增大，容易造成组织过热，并降低了焊接接头的质量。碳钢在气焊时采用的焊丝直径可参考表3-9。

表3-9 碳钢在气焊时焊丝直径的选择

| 工件厚度/mm | 1~2 | 2~3 | 3~5 | 5~10 | 10~15 | >15 |
|---|---|---|---|---|---|---|
| 焊丝直径/mm | 1~2 | 2 | 2~3 | 3~4 | 4~6 | 6~8 |

**2. 火焰能率的选择** 火焰能率是指单位时间内混合气体的消耗量，单位为 L/h。火焰能率应根据焊件的厚度、母材的熔点和导热性及焊缝的空间位置来选择。在焊接较厚的焊件，熔点较高的金属，导热性较好的铜、铝及其合金时，就要选用较大的火焰能率，才能保证焊件焊透；反之，在焊接薄板时，为防止焊件被烧穿，火焰能率应适当减少。平焊缝可比其他位置的焊缝选用稍大的火焰能率。实际生产中，在保证焊接质量的前提下，应尽量选择较大的火焰能率，以提高焊接生产率。

火焰能率是由焊炬的型号及焊嘴孔径的大小决定的。焊嘴孔径越大，火焰能率也就越大；反之则越小。

焊接碳钢、低合金钢、铸铁、黄铜、铝及铝合金时，火焰能率可按下面的经验公式计算：

（1）左焊法时经验公式：

$$V = (100 \sim 120)\delta$$

（2）右焊法时经验公式：

$$V = (120 \sim 150)\delta$$

式中，$V$ 是火焰能率（L/h）；$\delta$ 是母材厚度（mm）。

焊接紫铜时，火焰能率按下式计算：

$$V = (150 \sim 200)\delta$$

**3. 火焰种类的选择**  一般来说，对气焊时需要减少元素烧损的焊接材料，应选用中性焰；对允许和需要增加碳及还原气氛的焊接材料，应选用碳化焰；对母材含有低沸点元素（如 Sn、Zn 等）的焊接材料，需要在气焊时生成覆盖在熔池表面的氧化物薄膜，以阻止低熔点元素蒸发，应选用氧化焰。总之，火焰种类的选择应根据焊接材料的种类和性能来确定。

由于气焊的焊接质量和焊缝金属的强度与火焰种类有很大的关系，因而在整个焊接过程中应不断地调节火焰成分，保持火焰的性质，从而获得质量好的焊接接头。不同金属材料气焊时火焰的选用如表 3 - 10 所示。

表 3 - 10  各种金属材料气焊火焰的选用

| 被焊材料 | 火焰性质 | 被焊材料 | 火焰性质 |
|---|---|---|---|
| 低碳钢 | 中性焰或轻微碳化焰 | 铬镍不锈钢 | 中性焰或轻微碳化焰 |
| 中碳钢 | 中性焰或轻微碳化焰 | 紫铜 | 中性焰 |
| 低合金钢 | 中性焰 | 锡青铜 | 轻微氧化焰 |
| 高碳钢 | 碳化焰 | 黄铜 | 氧化焰 |
| 灰铸铁 | 碳化焰或轻微碳化焰 | 铝及其合金 | 中性焰或轻微碳化焰 |
| 高速钢 | 碳化焰 | 铅、锡 | 中性焰或轻微碳化焰 |
| 锰钢 | 轻微氧化焰 | 蒙乃尔合金 | 碳化焰 |
| 镀锌铁皮 | 轻微碳化焰 | 镍 | 碳化焰或轻微碳化焰 |
| 铬不锈钢 | 中性焰或轻微碳化焰 | 硬质合金 | 碳化焰 |

**4. 焊嘴倾角的选择**  焊嘴倾角是指焊嘴中心线与焊件平面之间的夹角，如图 3 - 4 所示。焊嘴倾角的大小主要是根据焊嘴的大小、焊件的厚度、母材的熔点和导热性，以及焊缝空间位置等因素综合确定的。当焊嘴倾角大时，因热量散失少，焊件得到的热量多，升温就快；反之，热量散失多，焊

件受热少，升温就慢。

焊接碳钢时，焊嘴倾角与焊件厚度的关系如图 3 – 5 所示。

一般来说，在焊接厚度大、母材熔点较高或导热性较好的焊件时，焊嘴倾角要选得大一些；反之，焊嘴倾角可选得小一些。

焊嘴的倾角在气焊过程中还应根据施焊情况进行变化。在焊件的预热、焊接进行和结尾阶段，选择的焊嘴倾角是不同的，它们的水平倾角从大到小变化，如图 3 – 6 所示。在焊接刚开始时，为了迅速形成熔池，采用的焊嘴倾角为 80°～90°；当焊接结束时，为了更好地填满弧坑和避免焊穿或使焊缝收尾处过热，应将焊嘴适当提高，焊嘴倾角逐渐减小，并使焊嘴对准焊丝或熔池交替地加热。

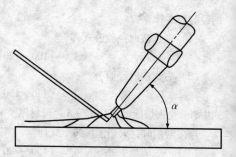

图 3 – 4 焊嘴倾角示意

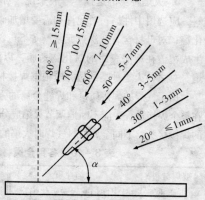

图 3 – 5 焊接碳钢时，焊嘴倾角与焊件厚度的关系

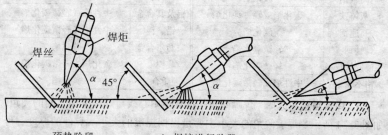

a. 预热阶段    b. 焊接进行阶段    c. 焊接结尾阶段

图 3 – 6 气焊时焊嘴倾角的变化

**5. 焊接速度的选择** 焊接速度应根据焊件的接头形式、厚度、坡口尺寸、材料性能等来选择。在保证焊接质量的前提下，应尽量提高焊接速度，以减少焊件的受热程度，并提高生产率。一般来说，对于厚度大、熔点高的焊件，焊接速度要慢些，以避免产生未熔合的缺欠；而对于厚度薄、熔点低的焊件，焊接速度要快些，以避免产生烧穿和使焊件过热而降低焊接质量。

焊接速度的经验公式为

$$v = \frac{K}{\delta}$$

式中，$v$ 为焊接速度（m/h）；$\delta$ 为焊件厚度（mm）；$K$ 为系数。

不同材料在气焊时 $K$ 值的大小不同，如表 3 – 11 所示。

表 3 – 11 不同材料在气焊时的 $K$ 值大小

| 材料名称 | 碳钢 | | 铜 | 黄铜 | 铝 | 铸铁 | 不锈钢 |
|---|---|---|---|---|---|---|---|
| | 左向焊 | 右向焊 | | | | | |
| $K$ 值 | 12 | 15 | 24 | 12 | 30 | 10 | 10 |

## 3.4.2 气焊的操作技术

**1. 左焊法与右焊法** 依据焊嘴移动方向和火焰指向的不同，可将气焊操作方法分为左焊法与右焊法，其特点如表 3 – 12 所示。

表 3 – 12 左焊法与右焊法的操作特点

| 操作方法 | 图示 | 主要特点 |
|---|---|---|
| 左焊法 | | 焊炬和焊丝从右端向左端移动，并指向待焊接部分。操作简单方便、易于掌握，适合于较薄的或熔点较低的焊件 |
| 右焊法 | | 焊炬和焊丝从左端向右端移动。这种方法较难掌握。焊接热量较集中，焊件熔透深度较大，熔池冷却缓慢，适合于焊接厚度较大或熔点较高的焊件 |

2. **焊炬和焊丝的摆动**  在焊接过程中,为了获得优质而美观的焊缝,焊炬与焊丝应做均匀协调的摆动。通过摆动,既能使焊缝金属熔透、熔匀,又避免了焊缝金属的过热或过烧。在焊接某些有色金属时,还要不断地用焊丝搅动熔池,以促使熔池中各种氧化物及有害气体的排出。

焊炬摆动基本上有三种动作:沿焊接方向的移动、沿焊缝做横向摆动(或打圆圈摆动)、沿焊缝做上下跳动。焊炬和焊丝的摆动方法与摆动幅度,焊件的厚度、材料、空间位置及焊缝尺寸有关。平焊时焊炬和焊丝常见的摆动方式如图3-7所示。

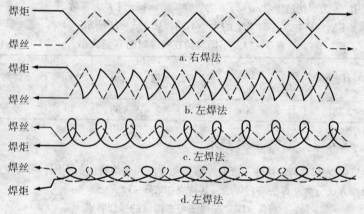

图3-7  平焊时焊炬和焊丝的摆动方式

3. **定位焊**  定位焊的目的是固定焊件间的相对位置。不同厚度的焊件在定位焊时,火焰要偏向较厚焊件一边,以避免将薄件烧穿。若定位焊的焊缝产生焊接缺欠,应铲除或修补。直焊缝定位焊的焊接次序、焊点尺寸和间距如表3-13所示。

表3-13  直焊缝定位焊的焊接次序、焊点尺寸和间距

| 焊件厚度 | 焊接顺序 | 定位焊点尺寸和间距/mm |
|---|---|---|
| 薄件 | 4    2    1    3    5 | 定位焊从中间开始向两端进行<br>定位焊缝长度:5～7 mm<br>间距:50～100 mm |

续表

| 焊件厚度 | 焊接顺序 | 定位焊点尺寸和间距/mm |
|---|---|---|
| 厚件 | 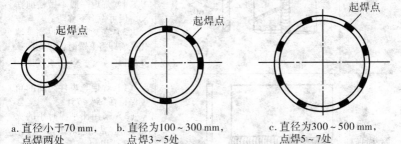 | 定位焊从两端开始向中间进行<br>定位焊缝长度：20～30 mm<br>间距：200～300 mm |

环缝定位焊时，直径较小的管子只需点焊两处，直径较大的管子可沿环缝点焊数处。不论直径大小，起焊点应从两个点焊处的中间开始，如图3－8所示。

起焊点

起焊点

起焊点

a. 直径小于70 mm，点焊两处

b. 直径为100～300 mm，点焊3～5处

c. 直径为300～500 mm，点焊5～7处

**图3－8 不同管径的点焊及起焊点示意**

**4. 各种位置气焊的焊接要点** 各种位置气焊的焊接要点如表3－14所示。

**表3－14 各种位置气焊的焊接要点**

| 焊接位置 | 示意 | 施焊要点 |
|---|---|---|
| 平焊 | 40°～50° 40°～50° | （1）应将焊件与焊丝烧熔<br>（2）焊接某些低合金钢时，火焰应穿透熔池，火焰焰芯的末端与焊件表面应保持在2～6 mm的距离内<br>（3）若熔池温度过高，可采用间断焊以降低熔池温度 |

| 焊接位置 | 示意 | 施焊要点 |
|---|---|---|
| 立焊 | 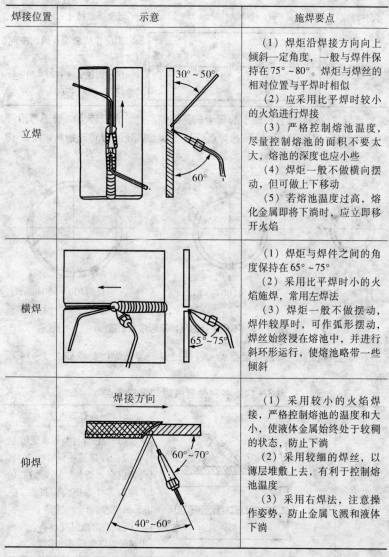 | （1）焊炬沿焊接方向向上倾斜一定角度，一般与焊件保持在 75°～80°。焊炬与焊丝的相对位置与平焊时相似<br>（2）应采用比平焊时较小的火焰进行焊接<br>（3）严格控制熔池温度，尽量控制熔池的面积不要太大，熔池的深度也应小些<br>（4）焊炬一般不做横向摆动，但可做上下移动<br>（5）若熔池温度过高，熔化金属即将下淌时，应立即移开火焰 |
| 横焊 | | （1）焊炬与焊件之间的角度保持在 65°～75°<br>（2）采用比平焊时小的火焰施焊，常用左焊法<br>（3）焊炬一般不做摆动，焊件较厚时，可作弧形摆动，焊丝始终浸在熔池中，并进行斜环形运行，使熔池略带一些倾斜 |
| 仰焊 | | （1）采用较小的火焰焊接，严格控制熔池的温度和大小，使液体金属始终处于较稠的状态，防止下淌<br>（2）采用较细的焊丝，以薄层堆敷上去，有利于控制熔池温度<br>（3）采用右焊法，注意操作姿势，防止金属飞溅和液体下淌 |

# 3.5 气割及其工艺特点

## 3.5.1 气割的原理、工艺条件及特点

**1. 气割的原理** 气割是利用气体火焰的热能将工件待切割处预热到一定温度后，喷出高速切割氧气流，使其燃烧并放出热量来实现材料切割的方法。气体火焰是由氧气和可燃气体混合燃烧而成，可燃气体有乙炔气、液化石油气及天然气等，其中乙炔气是应用最广泛的气体。

气割过程的实质是金属在纯氧中燃烧。它可分为 3 个阶段：

(1) 预热阶段：是指用预热火焰将切割金属预热到金属的燃点，使预热处金属在切割氧中开始燃烧。这个阶段预热火焰起重要作用，氧 – 燃气的火焰温度决定加热到燃点的时间。

(2) 燃烧阶段：是指被预热到燃点的金属在切割气流的作用下剧烈地燃烧。这个过程中预热火焰的温度已降到次要地位，而金属在氧气中燃烧产生的化学反应则起主要作用。

(3) 吹渣阶段：是指借助切割氧气流的压力，将切口中金属燃烧生成的氧化物熔渣吹到切口之外。这个过程是个物理过程，是和第二个过程同时进行的过程。

上述过程不断重复，金属切割就得以进行。整个切割过程主要是依靠金属在氧气中剧烈燃烧，产生大量的热量来维持整个切割过程的连续。

**2. 气割工艺条件** 气割的实质是被切割金属材料在纯氧中燃烧的过程，不是熔化过程。不是对所有金属都可以进行气割，金属气割要满足以下一些条件：

(1) 金属的燃点必须低于它的熔点，这是金属维持正常切割的最基本条件。气割时金属在固态下燃烧，才能保证切口平整。如果燃点高于熔点，则金属在燃烧前已经熔化，会使切口质量差，甚至导致切割不能进行。

(2) 金属氧化物的熔点应该低于金属本身的熔点，且黏度小，流动性好。高铬钢、镍铬钢等金属本身的熔点低于其氧化物的熔点，故不能用一般的火焰切割方法切割。

（3）当金属在氧气流中燃烧时，应放出大量热量，对下层金属起预热作用，可保障切割过程的连续性。

（4）金属的导热性不应过高，否则，预热火焰的热量和切割过程中产生的热量将由切割处快速地散失，会使切割在中途停止。

（5）生成的氧化物应富有流动性，否则切割时形成的氧化物不能很好地被吹掉，阻碍切割的继续进行。表 3 – 15 列出了几种金属及其氧化物的熔点。

表 3 – 15　几种金属及其氧化物的熔点

| 金属 | 金属熔点 / ℃ | 氧化物熔点 / ℃ |
|---|---|---|
| 纯铁 | 1535 | 1300 ~ 1500 |
| 低碳钢 | 1500 | 1300 ~ 1500 |
| 高碳钢 | 1300 ~ 1400 | 1300 ~ 1500 |
| 灰铸铁 | 1200 | 1300 ~ 1500 |
| 铜 | 1084 | 1230 ~ 1336 |
| 铝 | 658 | 2050 |
| 铬 | 1550 | 1990 |
| 镍 | 1450 | 1990 |
| 铅 | 327 | 2060 |
| 锌 | 419 | 1800 |

**3. 气割的特点**　气割的优点是设备简单，使用灵活。缺点是气割时会对切口两侧金属的组织和成分产生一定的影响，以及引起工件变形等。

几种材料气割的特点如表 3 – 16 所示。

表 3 – 16　几种材料气割的特点

| 材料 | 气割特点 |
|---|---|
| 碳钢 | 低碳钢的燃点（约 1 350 ℃）低于熔点，易于气割，但随着碳钢中含碳量的增加，燃点趋近熔点，脆硬倾向增大，气割过程恶化 |
| 铸铁 | 含碳、硅量较高，燃点高于熔点；气割时生成的 $SiO_2$ 熔点高，黏度大，流动性差；碳燃烧生成的 CO 和 $CO_2$ 会降低氧气流的纯度 |

续表

| 材料 | 气割特点 |
|------|---------|
| 高铬铁和铬镍铁 | 生成高熔点氧化物覆盖在切口表面，阻碍气割过程进行。不能用普通气割方法，可采用振动气割方法切割 |
| 钢、铝及其合金 | 导热性好，燃点高于熔点，其氧化物熔点很高，金属在燃烧时释放热量少，不能气割 |

### 3.5.2　氧－乙炔切割

氧－乙炔切割是利用氧－乙炔火焰作为预热火焰的切割方法。

**1. 乙炔的性质**　乙炔又称为电石气，是无色的可燃性气体，相对密度比空气小，因混有硫化氢、磷化氢等杂质，所以有特殊的刺鼻臭味。乙炔为碳氢化合物，其中的含碳量很高（质量分数为 92.3%），因此与氧气燃烧时，所产生的温度高达 3 200 ℃，比其他气体燃烧时的温度高。

乙炔是一种化学性质活泼的碳氢化合物，极不稳定，易于爆炸。当纯乙炔温度超过 580 ℃，压力为 0.15 MPa 时，乙炔会因聚合作用而发生爆炸。压力越高，引起乙炔爆炸的温度就越低。因此，一般使用乙炔的压力不超过 0.15 MPa。当乙炔与空气混合，乙炔在空气中的体积分数在 2.2% ~ 81% 时（尤其是 7% ~ 13%），遇到明火立刻就会爆炸。

乙炔和铜或银较长时间接触后，会生成乙炔铜、乙炔银等化合物，这种化合物在受到冲击、高温、高压时易引起爆炸，因此与乙炔接触的器械、仪表不得用纯铜制造。若用铜合金制造，铜的质量分数应小于 70%。所以使用乙炔一定要注意安全。

**2. 应用范围**　乙炔已被广泛地应用于钢板下料、焊接坡口及铸件浇冒口的切割，具有成本低、效率高、机动性好的优点，且可在各种位置切割各种外形复杂的工件。

在气割易淬硬的高碳钢和低合金高强度钢时，为避免切口淬硬及裂纹产生，要适当加大预热时的火焰能率和降低切割速度，必要时在气割前要先对工件进行预热处理。

**3. 气割的工艺参数**　气割的工艺参数主要根据工件的厚度而定，主要包括割嘴倾角、火焰能率、切割速度等。常用金属材料气割工艺参数的选择要点如表 3 – 17 所示。

表 3 –17　常用金属材料气割工艺参数的选择要点

| 工艺参数 | 选择要点 |
|---|---|
| 切割氧气压力 | (1) 随工件的厚度增加而增高<br>(2) 随氧气纯度的增高而降低<br>(3) 能保证在适当切割速度下的切割质量<br>(4) 快速优质气割时，取决于割嘴的马赫数 |
| 割嘴倾角 | (1) 手工直线切割时，厚度在 30 mm 以下的割件，采用 20°～30°后倾角；厚度在 18 mm 以下的工件，后倾角可增大至 40°；厚度大于 30 mm 的工件，切割刚开始时，用 5°～10°的前倾角，割穿后割嘴垂直于工件表面，快结束时采用 5°～10°的后倾角<br>(2) 机械切割和用手工进行曲线切割时，割嘴应垂直于工件表面 |
| 切割速度 | (1) 随工件厚度的增加而减小<br>(2) 随氧气纯度的增高而增大<br>(3) 切口后拖量较大时，应减小切割速度 |
| 割嘴与割件的表面距离 | 焰芯与工件表面间的距离为 3～5 mm。工件厚度较小时，间距可适当增大，厚度较大时应减小 |
| 预热火焰能率 | (1) 随工件厚度的增加而增大<br>(2) 在适当的切割速度下能保证切割质量 |

### 3.5.3　氧 – 液化石油气切割

氧 – 液化石油气切割是利用氧 – 液化石油气火焰作为预热火焰的切割方法。

**1. 液化石油气的性质**　液化石油气是油田开采或炼油厂裂化石油的副产品，其主要成分是丙烷、丁烷、丙烯和丁烯等碳氢化合物组成的混合物。液化石油气在常温、常压下是无色、无味的可燃性气体，相对密度比空气大，作为燃料使用时，为便于鉴别，通常加入有特殊臭味的气体。当温度下降或加压到一定程度，石油气呈液体状态，可装入压力容器中贮存或运输，故称为液化石油气。

液化石油气随压力降低或温度升高极易汽化，从液态变为气态，其体积膨胀 250~300 倍。由于液化石油气的相对密度比空气大，极易沿地面扩散，聚集于低洼处，一旦遇到明火立即发生火灾或爆炸。

液化石油气的燃点（500 ℃）虽然比乙炔的（305 ℃）高，但达到完全燃烧所需要的氧气量比乙炔大，燃烧的速度较慢，火焰温度比乙炔低，为2 000~2 800 ℃。因此，用于气割时，预热的时间稍长。当液化石油气在空气中的体积分数占 3.5%~16.3% 时，就可能发生爆炸。但由于液化石油气的燃点较高，相对于乙炔，使用较为安全。因此，作为热值较高、价格低廉、使用又较安全的液化石油气，已逐渐应用于钢材的气割和有色金属的焊接中。

**2. 氧-液化石油气切割的特点**  氧-液化石油气切割与氧-乙炔切割相比，具有表 3-18 所列的特点。

表3-18  氧-液化石油气切割的特点

| 特 点 | 说 明 |
|---|---|
| 切口精度高 | （1）火焰温度低（2 300 ℃），不易引起切口上缘熔化，切口平齐，表面无增碳现象<br>（2）燃烧时产生大量水蒸气，使切口上的氧化皮易于清除，切口粗糙度低，可达 $Ra6.3\ \mu m$ |
| 适宜切割厚钢板 | 火焰外焰长，可到达较深的切口内，对大厚度钢板有较好的预热效果，适宜于大厚度钢板的切割 |
| 使用方便 | （1）液化石油气的汽化温度低，不必使用汽化器，便可正常供气<br>（2）气割时不用水，不产生电石渣，使用方便，便于携带，适于流动作业 |
| 操作安全 | （1）液化石油气化学活泼性较差，对压力、温度和冲击的敏感性低<br>（2）着火温度在 500 ℃以上，爆炸极限窄（丙烷在空气中的爆炸极限是其体积分数的 2.3%~9.5%），回火爆炸的可能性小，但液化石油气密度大（气态丙烷为 1.867 $kg/m^3$），对人体有麻醉作用，使用时应防止漏气和保持良好的通风 |
| 低成本 | 切割燃料费比氧-乙炔切割的低 15%~30% |

**3. 氧-液化石油气切割工艺参数**  氧-液化石油气切割工艺参数的选择要点如表 3-19 所示。操作时应注意以下几点：

（1）由于液化石油气着火点较高，故必须用明火点燃预热火焰，再缓慢加大液化石油气流量和氧气量。

（2）为了减少预热时间，开始时采用氧化焰（氧气与液化石油气混合比为5:1），正常切割时用中性焰（氧气与液化石油气混合比为3.5:1）。

（3）一般工件的气割速度稍低，厚工件的切割速度和氧－乙炔切割时的相近。

（4）直线切割时，适当选择割嘴后倾角，可提高切割速度和切割质量。

（5）液化石油气瓶必须放在通风良好的场所，环境温度不宜超过60℃，要严防气体泄漏，否则，有引起爆炸的危险。

表3–19　氧－液化石油气切割工艺参数的选择要点

| 规范参数 | 选择要点 |
| --- | --- |
| 预热火焰 | （1）一般采用中性焰<br>（2）切割厚工件时，起割时用弱氧化焰，切割过程中用弱碳化焰 |
| 割嘴与工件表面间的距离 | 一般为6~12 mm |

# 3.6　气焊、气割工具及设备

## 3.6.1　气焊炬的分类

气焊时用于控制气体混合比、流量及火焰能量并进行焊接的工具，称为气焊炬。气焊炬的作用是将可燃气体和氧气按一定比例混合，并以一定的速度喷出燃烧，生成具有一定能量、成分和形状的稳定火焰。

气焊炬的好坏直接影响着焊接质量。因此，要求气焊炬能很好地调节和保持氧气和可燃气体的比例及火焰大小，并使混合气体喷出速度等于燃烧速度，以形成稳定的燃烧；同时，气焊炬本身的质量要轻，气密性要好，还要耐腐蚀和耐高温。

气焊炬按气体的混合方式分为射吸式气焊炬和等压式气焊炬两类，按火焰的数目分为单焰气焊炬和多焰气焊炬两类，按可燃气体的种类分为乙炔用、氢用、汽油用气焊炬等，按使用方法分为手工气焊炬和机械气焊炬两类。下面主要介绍射吸式气焊炬和等压式气焊炬两类。

**1. 射吸式气焊炬**　　射吸式气焊炬是可燃气体靠喷射氧气流的射吸作用与氧气混合的焊炬。乙炔靠氧气的射吸作用被吸入射吸管。因此它适用于低压及中压乙炔气（0.001 ~ 0.1 MPa）。

射吸式气焊炬的结构如图3－9所示。

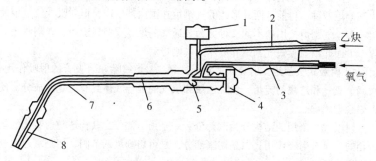

图3－9　射吸式气焊炬

1. 乙炔阀　2. 乙炔导管　3. 氧气导管　4. 氧气阀
5. 喷嘴　6. 射吸管　7. 混合室气管　8. 焊嘴

**2. 等压式气焊炬**　　等压式气焊炬是指燃烧气体和氧气两种气体具有相等或接近于相等的压力，燃烧气依靠自己的压力与氧混合。

等压式气焊炬结构十分简单，只要保证进入焊炬的压力正常，火焰就能稳定燃烧。使用这种气焊炬施焊时，发生回火的可能性很小。但这种气焊炬不能使用低压乙炔发生器，只能使用乙炔瓶或中压乙炔发生器。等压式气焊炬的主要结构如图3－10所示。

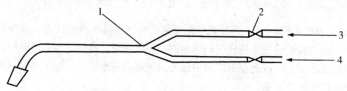

图3－10　等压式气焊炬

1. 混合室　2. 调节阀　3. 氧气导管　4. 乙炔导管

### 3.6.2 气割炬的分类

气割炬是气割工作的主要工具。气割炬的作用是将可燃气体与氧气以一定的比例和方式混合后，形成具有一定热量和形状的预热火焰，并在预热火焰的中心喷射切割氧气进行气割。

气割炬按可燃气体与氧气混合的方式不同，可分为射吸式气割炬和等压式气割炬两种。目前这两种形式的气割炬在国内都生产，但射吸式气割炬使用较多。气割炬按用途不同又可分为普通气割炬、重型气割炬、焊割两用炬等。下面介绍射吸式气割炬和等压式气割炬。

**1. 射吸式气割炬** 射吸式气割炬是靠气割炬喷嘴和射吸管的射吸作用，来调节氧气和乙炔的流量，保证乙炔和氧气的混合气体具有一定的成分，使火焰稳定燃烧。

射吸式气割炬的结构分为两部分：一是预热部分，其构造与射吸式气焊炬相同，具有射吸作用；二是切割部分，是由切割氧调节阀、切割氧通道和割嘴组成的。

射吸式气割炬的结构如图 3 - 11 所示。

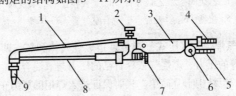

图 3 - 11　射吸式气割炬

1. 切割氧气管　2. 切割氧气手轮　3. 手柄　4. 氧气管接头　5. 乙炔管接头
6. 乙炔开关　7. 预热氧气阀手轮　8. 混合气管　9. 割嘴

**2. 等压式气割炬** 等压式气割炬是指燃气借其本身的压力，和预热氧气分别经各自的输气管输送到割嘴内的一种气割炬，即燃气压力需要与预热氧气的压力相当，因此要求应用中压乙炔气或高压乙炔气。等压式气割炬的示意如图 3 - 12 所示。

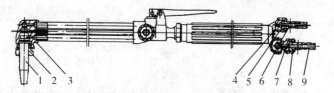

a. G02—100 型

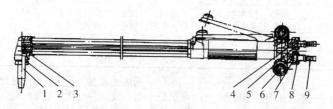

b. G02—300 型

1. 割嘴　2. 割嘴螺母　3. 割嘴接头　4. 氧气接头螺栓　5. 氧气接头螺母
6. 氧气软管接头　7. 乙炔接头螺栓　8. 乙炔接头螺母　9. 乙炔软管接头

图3－12　气割炬示意

### 3.6.3　割嘴的种类

割嘴是气割炬的关键部件，割嘴的结构和加工精度对气割的质量、生产率和操作性能都有很大的影响。实际应用的割嘴种类很多。割嘴的类型如图3－13所示。

几种常用割嘴的种类及其适用性如表3－20所示。

表3－20　几种常用割嘴的种类及其适用性

| 割嘴 | | 适用性 |
|---|---|---|
| 直筒型割嘴 | 射吸式 | 适用于手工切割厚度为 2～300 mm 的钢材 |
| 扩散型割嘴 | 等压式 | 适用于手工和机械化切割厚度为 4～500 mm 的钢材 |
| 切割氧压力等压式 | 490 kPa（5 kgf/cm²） | 适用于机械化切割厚度为 5～200 mm 的钢材。切割速度快，切割厚板时切割面光洁，也适用于层叠（多层）钢板的切割 |
| 切割氧压力等压式 | 690 kPa（7 kgf/cm²） | |

续表

| 割嘴 | 适用性 |
|---|---|
| 分体式割嘴 | 适用于半机械化切割厚度为 4~50 mm 的钢材。切割速度比使用普通割嘴时的快,切割面粗糙度低 |
| 氧帘割嘴(在预热火焰与切割氧气流之间附加低速保护氧气的割嘴) | 适用于机械化切割厚度为 3~30 mm 的钢材。切割速度快,切割面光洁、优良 |
| 外混式割嘴(预热气体在割嘴外的大气中混合并燃烧的割嘴) | 适用于机械化切割厚度为 100~3600 mm 的钢材和在连续铸锭中切割锭坯 |
| 表面气割嘴 | 火焰气刨用。适用于焊缝背面清根、刨槽,以及清除工件上的焊疤等 |

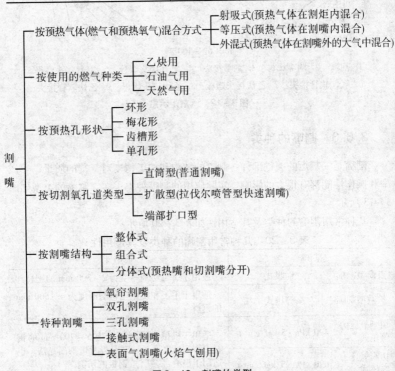

图 3-13 割嘴的类型

## 3.6.4 乙炔发生器的种类

乙炔发生器是利用电石和水的相互作用来制取乙炔的一种装置。

乙炔发生器按乙炔压力分为低压式、中压式，按生产率（单位时间内发气量）分为 0.5 m³/h、1 m³/h、3 m³/h、5 m³/h、10 m³/h 五种，按装置形式分为移动式和固定式，按电石与水接触的方式不同分为沉浮式、排水式、水入电石式、电石入水式、联合式等。

目前我国生产的主要是中压式乙炔发生器，如属排水式的 Q3—0.5 型、Q3—1 型、Q3—3 型，属于联合式的 Q4—5 型、Q4—10 型。乙炔发生器的类型如表 3-21 所示。

表 3-21 乙炔发生器的类型及特点

| 类型 | 特点 |
|---|---|
| 沉浮式乙炔发生器 | 系一种低压式的乙炔发生器。利用乙炔气本身的压力使浮桶带动电石篮升降而控制发气量的大小。优点是结构简单，易于自制。缺点是冷却较差，乙炔易过热，使用不够安全，且发生的乙炔杂质较多，装电石麻烦，目前已很少使用 |
| 排水式乙炔发生器 | 利用乙炔压力将水排挤到发生器的隔层中，控制电石与水脱离或接触，从而调节发气室中乙炔的压力。优点是结构简单，使用移动方便。缺点是内部气温较高，电石一次不能装得太多，装电石时要中断生产 |
| 水入电石式乙炔发生器 | 水由水管滴入电石槽，产生乙炔，没污水。优点是操作方便，更换电石不影响生产，能使用各种粒度的电石块。缺点是电石分解不完全，发气效率低 |
| 电石入水式乙炔发生器 | 电石装在电石箱内，由一套控制阀门根据乙炔消耗情况自动调节落入水中的电石量。优点是电石分解完全，发气效率高，乙炔冷却、清洁较充分。缺点是构造较复杂，体积庞大，用水量大，清电石渣和污水较麻烦 |
| 联合式乙炔发生器 | 系水入电石式和排水式的组合形式，是利用两个压挤室调节水位，控制乙炔发气量。优点是乙炔压力较稳定，装料、排水、加水、清渣都方便，使用安全。缺点是结构较复杂，一般做成固定式 |

## 3.6.5 常用回火保险器的种类及特点

回火保险器（回火防止器）是装在燃料气体系统上，防止气焊炬（或割炬）回火时逆燃火焰向燃气管路或气源回烧的保险装置。

回火保险器通常按以下特征分类：

(1) 按使用压力分为低压（乙炔压力 < 0.01 MPa）和中压（乙炔压力为 0.01 ~ 0.15 MPa）。

(2) 按乙炔流量分为岗位式（流量 < 3 m³/h）和中央式（流量 > 4 m³/h）。

(3) 按阻火介质分为湿式（常称为水封式）和干式。

常用回火保险器的类型与特点如表 3-22 所示。

表 3-22    常用回火保险器的类型与特点

| 类型 | 特点 |
|---|---|
| 低压水封式回火保险器 | 回火时，燃烧气体从水封管冲出，排入大气，利用水层的隔火作用防止回火。但回火时不能切断乙炔供气，使用中要经常检查水位，及时加水，冬天容易结冰。目前很少使用 |
| 中压水封式回火保险器 | 回火时，燃烧气体冲破防爆膜排入大气，此时逆止阀能瞬时切断气源，但是只能暂时切断供气，回火后要关闭总阀，更换防爆膜。逆止阀容易积污以至于泄漏，要定期清洗。水位要恒定，冬季要防冻。国内使用较广 |
| 中压防爆膜干式回火保险器 | 不用水封，而采用膜座、膜盖及防爆膜片组成的防爆装置。逆止阀也是瞬时关闭，故也不能有效地切断气源，回火后要更换防爆膜 |
| 中压冶金片干式回火保险器 | 采用能透过气体、但有阻火作用的粉末冶金片。回火时，锥形阀切断气源。回火后只需操作复位手柄即可使锥形阀芯复位，可重新使用。体积小，质量小，不需水，不受气候条件限制，维护、操作方便 |

与水封式回火保险器相比，干式回火保险器体积小、重量轻、阻火性能好、不受气候影响、能重复使用。图 3-14 为中压防爆膜干式回火保险器的结构原理。其工作原理是：正常工作时，乙炔经进气管顶开逆止阀进入腔体，由出气管输出。回火时，倒流的燃烧气体从出气管进入爆炸室，使压力增高，防爆膜破裂，燃烧气体散入大气。同时，逆止阀关闭，暂时停止供气，起到防止回火的作用。

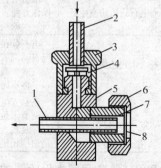

图 3-14    中压防爆膜干式回火保险器
1. 出气管    2. 进气管    3. 盖    4. 逆止阀
5. 筒体    6. 膜盖    7. 膜座    8. 防爆膜

### 3.6.6 气瓶、阀门和减压器的种类及特点

**1. 氧气瓶** 氧气瓶是一种贮存、运输高压氧气的高压容器。常用氧气瓶的充装压力为 15 MPa，容积为 40 L。在 15 MPa 压力下可贮存 6 $m^3$ 氧气。氧气瓶涂成天蓝色、并写有黑色"氧气"字样。氧气瓶通常是用优质碳钢和低合金钢轧制成的无缝圆柱形容器，形状如图 3-15 所示。

氧气瓶为压缩气瓶，其贮氧量可用氧气瓶的容积与瓶内压力的乘积来计算，公式为

$$V = 10V_0 p$$

式中，$V$ 为氧气的贮存量，即常压下的体积（L）；$V_0$ 为氧气瓶的容积（L）；$p$ 为氧气瓶表压（MPa）。

国产部分氧气瓶的规格如表 3-23 所示。

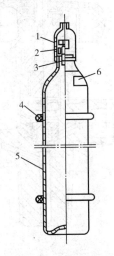

图 3-15 氧气瓶
1. 瓶帽 2. 瓶阀 3. 瓶箍
4. 防震圈 5. 瓶体 6. 标记

表 3-23 氧气瓶的规格

| 气瓶容积/L | 气瓶外径/mm | 瓶体高度/mm | 气瓶质量/kg | 工作压力/MPa | 水压试验压力/MPa | 名义贮气量/kg | 瓶阀型号 |
|---|---|---|---|---|---|---|---|
| 33 | | 1 150 ± 20 | 45 ± 20 | | | 5 | |
| 40 | 219 | 1 370 ± 20 | 55 ± 20 | 15 | 22.5 | 6 | QF—2 铜阀 |
| 44 | | 1 490 ± 20 | 57 ± 20 | | | 6.5 | |

氧气瓶阀是控制瓶内氧气进出的阀门。目前主要采用活瓣式瓶阀，可用扳手直接开启和关闭，使用比较方便，其构造如图 3-16 所示。使用时，按逆时针方向旋转手轮，则开启瓶阀气门，顺时针旋转则关闭。

**2. 乙炔瓶** 乙炔瓶是贮存及运输溶解乙炔的特殊钢瓶。其外表涂白色，并用红漆标注"乙炔"和"不可近火"字样。乙炔瓶外形与氧气瓶相似，如图 3-17 所示。

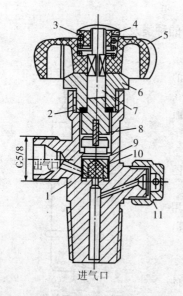

G5/8
出气口
进气口

图3-16 活瓣式氧气瓶阀的构造

1.阀体 2.密封垫圈 3.弹簧 4.弹簧压帽
5.手轮 6.压紧螺母 7.阀杆 8.开关板
9.活门 10.气门 11.安全装置

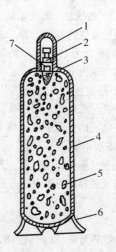

图3-17 乙炔瓶

1.瓶帽 2.瓶阀 3.毛毡 4.瓶体
5.多孔性填料 6.瓶座 7.瓶口

乙炔气瓶的构造要比氧气瓶复杂，主要因为乙炔不能以高的压力压入气瓶内。乙炔装瓶的方法是在瓶内填满多孔性物质，在多孔性物质中浸渍丙酮，丙酮用来溶解乙炔，从而使乙炔稳定而又安全地贮存在乙炔瓶内。

乙炔瓶的规格如表3-24所示。

表3-24 乙炔瓶的规格

| 气瓶容积/L | 气瓶内径/mm | 瓶体高度/mm | 最小壁厚/mm | 气瓶质量/kg | 公称压力/MPa | 贮气量/kg |
|---|---|---|---|---|---|---|
| 2 | 102 | 380 | 1.3 | 7.1 | | 0.35 |
| 24 | 250 | 705 | 3.9 | 36.2 | 1.52 | 4 |
| 32 | 228 | 1020 | 3.1 | 48.5 | （当室温 | 5.7 |
| 35 | 250 | 947 | 3.9 | 51.7 | 为15℃） | 6.3 |
| 41 | 250 | 1030 | 3.9 | 58.2 | | 7 |

乙炔瓶阀是控制瓶内乙炔的阀门，构造如图 3 – 18 所示。

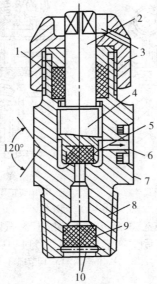

**图 3 – 18　乙炔瓶阀的构造**

1. 防漏垫圈　2. 阀杆　3. 压紧螺母　4. 活门　5. 密封填料
6. 出气口　7. 阀体　8. 锥形尾　9. 过滤件　10. 进气口

　　乙炔瓶阀与氧气瓶阀不同，它没有旋转手轮，活门的开启和关闭是利用方孔套筒扳手将阀杆上端的方形孔旋转，使嵌有尼龙密封垫料的活门向上或向下移动来实现的。阀杆逆时针方向旋转，开启瓶阀，反之关闭瓶阀。

　　**3. 减压器**　减压器是用来将气体从高压降低到低压，并显示瓶内高压气体压力和减压后工作压力的装置。此外，减压器还有稳压的作用。

　　减压器按用途不同可分为集中式和岗位式两类，按构造不同可分为单级式和双级式两类，按工作原理不同可分为正作用式和反作用式两类。

　　减压器的工作原理如图 3 – 19 所示。其中，单级反作用式减压器应用较广。

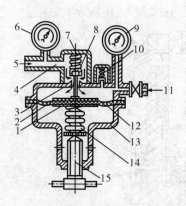
a. 单级反作用式

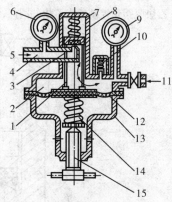
b. 单级正作用式

图3-19 减压器

1. 传动杆　2. 低压室　3. 活门座　4. 高压室　5. 气体入口　6. 高压表
7. 副弹簧　8. 减压活门　9. 低压表　10. 安全阀　11. 气体出口
12. 弹性薄膜　13. 外壳　14. 主弹簧　15. 调节螺钉

# 3.7　气焊工艺

## 3.7.1　合金结构钢的气焊

气焊合金结构钢的主要问题是防止过热区的脆化，气焊时应采取的工艺措施如表3-25所示。

表3-25　气焊合金结构钢时应采取的工艺措施

| 工　序 | 工艺措施 |
|---|---|
| 焊材选择 | （1）选用焊丝时，在保证接头强度和性能的前提下，其含碳量要低，S、P杂质的含量也要低<br>（2）焊剂使用 CJ101 |
| 焊前准备 | 焊前要严格清理接头处的污垢 |

续表

| 工 序 | 工艺措施 |
|---|---|
| 焊接操作 | （1）采用中性焰，焊接过程中防止中性焰变成氧化焰<br>（2）用内焰进行焊接，保持焰芯尖端与熔池表面距离为2~4 mm，焊接过程中不偏离熔池<br>（3）火焰能率尽可能大些，以便加快焊接速度，防止过热区脆化 |
| 焊后处理 | （1）焊接淬硬倾向大的钢时，应进行焊后缓冷<br>（2）对于热轧及正火钢，焊后进行正火或正火加回火处理<br>（3）对于调质钢，焊后进行调质处理<br>（4）对于珠光体耐热钢，焊后马上进行高温回火处理 |

### 3.7.2　铸铁的焊补

铸铁件在使用时由于超载荷、机械故障，甚至天气变化时保养不当等原因都可能损坏。对于这些有铸造缺陷的铸件及损坏的机件，可以根据铸铁的焊接性特点，采取合理的补焊工艺进行补焊修复。铸铁补焊时的主要问题、产生原因及其处理方法如表 3 – 26 所示。

表 3 – 26　铸铁补焊时的主要问题、产生原因及其处理方法

| 主要问题 | 产生原因 | 处理方法 |
|---|---|---|
| 焊缝及熔合区易产生白口组织 | 主要是焊后冷却速度快、石墨化元素不足或存在阻碍石墨化的元素如 Mn、S 等 | （1）使用火焰能率大的火焰，采用焊前预热，焊后缓冷、保温，减缓焊缝冷却速度，延长熔合区高温停留时间<br>（2）使用乙炔稍多的中性焰，防止强烈促进石墨化的元素 C、Si 等烧损，同时也可使焊缝有轻微的增碳，进一步促进石墨化<br>（3）使用专用的铸铁焊丝，通过加入的合金元素来促进石墨化 |

| 主要问题 | 产生原因 | 处理方法 |
|---|---|---|
| 焊缝及熔合区易产生裂纹 | 铸铁的强度低、塑性差。当焊接应力超过铸铁的强度时，沿补焊区的薄弱处就会产生突然断裂，也可能沿熔合区或热影响区开裂使焊缝剥离 | （1）采用"热焊法"，即焊前预热、焊接过程中保温、焊后缓冷。减少焊接应力，避免白口组织和淬火组织的产生<br>（2）选用专用的铸铁焊丝，使用乙炔稍多的中性焰，防止白口组织出现<br>（3）采用"加热减应区"法焊接，使焊接处的胀缩比较自由，减小焊接处应力，防止裂纹<br>（4）采用火焰能率大的火焰，或一人施焊、一人补充加热，保持焊接过程中焊接处的温度不低于400 ℃ |
| 焊缝金属易产生气孔 | 碳易于氧化，在焊缝中形成 CO 气孔，或焊接处有铁锈、油污等 | （1）焊前清除焊接处的油、锈、水分等污物<br>（2）施焊时火焰要始终覆盖熔池，保持熔池的温度，使气体得以排出<br>（3）焊丝插入熔池，并不停地搅拌，利于气体排出 |
| 产生难熔氧化物而影响焊接质量 | 氧化物主要是 $SiO_2$，其熔点高（1 713 ℃）、黏度大、流动性差 | （1）加入熔剂（CJ201），驱除焊接过程中产生的硅酸盐和氧化物<br>（2）采用乙炔稍多的中性焰，防止铸铁中的硅氧化<br>（3）提高熔池温度，增加熔化金属的流动性，有利于熔渣的上浮 |
| 已变质的铸铁不易熔合 | 铸件长时间高温工作，石墨析出量增多并聚集长大，石墨熔点高，难于熔合。同时生成高熔点氧化物，增大了熔合的难度 | （1）焊前将变质铸铁层适当去除<br>（2）采用镍基铸铁焊条及氧化性强的铸铁焊条进行补焊 |

### 3.7.3 常用金属材料气焊的焊接参数

常用金属材料气焊的焊接参数如表3-27至表3-31所示。

表3-27 碳素钢气焊的焊接参数

| 板厚/mm | 对接 | | T形接 | | 搭接 | | 端接 | |
|---|---|---|---|---|---|---|---|---|
| | 氧气压力/MPa | 焊丝直径/mm | 氧气压力/MPa | 焊丝直径/mm | 氧气压力/MPa | 焊丝直径/mm | 氧气压力/MPa | 焊丝直径/mm |
| 0.5 | 0.15 | 1.0 | 0.15 | 1.0 | 0.15 | 1.0 | 0.15 | 1.0 |
| 0.8 | 0.15 | 1.0 | 0.15 | 1.0 | 0.15 | 1.0 | 0.15 | 1.0 |
| 1.0 | 0.15 | 1.0~1.5 | 0.15 | 1.0 | 0.15 | 1.0~1.5 | 0.15 | 1.0 |
| 1.5 | 0.20 | 1.5 | 0.20 | 1.5 | 0.20 | 1.5 | 0.20 | 1.5 |
| 2.0 | 0.25 | 2.0 | 0.25 | 2.0 | 0.25 | 2.0 | 0.20 | 2.0 |
| 2.5 | 0.25 | 2.0 | 0.30 | 2.0 | 0.30 | 2.0 | 0.25 | 2.0 |
| 3.0 | 0.30 | 2.5 | 0.30 | 2.5 | 0.30 | 2.5 | 0.30 | 2.5 |

表3-28 耐热钢气焊的焊接参数

| 板厚/mm | 焊丝直径/mm | 焊嘴型号 |
|---|---|---|
| 3 | 2~3 | H01—6、1~3号 |
| 6 | 3~4 | H01—6、3~5号 |

表3-29 不锈钢气焊的焊接参数

| 板厚/mm | 焊丝直径/mm | 焊嘴型号 | 氧气压力/MPa |
|---|---|---|---|
| 0.8~1.5 | 1~2 | H01—6、2号 | 0.2 |
| 1.5~3.0 | 2~3 | H01—6、2号 | 0.2~0.25 |

表3-30 铝及铝合金气焊的焊接参数

| 板厚/mm | 氧气压力/MPa | 乙炔流量/(L/mm) | 焊嘴型号 | 对接焊缝层数 |
|---|---|---|---|---|
| 1.5 | 0.15 | 0.8~1.7 | H01—6、2号 | 1 |
| >1.5~3.0 | 0.15~0.20 | 1.7~3.4 | H01—6、2~3号 | 1 |
| >3.0~5.0 | 0.20~0.25 | 3.3~6.7 | H01—6、4~5号 | 1~2 |
| >5.0 | 0.25~0.30 | 6.7~20 | H01—12、2~5号 | >1 |

表 3 –31　铸铁气焊补焊的焊接参数

| 壁厚/mm | 焊嘴型号 | 氧气压力/MPa |
|---|---|---|
| < 20 | H01—12、4 ~ 5 号 | 0.4 ~ 0.5 |
| 20 ~ 50 | H01—20、3 ~ 5 号 | 0.6 ~ 0.7 |

# 3.8　气割工艺

## 3.8.1　低碳钢气割工艺

低碳钢气割的工艺参数包括预热火焰能率、氧气压力、切割速度、割嘴与工件距离及切割倾角等。

1. **预热火焰能率**　气割时根据工件厚度来选择预热火焰能率。若割炬与割嘴过大，预热火焰能率大，切口表面棱角熔化；过小则切割过程不稳定，切口表面不整齐。其推荐值如表 3 – 32 所示。

2. **氧气压力**　气割时根据工件厚度来选择氧气压力，其值过大，使切口变宽、粗糙；其值过小，使切割过程缓慢，易造成粘渣。其推荐值如表 3 –33 所示。

3. **切割速度**　切割速度与工件厚度、割嘴形式有关，一般随工件厚度的增大而减慢。切割速度太慢会使切口上缘熔化，太快则切口形成的后拖量过大，甚至割不透。

表 3 –32　预热火焰能率推荐值

| 钢板厚度/mm | 3 ~ 25 | > 25 ~ 50 | > 50 ~ 100 | > 100 ~ 200 | > 200 ~ 300 |
|---|---|---|---|---|---|
| 火焰能率/（L·min） | 5 ~ 8.3 | 9.2 ~ 12.5 | 12.5 ~ 16.7 | 16.7 ~ 20 | 20 ~ 21.7 |

表 3 –33　氧气压力推荐值

| 钢板厚度/mm | 3 ~ 12 | > 12 ~ 30 | > 30 ~ 50 | > 50 ~ 100 | > 200 ~ 300 |
|---|---|---|---|---|---|
| 切割氧压力/MPa | 0.4 ~ 0.5 | 0.5 ~ 0.6 | 0.5 ~ 0.7 | 16.7 ~ 20 | 20 ~ 21.7 |

4. **割嘴与工件间距** 割嘴与工件间距应根据工件厚度及预热火焰长度来确定，一般以焰心尖端距离工件表面 3~5 mm 为宜，过小则会使切口边缘熔化及增碳，过大则使预热时间加长。

5. **切割倾角** 工件厚度在 30 mm 以下，后倾角为 20°~30°；工件厚度大于 30 mm，起割时前倾角为 8°~10°，割透后割嘴垂直于工件，结束时后倾角为 5°~10°；机械切割及手工曲线切割时，割嘴垂直于工件。

低碳钢常用的气割工艺参数如表 3-33、表 3-34 所示。

表3-33　低碳钢常用的气割工艺参数（一）

| 工件厚度/mm | 氧气压力/MPa | 乙炔压力/MPa | 割炬型号 | 割嘴号 |
|---|---|---|---|---|
| ~3.0 | 0.29~0.39 | | | 1、2 |
| >3.0~12 | 0.39~0.49 | | G01—30 | 1、2 |
| >12~30 | 0.49~0.69 | | | 2~4 |
| >30~50 | 0.49~0.69 | 0.01~0.12 | | 3~5 |
| >50~100 | 0.50~0.78 | | G01—100 | 5、6 |
| >100~150 | 0.78~1.18 | | | 7 |
| >150~200 | 0.98~1.37 | | G01—300 | 8 |
| >200~250 | 0.98~1.37 | | | 9 |

表3-34　低碳钢常用的气割工艺参数（二）

| 工件厚度/mm | 乙炔压力/MPa | 预热氧压力/MPa | 切割氧压力/MPa | 割嘴号 |
|---|---|---|---|---|
| 200~300 | 0.08~0.1 | 0.29~0.39 | 0.98~1.18 | 1 |
| >300~400 | 0.1~0.12 | 0.29~0.39 | 1.18~1.57 | 1 |
| >400~500 | 0.1~0.12 | 0.39~0.49 | 1.57~1.96 | 2 |
| >500~600 | 0.1~0.14 | 0.39~0.49 | 1.96~2.45 | 3 |

## 3.8.2　大厚度钢板气割的工艺要点

大厚度钢板是指厚度在 300 mm 以上的钢板。气割大厚度钢板时，由于工件上下受热不一致，使下层金属的燃烧比上层金属的慢，切口易形成较大的后拖量，甚至割不透。同时，熔渣易堵塞切口下部，影响气割过程的顺利进行。气割大厚度钢板时，措施如下：

（1）采用大号割炬和割嘴，如 G01—300 或重型割炬及自行改装的割炬，而且切割时要保证氧气供应充足，可将数个氧气瓶汇集在一起，以免气割过程中因缺氧而中断。

（2）开始气割时，预热火焰要大。割嘴应按图 3-20a 所示位置对割件进行充分预热，在整个厚度上均匀加热到燃烧温度，保证起割处割透。如果割嘴放置如图 3-20b 所示，则下层金属得不到预热，容易产生未割透或未切割角，如图 3-20c 所示。在起割处，待整个金属厚度割透后，才能向前移动割炬。

（3）气割过程中，在保证合适的气割速度前提下，割嘴可做适当的月牙形横向摆动。

（4）气割临近结束时，气割速度应适当减慢，这样可减少后拖量，使切口完全割断。

（5）改造割嘴孔形。通常切割氧的孔道是圆柱形的，若改成扩散形孔道，则有利于切割大厚度工件。

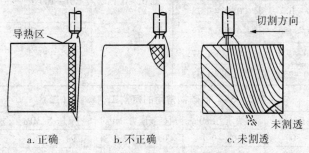

a. 正确　　　　　b. 不正确　　　　　c. 未割透

**图 3-20　大厚度钢板切割预热**

手工切割大厚度钢板的工艺参数如表 3-35 所示。

**表 3-35　大厚度钢板手工切割工艺参数**

| 工件厚度/mm | 喷嘴号 | 乙炔压力/MPa | 预燃氧压力/MPa | 切割氧压力/MPa |
|---|---|---|---|---|
| 200~300 | 1 | 0.08~0.1 | 0.3~0.4 | 1~1.2 |
| 300~400 | 1 | 0.1~0.12 | 0.3~0.4 | 1.2~1.6 |
| 400~500 | 2 | 0.1~0.12 | 0.4~0.5 | 1.6~2.0 |
| 500~600 | 3 | 0.1~0.14 | 0.4~0.5 | 2.0~2.5 |

# 第4章 钨极氩弧焊

## 4.1 钨极氩弧焊的特点及应用

**1. 钨极氩弧焊的特点** 钨极氩弧焊是利用惰性气体保护的一种电弧焊接方法（图4-1）。它以燃烧于非熔化电极与工件间的电弧作为热源，电极和电弧区及熔化金属都用一层氩（Ar）气保护，使之与空气隔离。钨极氩弧焊的电极通常用钨或钨合金棒制成，保护气体通常是氩气，有时也采用氦（He）气或氩气与氦气的混合气体。钨极氩弧焊的特点如表4-1所示。

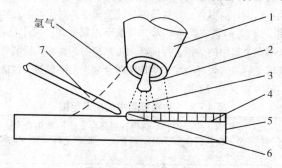

**图4-1 钨极氩气焊示意**

1. 喷嘴　2. 钨极　3. 电弧　4. 焊缝
5. 工件　6. 熔池　7. 填充焊丝

表4-1    钨极氩弧焊的特点

| | |
|---|---|
| 优点 | (1) 能焊接除熔点非常低的铅、锡以外的绝大多数金属和合金<br>(2) 能焊接化学活泼性强和形成高熔点氧化膜的铝、镁及其合金<br>(3) 免去焊后去渣工序<br>(4) 无飞溅<br>(5) 某些场合可不加填充金属<br>(6) 能进行全位置焊接<br>(7) 能进行脉冲焊接，减少热输入<br>(8) 能焊接薄板<br>(9) 明弧，能观察到电弧及熔池<br>(10) 填充金属的填充量不受焊接电流的影响 |
| 缺点 | (1) 焊接速度低<br>(2) 熔敷率小<br>(3) 需要采取防风措施<br>(4) 焊缝金属易受钨的污染<br>(5) 消耗氩气，成本较高 |

2. 钨极氩弧焊的应用    目前，钨极氩弧焊已可用于几乎所有金属和合金的焊接。但由于其成本较高，生产中通常用于焊接易氧化的有色金属及其合金，以及不锈钢、高温合金、难熔的活性金属等。对于低熔点和易蒸发的金属（如铅、锡、锌），焊接较困难，一般不用氩弧焊。对于已经镀有锡、锌、铝等低熔点金属层的碳钢，焊前必须去除镀层，否则钨极氩弧焊时，这些镀层金属熔化后进入焊缝金属中生成中间合金，会降低接头性能。钨极氩弧焊的应用范围如表4]所示。

表4-2    钨极氩弧焊的应用范围

| | |
|---|---|
| 焊件材质 | 碳钢、合金钢、不锈钢、耐热合金、铝及铝合金、钛及钛合金、镁及镁合金、铜及铜合金、难熔金属（如 Mo、Nb、Zr）、异种金属 |
| 焊接位置 | 全位置 |
| 接头形式 | 常规的对接、搭接、T形接头和角接等，只要结构合理就能焊接。薄板（≤2 mm）的卷边接头、搭接的点焊接头均可以焊接，而且无须填充金属 |
| 焊缝形状 | 手工焊适宜于焊接形状复杂的焊件、难以接近的部位或间断短焊缝，自动焊适宜于焊接有规则的长焊缝，例如纵缝、环缝或曲线焊缝 |

续表

| 工件厚度 | 适用于焊接薄板。从生产率考虑以厚度3 mm以下为宜，可以焊接的最小厚度为0.1 mm。对于厚度更大的工件，在开坡口的情况下采用钨极氩弧焊打底，可以提高焊缝背面成形质量 |
| --- | --- |
| 产品结构 | 适宜焊接薄壁产品如箱盒、箱格、隔膜、壳体、蒙皮、喷气发动机叶片、散热片、鳍片、管接头、电子器件的封装，以及重要厚壁如压力容器、管道、汽轮机转子等对接焊缝的根部熔透焊道，或其他结构窄间隙焊缝的打底焊道 |

# 4.2　钨极氩弧焊设备

　　钨极氩弧焊设备通常由焊机（焊接电源及控制系统）、焊枪、供气系统、水冷系统和焊接程序控制装置等部分组成，对于自动钨极氩弧焊还应该包括焊接小车行走机构及送丝装置。

　　图4-2是手工钨极氩弧焊设备的组成示意图，其中焊接电源内已包括了引弧及稳弧装置、焊接程序控制装置等。

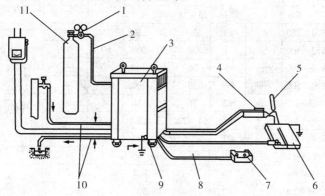

图4-2　手工钨极氩弧焊设备的组成

1. 减压流量计　2. 气管　3. 焊接电源及控制系统　4. 焊枪开关　5. TIG焊枪
6. 母材　7. 遥控器　8. 母材电缆　9. 接地电缆　10. 水管　11. 氩气瓶

### 4.2.1 钨极氩弧焊焊机

钨极氩弧焊焊机按操作方法分为手工钨极氩弧焊焊机、自动（半自动）钨极氩弧焊焊机和专用钨极氩弧焊焊机；按电流种类可分为直流钨极氩弧焊焊机、交流钨极氩弧焊焊机和脉冲钨极氩弧焊焊机。

**1. 手工钨极氩弧焊焊机** 手工钨极氩弧焊焊机按电流种类可分为：交流手工钨极氩弧焊焊机、直流手工钨极氩弧焊焊机和交直流两用手工钨极氩弧焊焊机等。常用手工钨极氩弧焊焊机的类型及主要技术数据如表4-3所示。

表4-3 常用手工钨极氩弧焊焊机的类型及主要技术数据

| 类型及型号 | | 电源电压/V | 空载电压/V | 工作电压/V | 焊接电流/A | 额定负载持续率/% | 额定输入容量/(kV·A) | 用途 |
|---|---|---|---|---|---|---|---|---|
| 直流 | WS—63 | 220/380 | | | 4~65 | 60 | 3.5 | 用于0.5mm以下厚度的不锈钢板焊接 |
| | WS—125 | 三相380 | 70 | 10~25 | 10~130 | — | 9 | 焊接不锈钢，以及铜、银、钛等金属及它们的合金 |
| | WS—160 | | — | — | 6~160 | 35 | — | |
| | WS—250 | | — | 11~22 | 25~250 | 60 | 18 | |
| | WS—400 | | — | 13~28 | 60~450 | | 30 | |
| 交流 | WSJ—150 | 380 | 80 | — | 30~150 | 35 | 8 | 焊接铝及铝合金 |
| | WSJ—300 | | — | 22 | 50~300 | 60 | — | |
| | WSJ—400 | 220/380 | — | 26 | 60~400 | 60 | | |
| | WSJ—500 | | — | 30 | 50~500 | 60 | | |
| 交直流两用 | WSE—150 | 380 | 82 | 16 | 15~180 | 35 | — | 焊接铝、镁、铜、钛及它们的合金，不锈钢等 |
| | WSE—250 | | 85 | 11~20 | 25~250 | 60 | 22 | |
| | WSE—315 | | 72 | 22.6 | 15~315 | 35 | 24 | |
| | WSE5—315 | | 80 | — | 30~315 | | 25.2 | |
| 脉冲 | WSM—160 | 220 | 60 | — | 5~160 | 60 | 4.7 | 焊接不锈钢、耐热合金、钛合金等 |
| | WSM—200 | | 62 | — | 3~200 | | 5 | |
| | WSM—250 | 380 | 65 | — | 3~250 | | 9.5 | |
| | WSM—315 | | 67 | — | 1~315 | | 13 | |
| | WSM—400 | | 75 | — | 1~400 | | 17 | |
| | WSM—500 | | 80 | — | 25~500 | | 20 | |

**2. 自动（半自动）钨极氩弧焊焊机**　自动（半自动）钨极氩弧焊焊机，是在一般的氩弧焊焊机结构上加小车行走机构及焊丝送给装置，其结构与一般的自动焊机基本相同。自动钨极氩弧焊中，钨极移动速度和送丝速度均保持一定，避免了手工操作的不稳定性，因而能获得成形和性能良好的焊缝，一般适用于成批量、焊缝形状规则的焊接。自动钨极氩弧焊焊机按结构形式可分为悬臂式、小车式和专用式三类，其常用型号及技术数据如表 4-4 所示。

表 4-4　自动钨极氩弧焊焊机的常用型号及技术数据

| 型号 | WZE2—500 | WZE—500 | WZE—300 |
|---|---|---|---|
| 结构形式 | 悬臂式 | 小车式 | 小车式 |
| 电源电压/V | 380 | 380 | 380 |
| 额定焊接电流/A | 500 | 500 | 300 |
| 钨极直径/mm | 2~7 | 2~7 | 2~6 |
| 填充焊丝直径/mm | （不锈钢）0.8~2.5（铝）2~2.5 | （不锈钢）0.8~2.5（铝）2~2.5 | 0.8~2 |
| 额定负载持续率/% | 60 | 60 | 60 |
| 焊接速度/（m/h） | 5~80 | 5~80 | 6.6~120 |
| 送丝速度/（m/h） | 20~1 000 | 20~1 000 | 13.2~240 |
| 保护气体超前时间/s | — | 3 | — |
| 保护气体滞后时间/s | — | 3 | — |
| 电流衰减时间/s | — | 25 | — |
| 氩气流量/（L/min） | — | ~50 | — |
| 冷却水消耗量/（L/min） | — | 1 | — |
| 用途 | 可焊接不锈钢、铝及铝合金等化学性质活泼和耐高温的材料，交流、直流两用 | | 可焊接不锈钢，钼、铜、镁、钛、锆等金属及它们的合金，交流、直流两用 |

### 3. 专用钨极氩弧焊焊机

（1）全位置管子对接专用直流钨极氩弧焊焊机：该类焊机适合于空间固定管子的焊接。焊接时机头绕管子旋转，机头可以从管子侧面装上、卸下，对任意长度的管子均能焊接，适用于管道现场安装时的焊接工作。其分类及技术数据如表4-5所示。

表4-5　全位置管子对接专用直流钨极氩弧焊焊机的分类及技术数据

| 类型 | | 钨极氩弧焊管机 | | 程控脉冲钨极氩弧焊管机 | | |
|---|---|---|---|---|---|---|
| 型号 | | NZA7—1 | NZA7—2 | NZA—300—1 | NZA—250—1 | MPG |
| 电网电压/V | | 380 | 380 | 380 | 380 | — |
| 电流调节范围 | 基值/A | — | 20~200 | ≤30 | ≤20 | 30~90 |
| | 脉冲/A | | | ≤300 | ≤300 | 70~200 |
| 脉冲频率/Hz | | — | — | — | 0.4~5 | 0.8~2 |
| 脉宽比率 | | | | | | 0.3~0.7 |
| 钨极直径/mm | | 1，1.6，2 | 1，2，3 | | | |
| 焊接管子规格 | 直径/mm | 8~26 | 20~60 | 32~42 | 32~42 | 22和42 |
| | 壁厚/mm | | | 3~5 | 1~5 | ≤4和≤5. |
| 机头回转速度/（r/min） | | 0.3~3 | | 0.3~1.3 | 0.25~2 | 0.6~1.2 |
| 程控分段数 | | | | | 8 | 4 |
| 用途 | | 专用于焊接上述规格的不锈钢管 | 专用于焊接上述规格的不锈钢管 | 主要焊接电站、锅炉用的耐热合金钢管 | 用于焊接上述规格的不锈钢，其他合金钢、碳钢管子 | 专用于火力发电厂锅炉安装中密排的碳钢、合金钢管及不锈钢管的焊接 |
| 备注 | | 配用电源：ZXG—100型 | 配用电源：ZXG—200N型 | 配用电源：ZXG—300N型 | — | 自编型号 |

（2）管-管板专用脉冲钨极氩弧焊焊机：该焊机专用于管-管板的端接，焊炬可转动，可进行全位置焊接，其常用型号及技术数据如表4-6所示。

**表 4 – 6　管 – 管板专用脉冲钨极氩弧焊焊机的型号及技术数据**

| 型号 | | NAZ4—75 | NAZ4—250 |
|---|---|---|---|
| 电网电压/V | | 380 | 380 |
| 空载电压/V | | — | 80 |
| 电流调节范围 | 基值/A | 10 ~ 75 | 25 ~ 250 |
| | 脉冲/A | 10 ~ 75 | 25 ~ 250 |
| 脉冲频率/Hz | | 1 ~ 5 | 0.5，1，2，3，4，5 |
| 脉宽比率 | | | 1:4 ~ 3:4 |
| 钨极直径/mm | | 1 ~ 2 | |
| 用途 | | 不锈钢管板焊接的专用设备 | 用于碳钢管、各种合金钢管、不锈钢管、管板焊接 |
| 备注 | | 配用电源：ZXG—100型磁放大器型整流器，控制绕组中加脉冲控制器后，可获得脉冲电流 | 配有四种焊枪，可分别进行管 – 管板断面水平焊接、断面横向焊接和全位置内孔焊接 |

（3）钨极氩弧焊点焊机：该类焊机具有特殊的控制装置和点焊焊炬。控制装置能自动确保提前输送氩气、通水、引弧、控制焊接时间、电流自动衰减及滞后关气等功能。点焊时，用焊枪端部的喷嘴将被焊接的两块母材压紧，然后靠钨极和工件之间的电弧将上层工件熔穿，再将下层工件局部熔化并熔合在一起，凝固后即成焊点。钨极氩弧焊点焊机的型号及主要技术数据如表 4 – 7 所示。

**表 4 – 7　钨极氩弧焊点焊机的型号及主要技术数据**

| 名称 | 直流钨极氩弧焊点焊机 |
|---|---|
| 型号 | NBA8—100 |
| 控制箱电源电压/V | 220 |
| 焊接电源空载电压/V | 80 |
| 焊接电流调节范围/A | 10 ~ 100 |
| 电焊时间范围/s | 2.5 ~ 25 |
| 钨极直径/mm | 1 ~ 2 |
| 额定负载持续率/% | 60 |

续表

| 名称 | 直流钨极氩弧焊点焊机 |
|---|---|
| 氩气流量/（L/min） | 0～12 |
| 用途 | 适用于点焊厚度为 0.2～2 mm 的不锈钢及合金钢 |
| 备注 | 配用电源：ZXG—100 型弧焊整流器 |

### 4.2.2 钨极氩弧焊辅助设备

**1. 焊枪** 钨极氩弧焊焊枪有气冷式和水冷式两种。前者供焊接电流较小（＜150 A）时使用，其结构简单，操作灵活方便；后者因带有水冷系统，所以焊枪较重，且结构复杂，主要供焊接电流大于 150 A 时使用。它们都是由喷嘴、电极夹头、枪体、电极帽、手柄和控制开关等组成。典型的焊枪结构如图 4-3 所示。

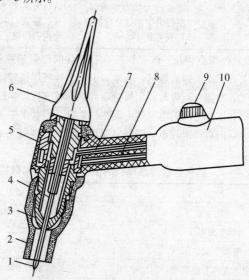

**图 4-3 钨极氩弧焊焊枪的结构**

1. 钨极 2. 陶瓷喷嘴 3. 导气套筒 4. 电极夹头 5. 枪体（有冷却水腔）
6. 电极帽 7. 导气管 8. 导水管 9. 控制开关 10. 焊枪手柄

焊枪喷嘴是决定氩气保护性能优劣的重要零件，常见的喷嘴形状如图4-4所示。圆柱带锥形喷嘴或圆柱带球形喷嘴的保护效果最佳。圆锥形喷嘴因氩气流速加快，保护效果较差，但操作方便，熔池可见性好，也经常被使用。喷嘴的规格有 $\phi6.3$ mm、$\phi8$ mm、$\phi9.6$ mm、$\phi11$ mm、$\phi12.6$ mm 几种，焊接时可根据被焊材料及保护范围来选择。

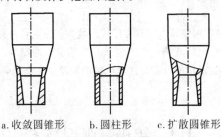

a.收敛圆锥形　　b.圆柱形　　c.扩散圆锥形

**图4-4　焊枪喷嘴的形状**

2. **供气系统**　供气系统由氩气瓶（高压气瓶）、减压阀、流量计和电磁气阀组成，如图4-5所示。其中氩气瓶的外表涂成蓝灰色。减压阀可将高压气瓶中的气体压力降至焊接所要求的压力。流量计用来调节和测量气体的流量，目前国内常用的流量计是浮子流量计和指针式流量计两种。电磁气阀以电信号控制气流的通断。流量计和减压阀有时可做成一体，称为组合式流量计。

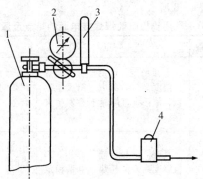

**图4-5　钨极氩弧焊供气系统组成**

1. 氩气瓶　2. 减压阀　3. 流量计　4. 电磁气阀

3. **水冷系统** 通水的目的是为了冷却焊枪、电缆及钨极。目前焊接电流大于 150 A 的焊枪一般采用水冷式，否则陶瓷喷嘴会裂开，焊枪将会被烧坏。对于手工水冷式焊枪，通常将焊接电缆装入通水软管中做成水冷电缆，这样可大大提高电流密度，减轻电缆重量。为了保证焊接设备的使用安全，常在供水系统中装配有水压开关。当水流充足时才能使焊机启动，反之，焊机不能启动。

4. **焊接程序控制装置** 焊接程序控制装置的主要任务是控制提前送气、滞后停气、引弧、电流通断、电流衰减、冷却水流通断等。对于自动焊机，还要控制小车行走机构的行走及送丝机构的送丝。在交流焊机的控制箱中一般还装有稳弧装置。

# 4.3 钨极氩弧焊技术

## 4.3.1 钨极氩弧焊焊接电源的选用

钨极氩弧焊可采用直流电源、交流电源和脉冲电源。但在焊接不同金属材料时，不同的电流种类和极性所产生的作用和效果是不一样的。根据焊接材料的性质，可选用相应的焊接电源和极性。常用钨极氩弧焊焊接电源的特点及适用范围如表 4-8 所示。

表 4-8 常用钨极氩弧焊焊接电源的特点及适用范围

| 焊接电源种类及极性 | | 特点 | 适用范围 |
|---|---|---|---|
| 直流电源 | 正极性 | 电弧稳定，许用电流大，焊件温度高，熔深大。钨极温度低，消耗少，焊缝不会发生夹钨 | 适用于焊接合金钢、耐热钢、不锈钢、铜及铜合金、钛及钛合金等金属材料 |
| | 反极性 | 具有"阴极破碎"作用。钨极温度高，消耗快，电弧稳定性差 | 适用于氧化物为高熔点的铝、镁及其合金的焊接。但由于钨极消耗量大，实际上很少采用 |

续表

| 焊接电源种类及极性 | 特点 | 适用范围 |
|---|---|---|
| 交流电源 | 弥补了直流正接电极无"阴极破碎"作用和直流反接钨极损耗严重的缺点。钨极的许用电流比直流反接时要大 | 适宜于焊接铝及铝合金、镁及镁合金和含有铝的铜合金等材料 |
| 脉冲电源 | 通过改变脉冲波形参数,可精确控制熔池的深浅及大小、凝固时间、热输入量大小等,从而较有把握地获得预期的焊接结果 | 特别适用于焊接薄板、热敏材料、导热性能和厚度差别大的工件。适宜全位置焊接和单面焊双面成形 |

## 4.3.2 钨极氩弧焊的电极及选用

钨极氩弧焊采用钨金属棒作为电极(钨极),常用的钨极主要有纯钨极、铈钨极、钍钨极和锆钨极等。常用钨极的种类、牌号及特点如表4－9所示。

表4－9 常用钨极的种类、牌号及特点

| 种类 | 牌号 | 特点 |
|---|---|---|
| 纯钨极 | $W_1$、$W_2$ | 熔点和沸点都很高,其缺点是要求焊机有较高的空载电压,长时间工作时会出现钨极熔化现象 |
| 钍钨极 | WTh7、WTh10、WTh15、WTh30 | 由于加入了一定量的氧化钍,使上述纯钨极的缺点得以克服,但有微量放射性 |
| 铈钨极 | WCe—20 | 铈钨极是在纯钨中加一定量的氧化铈,其优点为:引弧电流低、电弧弧柱压缩程度好、寿命长、放射性剂量极低 |

同种材料的钨极,电极端头形状不同,对电弧稳定性及焊缝成形的影响也不同。常用的钨极端头形状与电弧稳定性关系如表4－10所示。

表 4-10　常用钨极端头形状与电弧稳定性关系

| 钨极端头形状 | 钨极种类 | 电流极性 | 适用范围 | 燃弧情况 |
|---|---|---|---|---|
| | 锌钨极或钍钨极 | 直流正接 | 大电流 | 稳定 |
| | 铈钨极或钍钨极 | 直流正接 | 小电流；用于窄间隙及薄板焊接 | 稳定 |
| | 纯钨极 | 交流 | 用于铝、镁及其合金的焊接 | 稳定 |
| | 铈钨极或钍钨极 | 直流正接 | 用做直径小于1 mm的细钨丝电极，用于连续焊 | 良好 |

## 4.3.3　钨极氩弧焊主要工艺参数的选择

　　钨极氩弧焊的工艺参数主要有焊接电流种类及极性、焊接电流、钨极直径及端头形状、保护气体流量等。对于自动钨极氩弧焊，工艺参数还包括焊接速度和送丝速度。当被焊材料确定后，应通过工艺试验和工艺评定来确定其焊接时的各项工艺参数。

**1. 焊接电流种类及极性**　不同的焊接电流种类及极性具有不同的工艺特点，适用于不同材料的焊接。因此，应首先根据工件的材料选择焊接电流的种类和极性。不同金属材料需选用的钨极氩弧焊焊接电流种类及极性如表 4 - 11 所示。

表 4 - 11　**不同金属材料进行钨极氩弧焊时焊接电流种类及极性的选用**

| 被焊金属 | | 直流 | | 交流 |
|---|---|---|---|---|
| | | 正极性 | 反极性 | |
| 低碳钢 | 0.4 ~ 0.8 mm | 优 | 不推荐 | 好① |
| | 0.8 ~ 3.2 mm | 优 | 不推荐 | 不推荐 |
| 高碳钢 | — | 优 | 不推荐 | 好① |
| 铸铁 | — | 优 | 不推荐 | 好① |
| 耐热合金 | — | 优 | 不推荐 | 好① |
| 难熔合金 | — | 优 | 不推荐 | 不推荐 |
| 铝合金 | ≤0.6 mm | 不推荐② | 好 | 优 |
| | >0.6 mm | 不推荐② | 不推荐 | 优 |
| | 铸件 | 不推荐② | 不推荐 | 优 |
| 铍 | — | 优 | 不推荐 | 好① |
| 铜及铜合金 | 黄铜 | 优 | 不推荐 | 好① |
| | 脱氧铜 | 优 | 不推荐 | 不推荐 |
| | 硅青铜 | 优 | 不推荐 | 不推荐 |
| 镁合金 | ≤3.2 mm | 不推荐② | 好 | 好① |
| | 24.8 mm | 不推荐② | 不推荐 | 不推荐 |
| | 铸件 | 不推荐② | 不推荐 | 不推荐 |
| 银 | — | 优 | 不推荐 | 好① |
| 钛合金 | — | 优 | 不推荐 | 不推荐 |

①应比直流正接所用的电流高约 25%。
②经机械或化学处理也可选用。

**2. 焊接电流**　焊接电流是决定焊缝熔深的最主要参数。焊接电流的选择应根据焊件的材质、厚度、接头形式、施焊位置，以及钨极的承受能力选定。

3. **钨极直径及端头形状**　钨极的直径及端头形状是重要的工艺参数。钨极直径的选择要根据焊件的厚度和焊接电流的大小来决定。当钨极直径选定后，就具有一定的电流许用值。焊接时，焊接电流若超过这个许用值，钨极就要发热、局部熔化或挥发，引起电弧不稳定，并产生焊缝夹钨等缺陷。不同电源极性和不同直径的钨极的许用电流如表 4 - 12 所示。

表 4 - 12　钨极的许用电流范围

| 电极直径 /mm | 直流电流/A | | | | 交流电流/A | |
| --- | --- | --- | --- | --- | --- | --- |
| | 正极性 | | 反极性 | | | |
| | 纯钨极 | 钍钨极、铈钨极 | 纯钨极 | 钍钨极、铈钨极 | 纯钨极 | 钍钨极、铈钨极 |
| 0.5 | 2 ~ 20 | 2 ~ 20 | — | — | 2 ~ 15 | 2 ~ 15 |
| 1.0 | 10 ~ 75 | 10 ~ 75 | — | — | 15 ~ 55 | 15 ~ 70 |
| 1.6 | 40 ~ 130 | 60 ~ 150 | 10 ~ 20 | 10 ~ 30 | 45 ~ 90 | 60 ~ 125 |
| 2.0 | 75 ~ 180 | 100 ~ 200 | 15 ~ 25 | 15 ~ 25 | 65 ~ 125 | 85 ~ 160 |
| 2.5 | 130 ~ 230 | 160 ~ 250 | 17 ~ 30 | 17 ~ 30 | 80 ~ 140 | 120 ~ 210 |
| 3.0 | 140 ~ 280 | 200 ~ 300 | 20 ~ 40 | 20 ~ 40 | 100 ~ 160 | 140 ~ 230 |
| 3.2 | 160 ~ 310 | 225 ~ 330 | 20 ~ 35 | 20 ~ 35 | 130 ~ 190 | 150 ~ 250 |
| 4.0 | 275 ~ 450 | 350 ~ 480 | 35 ~ 50 | 35 ~ 50 | 180 ~ 260 | 240 ~ 350 |
| 5.0 | 400 ~ 625 | 500 ~ 645 | 50 ~ 70 | 50 ~ 70 | 240 ~ 350 | 330 ~ 460 |
| 6.0 | 500 ~ 625 | 620 ~ 650 | 60 ~ 80 | 60 ~ 80 | 260 ~ 390 | 430 ~ 560 |
| 6.3 | 550 ~ 675 | 650 ~ 850 | 65 ~ 100 | 65 ~ 100 | 300 ~ 420 | 430 ~ 575 |
| 8.0 | — | — | — | — | — | 650 ~ 830 |

4. **喷嘴孔径及保护气体流量**　喷嘴孔径越大，保护区域越大，但太大时，熔池及电弧的可观察性变差。对于一定的喷嘴孔径，保护气体流量有一个合适的范围。流量太小时，气体挺度差，保护效果不好；流量太大时，气体流量中出现紊流，空气易卷入，保护效果不好。喷嘴孔径及保护气体流量通常应根据焊接电流的种类和大小、极性正确选择。

5. **钨极伸出长度**　通常将露在喷嘴外面的钨极长度叫做钨极伸出长度。伸出长度过大时，钨极易过热，且保护效果差；伸出长度太小时，喷嘴易过热。因此钨极伸出长度必须保持一适当的值。对接焊时，钨极伸出长度一般保持在 5 ~ 6 mm；焊接 T 形焊缝时，钨极伸出长度最好为 7 ~ 8 mm。

6. **喷嘴到工件的距离**  喷嘴到工件的距离越远,保护效果越差,电弧不稳定;距离越近,保护效果越好,但过近会影响焊工的视线,且易导致钨极与熔池的接触短路,使焊缝夹钨并降低钨极寿命。一般推荐喷嘴到工件的距离为 8 ~ 14 mm。

7. **焊接速度**  焊接速度影响焊接线能量,因此影响熔深及熔宽。通常应根据工件的板厚来选择焊接速度,而且,为了保证获得良好的焊缝成形,焊接速度应与焊接电流、预热温度及保护气体流量适当匹配。焊接速度太快,易出现未焊透、咬边等缺陷,而焊接速度太慢则会出现焊缝太宽、烧穿等缺欠。

### 4.3.4  钨极氩弧焊操作技术

1. **左向焊与右向焊**  钨极氩弧焊时,操作方法有左向焊与右向焊两种,其特点如表 4 - 13 所示。

表 4 - 13  左向焊与右向焊的特点

| 名称 | 左向焊 | 右向焊 |
|------|--------|--------|
| 示意图 | | |
| 操作方法 | 焊丝与焊枪由右端向左端移动,焊接电弧指向未焊部分,焊丝位于电弧运动的前方 | 焊丝与焊枪由左端向右施焊,焊接电弧指向已焊部分,焊丝位于电弧运动的后方 |
| 优点 | (1) 焊工视野不受阻碍,便于观察和控制熔池情况<br>(2) 焊接电弧指向未焊部分,既可对未焊部分起预热作用,又能减小熔深<br>(3) 操作简单方便,初学者容易掌握 | (1) 焊接电弧指向已凝固的焊缝金属,使熔池冷却缓慢,有利于改善焊缝金属组织,减少产生气孔、夹渣的可能性<br>(2) 热利用率高,在相同线能量时,比左向焊时的熔深大 |
| 缺点 | 在焊大工件时,特别是多层焊时,热量利用率低,因而影响提高熔敷效率 | 焊丝在熔池运动后方,影响焊工视线,不利于观察和控制熔池,掌握较难 |
| 应用 | 焊接薄件,特别是管子对接时的根部打底焊和易熔金属的焊接 | 特别适合于焊接厚度较大、熔点较高的焊件 |

2. **手工钨极氩弧焊的基本操作方法** 手工钨极氩弧焊的基本操作方法如表 4 – 14 所示,填丝的基本操作方法如表 4 – 15 所示。

表 4 – 14 手工钨极氩弧焊的基本操作方法

| 项目 | 操作方法 | 注意事项 |
|------|---------|---------|
| 焊前准备 | 焊前应对使用设备的水、电、气路是否正常,焊件接头、坡口和填充焊丝的表面清理情况及电极端头形状进行仔细检查,并选择好规范,然后将焊件进行定位焊 | 重点检查工件定位及坡口清理情况 |
| 引弧 | 引弧一般采用引弧器(高频振荡或高频脉冲发生器),使钨极与焊件不接触即引燃电弧。没有引弧器时采用接触引弧,可用紫铜板或石墨板放在焊接坡口上引弧 | 引弧前,应提前 5 ~ 10 s 送气 |
| 焊接 | (1)焊接时要掌握好焊枪角度和送丝位置,力求送丝均匀,以保证焊缝成形<br>(2)填丝时弧长为 3 ~ 6 mm,钨极伸出长度为 5 ~ 8 mm<br>(3)钨极与焊件表面夹角为 75° ~ 90°<br>(4)为获得较宽焊道,焊枪可适当做横向摆动 | (1)一般采用左焊法<br>(2)操作时应保持焊枪平稳,避免跳动<br>(3)打底焊的焊缝应一气呵成,打底层焊缝需自检合格后,才能填充盖面 |
| 填丝 | 填丝的基本操作方法见表 4 – 15 | (1)应等焊件坡口两侧熔化后再填丝<br>(2)焊丝和焊件表面呈 15°夹角,快速地从熔池前沿点进,随后撤回,如此反复操作<br>(3)填丝要均匀,快慢适当<br>(4)焊丝端头应始终处在氩气保护区内 |

续表

| 项目 | 操作方法 | 注意事项 |
|---|---|---|
| 收弧 | 收弧时要采用电流自动衰减装置，以免形成弧坑。没有该装置时，应改变焊枪角度，拉长电弧，加快焊接速度。管子封闭焊时收弧多采用稍拉长的电弧，重叠焊缝 20～40 mm，重叠部分不加或少加焊丝 | 收弧后，应延时 10 s 再停止送气 |
| 接头 | （1）接头是两段焊缝交接的地方，容易出现焊接缺陷，焊接时应尽量避免停弧，减少冷接头次数<br>（2）重新引弧的位置在原弧坑后面，使焊缝重叠 20～30 mm，重叠部分不加或少加焊丝 | （1）接头处要有斜坡，不留死角<br>（2）熔池要贯穿到接头的根部，保证接头处焊透 |

表 4－15　填丝的基本操作方法

| 填丝方法 | 示意图 | 操作步骤 | 适用范围 |
|---|---|---|---|
| 连续填丝 | | 用左手拇指、食指、中指配合动作送丝，无名指和小指夹住焊丝以控制方向，连续填丝时手臂动作不大，待焊丝快用完时才前移<br>此法要求焊丝比较平直，对保护层的扰动小，但比较难掌握 | 填丝量较大，采用较大工艺参数时，多采用此法 |
| 断续填丝（点滴送丝） | | 用左手拇指、食指、中指捏紧焊丝，焊丝末端始终处于氩气保护区内，填丝动作要轻，靠手臂和手腕的上下反复动作将焊丝端部熔滴送入熔池 | 适用于全位置焊接 |
| 焊丝紧贴坡口与钝边一起熔入 | — | 将焊丝弯成弧形，紧贴在坡口间隙处，保证电弧熔化坡口钝边的同时也熔化焊丝。要求坡口间隙小于焊丝直径 | 可避免焊丝遮挡焊工的视线，适用于难焊位置的焊接 |

**3. 各种位置焊接的基本操作方法**　手工钨极氩弧焊时，各种位置焊接时焊枪角度和填丝位置及操作要点如表 4 – 16 所示。

表 4 –16　各种位置焊接时焊枪角度和填丝位置及操作要点

| 焊接位置 | 焊枪角度和填丝位置 | 操作要点 |
|---|---|---|
| 平焊 | | 握焊枪时手要稳，钨极端部与焊件要有 2 ~ 3 mm 的距离；尽量不要跳动和摆动焊枪（走直线），正常的情况下应是等速向前移动；焊丝应有规律地从熔池的前半部送进（与熔池接触送给）或移出，且焊丝端头应在氩气的保护区内以防氧化 |
| 横焊 | | 横焊时因熔池金属重力的作用，上部板的边缘易产生咬边，下部板的边缘易出现焊瘤。为了防止熔敷金属下垂，应保持焊枪的水平角度为 100° |
| 立焊 | | 立焊操作时应严格控制焊枪角度和电弧长度。焊枪角度倾斜太大或电弧太长都会使焊缝中间高及两侧产生咬边。正确的焊枪角度和电弧的长度，应使观察熔池和送丝方便 |

续表

| 焊接位置 | 焊枪角度和填丝位置 | 操作要点 |
|---|---|---|
| 仰焊 | | 仰焊时熔池重力对焊缝成形的影响比立焊、横焊时要大，因而焊接的难度大。为了便于操作，给送的焊丝应适当地靠近身体一些。薄板仰焊时，如熔池温度过高、送丝不及时或送丝完成后焊枪前移速度慢，易形成焊根下凹的缺陷 |

# 4.4 常用金属材料的钨极氩弧焊

## 4.4.1 不锈钢的钨极氩弧焊

钨极氩弧焊焊接不锈钢时，一般采用直流正接电源。对于含铝较多的不锈钢，因为有 $Al_2O_3$ 氧化膜形成，所以其焊接方法类似于焊接铝，因此常采用交流电源。在保证焊透的情况下，减少熔敷金属，并考虑操作方便。钨极氩弧焊焊接不锈钢时，坡口常采用 V 形、U 形、双面 V 形及 V – U 组合形式等。钨极氩弧焊焊接奥氏体不锈钢时，可根据焊接接头的颜色来判断焊接区的保护效果，如表 4 – 17 所示。

表 4 – 17 奥氏体不锈钢焊接接头的颜色与保护效果的关系

| 焊接接头颜色 | 银白、金黄 | 蓝色 | 红灰 | 灰色 | 黑色 |
|---|---|---|---|---|---|
| 保护效果 | 最好 | 良好 | 一般 | 不良 | 最坏 |

不锈钢手工钨极氩弧焊的焊接工艺参数如表 4 – 18 所示，不锈钢自动钨极氩弧焊的焊接工艺参数如表 4 – 19 所示，不锈钢脉冲钨极氩弧焊的焊接工艺参数如表 4 – 20 所示。

表 4 –18　不锈钢手工钨极氩弧焊的焊接工艺参数

| 板厚/mm | 接头形式 | 焊接电流/A | | | 焊接速度 | | 氩气流量 /（L/min） |
|---|---|---|---|---|---|---|---|
| | | 平焊 | 立焊 | 仰焊 | mm/min | m/h | |
| 1.5 | 对接 | 80 ~ 100 | 70 ~ 90 | 70 ~ 90 | 300 | 18 | 5 |
| | 搭接 | 100 ~ 120 | 80 ~ 100 | 80 ~ 100 | | | |
| | 角接 | 80 ~ 100 | 70 ~ 90 | 70 ~ 90 | | | |
| 2.5 | 对接 | 100 ~ 120 | 90 ~ 110 | 90 ~ 110 | 300 | 18 | 5 |
| | 搭接 | 110 ~ 130 | 100 ~ 120 | 100 ~ 120 | | | |
| | 角接 | 100 ~ 120 | 90 ~ 110 | 90 ~ 110 | | | |
| 3.2 | 对接 | 120 ~ 140 | 110 ~ 130 | 105 ~ 125 | 300 | 18 | 5 |
| | 搭接 | 130 ~ 150 | 120 ~ 140 | 120 ~ 140 | | | |
| | 角接 | 120 ~ 140 | 110 ~ 130 | 115 ~ 135 | | | |
| 4.5 | 对接 | 200 ~ 250 | 150 ~ 200 | 150 ~ 200 | 250 | 15 | 7 |
| | 搭接 | 225 ~ 275 | 175 ~ 225 | 175 ~ 225 | | | |
| | 角接 | 200 ~ 250 | 150 ~ 200 | 150 ~ 200 | | | |

表 4 –19　不锈钢自动钨极氩弧焊的焊接工艺参数

| 电源极性 | 板厚 /mm | 钨极直径 /mm | 焊接电流/A | 焊接速度 /（mm/min） | 焊丝直径 /mm | 氩气流量 /（L/min） | 备注 |
|---|---|---|---|---|---|---|---|
| 对接不加填充焊丝 直流正极性 | 0.3 | 1.0 | 12 ~ 20 | 500 ~ 800 | — | 3 ~ 4 | |
| | 0.4 | | 20 ~ 30 | | | | |
| | 0.5 | 1.6 | 30 ~ 40 | | | 4 ~ 5 | |
| | 0.7 | | 50 ~ 65 | | | | |
| | 0.8 | | 70 ~ 90 | | | | |
| | 1.0 | | 70 ~ 90 | | | | |
| | 1.2 | | 73 | | | | |
| | 1.5 | | 80 ~ 110 | 300 ~ 580 | | 5 ~ 6 | |
| | 2.0 | | 120 ~ 130 | | | 7 ~ 8 | |

续表

| 电源极性 | 板厚/mm | 钨极直径/mm | 焊接电流/A | 焊接速度/（mm/min） | 焊丝直径/mm | 氩气流量/（L/min） | 备注 |
|---|---|---|---|---|---|---|---|
| 对接加填充焊丝 | 0.3 | 1.0 | 30 ~ 45 | 580 ~ 750 | 0.6 | 5 ~ 6 | 电弧电压：11 ~ 15 V |
| | 0.5 | 1.6 | 30 ~ 45 | | 0.6 | | |
| | 0.8 | | 60 ~ 80 | | 0.6 | 6 ~ 8 | |
| 直流正极性 | 1.0 | | 80 ~ 100 | | 0.8 | | |
| | 1.5 | | 100 ~ 130 | 400 ~ 600 | 0.8 | 8 ~ 10 | |
| | 2.0 | | 120 ~ 140 | 300 ~ 580 | 0.8 | 10 ~ 12 | |
| | 3.0 | | 125 ~ 135 | 300 ~ 400 | 1.6 | 14 ~ 16 | |

表 4-20 不锈钢脉冲钨极氩弧焊的焊接工艺参数

| 电流极性 | 板厚/mm | 焊接电流/A | | 持续时间/s | | 脉冲频率/Hz | 焊接速度/（m/h） | 弧长/mm |
|---|---|---|---|---|---|---|---|---|
| | | 脉冲 | 维持 | 脉冲 | 维持 | | | |
| 直流正接 | 0.3 | 20 ~ 22 | 5 ~ 8 | 0.06 ~ 0.08 | 0.06 | 8 | 30 ~ 36 | 0.6 ~ 0.8 |
| | 0.5 | 55 ~ 60 | 10 | 0.08 | 0.06 | 7 | 33 ~ 36 | 0.8 ~ 1 |
| | 0.8 | 85 | 10 | 0.12 | 0.08 | 5 | 48 ~ 60 | 0.8 ~ 1 |
| | 0.95 | 60 | 5 ~ 7 | 0.3 | | 3 | 40 ~ 44 | 0.8 ~ 1 |

### 4.4.2 铝及铝合金的钨极氩弧焊

钨极氩弧焊是焊接铝及铝合金较完善的熔焊方法，其焊接质量好，操作技术容易掌握，目前已被广泛采用。钨极氩弧焊适合于焊接厚度较薄的铝及铝合金零件，以及热处理强化的高强度铝合金结构，零件厚度较大时，可采用钨极氦弧焊或开坡口多层钨极氩弧焊。

铝及铝合金的钨极氩弧焊一般采用交流电源，这样可利用"阴极破碎"作用除去熔池表面铝的氧化膜，氩气纯度（质量分数）不低于 99.9%。手工钨极氩弧焊操作灵活方便，适用于焊接小尺寸工件的短焊缝、角焊缝及大尺寸的不规则焊缝；自动钨极氩弧焊可焊接厚度为 1 ~ 12 mm 的规则的环缝和纵缝；脉冲钨极氩弧焊常用于焊接厚度小于 1 mm 的工件。

铝及铝合金的手工钨极交流氩弧焊的工艺参数如表 4-21 所示，自动钨极交流氩弧焊的工艺参数如表 4 - 22 所示，脉冲钨极交流氩弧焊的工艺参数如表 4 - 23 所示。

表 4 - 21　铝及铝合金手工钨极交流氩弧焊的工艺参数

| 板厚 /mm | 焊丝直径 /mm | 钨极直径 /mm | 预热温度 /℃ | 焊接电流/A | 氩气流量 / (L/min) | 喷嘴孔径 /mm | 焊接层数 正面/反面 | 备注 |
|---|---|---|---|---|---|---|---|---|
| 1 | 1.6 | 2 | — | 45 ~ 60 | 7 ~ 9 | 8 | 正 1 | 卷边焊 |
| 1.5 | 1.6 ~ 2.0 | 2 | — | 50 ~ 80 | 7 ~ 9 | 8 | 正 1 | 卷边焊或单面对接 |
| 2 | 2 ~ 2.5 | 2 ~ 3 | — | 90 ~ 120 | 8 ~ 12 | 8 ~ 12 | 正 1 | 对接 |
| 3 | 2 ~ 3 | 3 | — | 150 ~ 180 | 8 ~ 12 | 8 ~ 12 | 正 1 | V 形坡口对接 |
| 4 | 3 | 4 | — | 180 ~ 200 | 10 ~ 15 | 8 ~ 12 | 1 ~ 2/1 | V 形坡口对接 |
| 5 | 3 ~ 4 | 4 | — | 180 ~ 240 | 10 ~ 15 | 10 ~ 12 | 1 ~ 2/1 | V 形坡口对接 |
| 6 | 4 | 5 | — | 240 ~ 280 | 16 ~ 20 | 14 ~ 16 | 1 ~ 2/1 | V 形坡口对接 |
| 8 | 4 ~ 5 | 5 | 100 | 260 ~ 320 | 16 ~ 20 | 14 ~ 16 | 2/1 | V 形坡口对接 |
| 10 | 4 ~ 5 | 5 | 100 ~ 150 | 280 ~ 340 | 16 ~ 20 | 14 ~ 16 | 3 ~ 4/1 ~ 2 | V 形坡口对接 |
| 12 | 4 ~ 5 | 5 ~ 6 | 150 ~ 200 | 300 ~ 360 | 18 ~ 22 | 16 ~ 20 | 3 ~ 4/1 ~ 2 | V 形坡口对接 |
| 14 | 5 ~ 6 | 5 ~ 6 | 180 ~ 220 | 340 ~ 380 | 20 ~ 24 | 16 ~ 20 | 3 ~ 4/1 ~ 2 | V 形坡口对接 |
| 16 | 5 ~ 6 | 6 | 200 ~ 220 | 340 ~ 380 | 20 ~ 24 | 16 ~ 20 | 4 ~ 5/1 ~ 2 | V 形坡口对接 |
| 18 | 5 ~ 6 | 6 | 200 ~ 240 | 360 ~ 400 | 25 ~ 30 | 16 ~ 20 | 4 ~ 5/1 ~ 2 | V 形坡口对接 |
| 20 | 5 ~ 6 | 6 | 200 ~ 260 | 360 ~ 400 | 25 ~ 30 | 16 ~ 20 | 4 ~ 5/1 ~ 2 | V 形坡口对接 |
| 16 ~ 20 | 5 ~ 6 | 6 | 200 ~ 260 | 300 ~ 380 | 25 ~ 30 | 16 ~ 20 | 2 ~ 3/2 ~ 3 | X 形坡口对接 |
| 22 ~ 25 | 5 ~ 6 | 6 ~ 7 | 200 ~ 260 | 360 ~ 400 | 30 ~ 35 | 20 ~ 22 | 3 ~ 4/3 ~ 4 | X 形坡口对接 |

表 4 - 22　铝及铝合金自动钨极交流氩弧焊的工艺参数

| 板厚/mm | 焊接层数 | 钨极直径 /mm | 焊丝直径 /mm | 喷嘴孔径 /mm | 氩气流量 / (L/min) | 焊接电流 /A | 送丝速度 / (m/h) |
|---|---|---|---|---|---|---|---|
| 1 | 1 | 1.5 ~ 2 | 1.6 | 8 ~ 10 | 5 ~ 6 | 120 ~ 160 | — |
| 2 | 1 | 3 | 1.6 ~ 2 | 8 ~ 10 | 12 ~ 14 | 180 ~ 220 | 65 ~ 70 |
| 3 | 1 ~ 2 | 4 | 2 | 10 ~ 14 | 14 ~ 18 | 220 ~ 240 | 65 ~ 70 |
| 4 | 1 ~ 2 | 5 | 2 ~ 3 | 10 ~ 14 | 14 ~ 18 | 240 ~ 280 | 70 ~ 75 |
| 5 | 2 | 5 | 2 ~ 3 | 12 ~ 16 | 16 ~ 20 | 280 ~ 320 | 70 ~ 75 |

续表

| 板厚/mm | 焊接层数 | 钨极直径/mm | 焊丝直径/mm | 喷嘴孔径/mm | 氩气流量/（L/min） | 焊接电流/A | 送丝速度/（m/h） |
|---|---|---|---|---|---|---|---|
| 6～8 | 2～3 | 5～6 | 3 | 14～18 | 18～24 | 280～320 | 75～80 |
| 8～12 | 2～3 | 6 | 3～4 | 14～18 | 18～24 | 300～340 | 80～85 |

表4-23　铝及铝合金脉冲钨极交流氩弧焊的工艺参数

| 母材牌号 | 板厚/mm | 钨极直径/mm | 焊丝直径/mm | 电弧电压/V | 脉冲电流/A | 基值电流/A | 脉宽比/% | 氩气流量/（L/min） | 频率/Hz |
|---|---|---|---|---|---|---|---|---|---|
| LF3 | 1.5 | 3 | 2.5 | 14 | 80 | 45 | 33 | 5 | 1.7 |
| LF3 | 2.5 | | | 15 | 95 | 50 | | | 2 |
| LF6 | 2 | | 2 | 10 | 83 | 44 | | | 2.5 |
| LY12 | 2.5 | | | 13 | 140 | 52 | 36 | 8 | 2.6 |

## 4.4.3　铜及铜合金的钨极氩弧焊

工业生产中应用的铜及铜合金的种类很多，通常可分为纯铜、黄铜、青铜和白铜四大类。铜及铜合金与其他有色金属及不锈钢等材料一样，用传统的气焊和焊条电弧焊方法，达不到较高的焊接质量，近年来多采用钨极氩弧焊。

大多数的铜及铜合金在采用钨极氩弧焊时，电源采用直流正接，此时焊件熔深较大。对铝青铜、铍青铜等，为破除熔池表面氧化膜，应采用交流电源。在焊接含锌、锡、铝等元素的铜合金时，为防止合金元素蒸发和烧损，应选用交流电源或直流反接，并尽量采用较快的焊接速度、较粗的喷嘴和较大的氩气流量。

纯铜、青铜和白铜的钨极氩弧焊焊接工艺参数的选用如表4-24和表4-25所示。黄铜的手工钨极氩弧焊焊接工艺参数如表4-26所示。

表4-24　纯铜钨极氩弧焊焊接工艺参数

| 板厚/mm | 钨极直径/mm | 焊丝直径/mm | 焊接电流/A | 氩气流量/（L/min） | 预热温度/℃ | 备注 |
|---|---|---|---|---|---|---|
| 0.3～0.5 | 1 | — | 30～60 | 8～10 | 不预热 | 卷边接头 |

续表

| 板厚/mm | 钨极直径/mm | 焊丝直径/mm | 焊接电流/A | 氩气流量/(L/min) | 预热温度/℃ | 备注 |
|---|---|---|---|---|---|---|
| 1 | 2 | 1.6~2.0 | 120~160 | 10~12 | 不预热 | — |
| 1.5 | 2~3 | 1.6~2.0 | 140~180 | 10~12 | 不预热 | — |
| 2 | 2~3 | 2 | 160~200 | 14~16 | 不预热 | — |
| 3 | 3~4 | 2 | 200~240 | 14~16 | 不预热 | 单面焊双面成形 |
| 4 | 4 | 3 | 220~260 | 16~20 | 300~350 | 双面焊 |
| 5 | 4 | 3~4 | 240~320 | 16~20 | 350~400 | 双面焊 |
| 6 | 4~5 | 3~4 | 280~360 | 20~24 | 400~450 | — |
| 10 | 5~6 | 4~5 | 340~400 | 20~22 | 450~500 | — |
| 12 | 5~6 | 4~5 | 360~420 | 20~24 | 450~500 | — |

## 表4-25 青铜、白铜钨极氩弧焊焊接工艺参数

| 材料 | 板厚/mm | 钨极直径/mm | 焊丝直径/mm | 焊接电流/A | 氩气流量/(L/min) | 焊接速度/(mm/min) | 预热温度/℃ | 备注 |
|---|---|---|---|---|---|---|---|---|
| 铝青铜 | ≤1.5 | 1.5 | 1.5 | 25~80 | 10~16 | — | 不预热 | I形接头 |
| | 1.5~3 | 2.5 | 3 | 100~130 | 10~16 | — | 不预热 | I形接头 |
| | 3 | 4 | 4 | 130~160 | 16 | — | 不预热 | I形接头 |
| | 5 | 4 | 4 | 150~225 | 16 | — | 150 | Y形接头 |
| | 6 | 4~5 | 4~5 | 150~300 | 16 | — | 150 | Y形接头 |
| | 9 | 4~5 | 4~5 | 210~330 | 16 | — | 150 | Y形接头 |
| | 12 | 4~5 | 4~5 | 250~325 | 16 | — | 150 | Y形接头 |
| 锡青铜 | 0.3~1.5 | 3.0 | — | 90~150 | 12~16 | — | — | 卷边焊 |
| | 1.5~3 | 3.0 | 1.5~2.5 | 100~180 | 12~16 | — | — | I形接头 |
| | 5 | 4 | 4 | 160~200 | 14~16 | — | — | Y形接头 |
| | 7 | 4 | 4 | 210~250 | 16~20 | — | — | Y形接头 |
| | 12 | 5 | 5 | 260~300 | 20~24 | — | — | Y形接头 |

续表

| 材料 | 板厚/mm | 钨极直径/mm | 焊丝直径/mm | 焊接电流/A | 氩气流量/(L/min) | 焊接速度/(mm/min) | 预热温度/℃ | 备注 |
|---|---|---|---|---|---|---|---|---|
| 硅青铜 | 1.5 | 3 | 2 | 100 ~ 130 | 8 ~ 10 | — | 不预热 | I 形接头 |
| | 3 | 3 | 2 ~ 3 | 120 ~ 160 | 12 ~ 16 | — | 不预热 | I 形接头 |
| | 4.5 | 3 ~ 4 | 2 ~ 3 | 150 ~ 220 | 12 ~ 16 | — | 不预热 | Y 形接头 |
| | 6 | 4 | 3 | 180 ~ 250 | 16 ~ 20 | — | 不预热 | Y 形接头 |
| | 9 | 4 | 3 ~ 4 | 250 ~ 300 | 18 ~ 22 | — | 不预热 | Y 形接头 |
| | 12 | 4 | 4 | 270 ~ 330 | 20 ~ 24 | — | 不预热 | Y 形接头 |
| 白铜 | 3 | 4 ~ 5 | 1.5 | 310 ~ 320 | 12 ~ 16 | 350 ~ 450 | — | B10 自动焊, I 形接头 |
| | <3 | 4 ~ 5 | 3 | 300 ~ 310 | 12 ~ 16 | 130 | — | B10 手弧焊, I 形接头 |
| | 3 ~ 9 | 4 ~ 5 | 3 ~ 4 | 300 ~ 310 | 12 ~ 16 | 150 | — | B10 手弧焊, Y 形接头 |
| | <3 | 4 ~ 5 | 3 | 270 ~ 290 | 12 ~ 16 | 130 | — | B30 手弧焊, I 形接头 |
| | 3 ~ 9 | 4 ~ 5 | 5 | 270 ~ 290 | 12 ~ 16 | 150 | — | B30 手弧焊, Y 形接头 |

### 表 4 - 26 黄铜手工钨极氩弧焊焊接工艺参数

| 材料 | 板厚/mm | 钨极直径/mm | 焊接电流/A | 氩气流量/(L/min) | 预热温度/℃ | 坡口 |
|---|---|---|---|---|---|---|
| 普通黄铜 | 1.2 | 3.2 | 直流正接185 | 7 | 不预热 | 端接 |
| 锡黄铜 | 2 | 2.2 | 直流正接180 | 7 | 不预热 | V 形 |

# 第5章 熔化极氩弧焊

## 5.1 熔化极氩弧焊的特点及应用

1. **熔化极氩弧焊的分类** 熔化极氩弧焊是利用氩气或富氩气体作为保护介质,采用连续送进可熔化的焊丝,并以燃烧于焊丝与工件间的电弧作为热源的电弧焊。利用氩气或 氩气与氦气的混合气体作保护气体时,称为熔化极惰性气体保护焊。熔化极氩弧焊的示意如图 5-1 所示,其分类如表5-1所示。

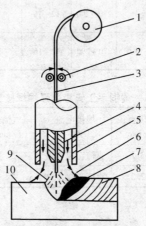

图 5-1 熔化极氩弧焊示意

1. 焊丝盘 2. 送丝滚轮 3. 焊丝 4. 导电嘴 5. 保护气体喷嘴
6. 保护气 7. 熔池 8. 焊缝金属 9. 电弧 10. 母材

表5-1 熔化极氩弧焊的分类

| 分类方法 | 类型 | 特点 |
|---|---|---|
| 按焊接电流分类 | 直流熔化极氩弧焊 | 采用直流反接，有利于实现喷射过渡，同时能产生"阴极破碎"作用。设备简单，电弧稳定 |
| | 脉冲熔化极氩弧焊 | 焊接参数的调节范围大，可有效地控制焊接线能量，有利于实现全位置焊接，热影响区及工件的变形小，焊缝质量好 |
| 按保护气体分类 | 熔化极氩气保护焊 | 采用的惰性气体氩、氦或氩气与氦气的混合气体，使焊接区域与空气隔离，电弧燃烧稳定，熔滴过渡平稳，飞溅小。最适于铝、铜、钛及它们的合金等有色金属的焊接 |
| | 熔化极混合气保护焊 | 保护气体由惰性气体和少量氧化性气体（如 $O_2$、$CO_2$ 或其混合气体）混合而成。在不改变或基本上不改变惰性气体电弧特性的条件下，进一步提高电弧稳定性，改善焊缝成形和降低电弧辐射强度。常用于低合金高强钢、不锈钢和耐热钢的焊接 |
| 按焊枪操作方式分类 | 半自动熔化极氩弧焊 | 焊工手持焊炬进行操作，设备简单，操作灵活，可焊接曲折的和狭窄部位的焊缝 |
| | 自动熔化极氩弧焊 | 电流密度大，电弧穿透力强，焊接速度快，焊件变形小，焊缝成形美观，接头质量高，劳动条件好 |

　　**2. 熔化极氩弧焊的特点和应用**　　熔化极氩弧焊已在焊接生产中得到了广泛应用。与常用的焊条电弧焊、钨极氩弧焊、$CO_2$ 气体保护焊等焊接方法相比，熔化极氩弧焊的特点如表5-2所示。

**表 5 – 2　熔化极氩弧焊的特点**

| | |
|---|---|
| 优点 | （1）惰性气体保护，几乎可以焊接所有的金属，如铝、镁、铜、钛、镍及它们的合金，以及碳钢、不锈钢、耐热钢等。焊接过程稳定，金属飞溅极少或根本不产生飞溅<br>（2）用熔化焊丝作电极，允许使用的电流密度较高，母材的熔深大，填充金属熔敷速度快。用于焊接厚度较大的铝、铜、钛等有色金属及它们的合金时，生产率较高、焊接变形小<br>（3）连续送丝，电流密度大，不需更换焊条的工序，焊道间不需要清渣，节省时间，生产效率高<br>（4）电弧是明弧，焊接过程参数稳定，易于检测及控制，容易实现自动化。目前，世界上绝大多数的弧焊机械手及机器人均采用这种焊接方法<br>（5）采用直流反接，电弧稳定，熔滴过渡均匀，飞溅少，焊缝成形好。采用亚射流过渡焊法焊接铝及铝合金时，亚射流电弧固有的自调节作用显著，过程稳定<br>（6）可以获得含氢量较低的焊缝金属<br>（7）通过采用短路过渡和脉冲进行全位置焊接；焊道之间不需清渣，可以用更窄的坡口间隙，实现窄间隙焊接，节省填充金属和提高生产率<br>（8）焊接中氧化烧损极少，只有少量的蒸发损失，焊接冶金过程比较单纯<br>（9）对氧化膜不敏感，焊接铝、镁及其合金时可以不采用具有强腐蚀性的熔剂，而依靠很强的"阴极破碎"作用，去除氧化膜，提高焊接质量。焊前几乎不需要去除氧化膜的工序<br>（10）焊接过程烟雾少，可以减轻对通风的要求 |
| 缺点 | （1）对焊丝及工件的油污、锈迹很敏感，容易生成气孔，焊前必须严格除油除锈<br>（2）惰性气体价格高，焊接成本高<br>（3）设备较复杂，对使用和维护要求较高<br>（4）与 $CO_2$ 气体保护焊相比，其熔深小，抗风能力弱，不宜于室外焊接 |

　　熔化极氩弧焊主要用于焊接不锈钢和有色金属。对于低熔点或低沸点金属如铅、锡、锌等，不宜用熔化极氩弧焊。此外，对于低碳钢来说，熔化极氩弧焊是一种相对昂贵的焊接方法。熔化极氩弧焊的应用范围如表 5 – 3 所示。

表 5 - 3 熔化极氩弧焊的应用范围

| 适用材料 | 碳钢、低合金钢、不锈钢、耐热合金钢、铝及铝合金、镁合金、铜及铜合金、钛及钛合金等，也用于锆、钽、钼等稀有金属及其合金的焊接。焊接钛及钛合金时，除要求正面保护良好外，焊缝背面也需要予以气体保护 |
| --- | --- |
| 焊接位置 | 可以进行任何接头位置的焊接，其中以平焊位置和横焊位置的焊接效率最高，其他焊接位置的效率也比焊条电弧焊的高 |
| 接头形式 | 主要用于焊接对接、T 形和搭接接头 |
| 适用板厚 | 可焊接薄板、中等厚度及大厚度的板材，焊接厚度最薄为 1 mm，最大厚度不受限制。如窄间隙的熔化极氩弧焊，采用单面焊时，可焊接板厚为 20 ~ 305 mm；采用双面焊时，最大厚度可达 560 mm |
| 应用范围 | 熔化极氩弧焊已广泛用于航空航天、原子能、石油化工、电力、机械制造、仪表、电子等工业领域 |

# 5.2 熔化极氩弧焊用焊丝和保护气体

## 5.2.1 焊丝

熔化极氩弧焊用焊丝主要分为钢焊丝和有色金属焊丝两大类。熔化极氩弧焊采用纯氩作保护气体时，焊丝中合金元素的烧损量很小，一般采用与母材成分相近的焊丝。有时为了改善母材的焊接性，提高接头强度，需要采用与母材成分不同的焊丝。采用氩 + 二氧化碳或氩与氧的混合气体代替纯氩焊接低碳钢与低合金高强度钢时，应选用专用混合气体钢焊丝，或脱氧元素比二氧化碳焊丝少的焊丝。

**1. 钢焊丝** 钢焊丝可以细分为碳素结构钢焊丝、合金结构钢焊丝和不锈钢焊丝。焊接低碳钢、低合金钢时可选用与母材化学成分相近的焊丝。几类熔化极氩弧焊用焊丝的牌号、特征及用途分别如表 5 - 4、表 5 - 5 所示。

表 5-4　熔化极氩弧焊用碳钢焊丝、低合金钢焊丝及珠光体耐热钢焊丝

| 类别 | 牌号 | 型号 | 用途及说明 |
|---|---|---|---|
| 碳钢焊丝 | MG50—4 | ER50—4 | 用于碳钢焊接，适用于薄板的高速焊接，可用于管子的向下立焊 |
| | MG50—6 | ER50—6 | 用于碳钢及 500 MPa 级高强度钢结构的焊接，可全位置施焊 |
| | MG50—G | ER50—G | 适用于高速焊接，尤其是薄板的高速焊接 |
| | TG50 | ER50—4 | 可用于焊接低碳钢及低合金钢，如 09Mn2V、16Mn 等；用于各种位置的管子打底焊及填充焊 |
| | TG50RE | — | |
| 低合金钢焊丝 | TG50M | | 适用于打底焊接。用于工作温度在 510 ℃ 以下的锅炉受热面管子及 450 ℃ 以下的蒸汽管道的打底焊接。也可用于焊接低合金高强度钢 |
| | TG50ML | | |
| 珠光体耐热钢焊丝 | TGR55CM | ER55—B2 | 可全位置焊接，适用于打底焊。用于工作温度在 510 ℃ 以下的管道、高压容器、石油炼制设备等。主要焊接含 Cr 量为 1.25 % 且含 Mo 量为 0.5% 的珠光体耐热钢，也可用于 30CrMnSi 铸钢件的修补及打底焊 |
| | TGR55CML | ER55—B2L | |
| | TGR55V | ER55—B2—MnV | 适于焊接含 Cr 量为 1.25%、含 Mo 量为 0.5% 且含少量 V 的珠光体耐热钢。用于工作温度在 510 ℃ 以下的锅炉受热面管子和 510 ℃ 以下的蒸汽管道、石化设备等的打底焊接 |
| | TGR55VL | — | |
| | TGR55WB | — | 适于焊接 CrMoWVB 珠光体耐热钢，可全位置焊接，适用于打底焊。用于工作温度在 510 ℃ 以下的 12Cr2MoWVB 钢制的蒸汽管道、过热器等的打底焊接 |
| | TGR55WBL | | |

续表

| 类别 | 牌号 | 型号 | 用途及说明 |
|------|------|------|-----------|
| 珠光体耐热钢焊丝 | TGR59C2M | ER62—B3 | 适于焊接含 Cr 量为 2.25% 且含 Mo 量为 1% 的珠光体耐热钢，可全位置焊接，适于打底焊接。用于工作温度在 510 ℃以下的锅炉受热面管子和工作温度在 510 ℃以下的高温高压蒸汽管道、合成化工机械、石油裂化设备等的打底焊接 |
|  | TGR59C2ML | ER62—B3L |  |

注：表中百分数（%）均指质量分数。

表 5 - 5　熔化极氩弧焊用不锈钢焊丝

| 类别 | 牌号 | 特征及用途 |
|------|------|-----------|
| 奥氏体型 | H0Cr21Ni10 | 用于焊接 304 钢，用于制造化工、石油等设备 |
|  | H00Cr21Ni10 | 焊接 304L 钢，用于核电压力容器内壁耐蚀层（第二层）的堆焊 |
|  | H1Cr24Ni13 | 焊接 309 钢，用于不锈钢与碳钢或不锈钢与低合金钢的异种钢焊接 |
|  | H1Cr26Ni21 | 用于焊接高温条件下工作的同类型耐热不锈钢及异种钢 |
|  | H0Cr26Ni21 | 用于高温条件下工作的耐热钢及 1Cr5Mo、1Cr13 等不能进行预热及后热处理钢的焊接 |
|  | H0Cr19Ni12Mo2 | 焊接 304 钢、316 钢 |
|  | H00Cr19Ni12Mo2 | 焊接化肥尿素、合成纤维等设备用的不锈钢结构及铬不锈钢、异种钢等 |
|  | H00Cr19Ni12Mo2Cu2 | 焊接耐海水、醋酸、甲酸等腐蚀介质的同类钢容器 |
|  | H0Cr20Ni14Mo3 | 用于重要的化工容器的焊接 |
|  | H0Cr20Ni10Ti | 用于 1Cr18Ni12Ti 耐热钢的焊接，耐热钢与碳钢异种钢的焊接及不锈铸钢的焊接 |
|  | H0Cr20Ni10Nb | 焊接 Cr18Ni8Nb 或 Cr18Ni8Ti 钢（347 钢或 321 钢） |

续表

| 类别 | 牌号 | 特征及用途 |
|------|------|------------|
| 铁素体型 | H1Cr17 | 用于焊接 1Cr17、1Cr17Ti、1Cr17Mo 等不锈钢 |
| 马氏体型 | H1Cr13 | 用于焊接 1Cr13、2Cr13 等不锈钢 |

2. **有色金属焊丝** 焊接铜、铝、钛、镍等及它们的合金时，一般采用与母材相当的填充金属作为熔化极氩弧焊的焊丝。常用铝及铝合金焊丝的型号及用途如表 5-6 所示，铜及铜合金焊丝型号及用途如表 5-7 所示。

表 5-6　常用铝及铝合金焊丝的型号及用途

| 牌号 | 型号 | 名称 | 化学成分代号 | 用途 |
|------|------|------|--------------|------|
| HS301 | SAl 1450 | 纯铝焊丝 | Al 99.5Ti | 气焊、氩弧焊时用以焊接纯铝及对接头性能要求不高的铝合金制件，耐蚀性良好，广泛应用于铝制设备上 |
| HS311 | SAl 4043 | 铝硅焊丝 | AlSi5 | 用于除铝镁合金以外的铝合金制件及铸铝件的气焊和氩弧焊，其熔点低、流动性好、易于操作、抗裂性较高 |
| HS321 | SAl 3103 | 铝锰焊丝 | AlMn1 | 用于铝锰合金及其他铝合金制件的气焊和氩弧焊，焊缝的耐蚀性较好 |
| HS331 | SAl 5556 | 铝镁焊丝 | AlMg5Mn1Ti | 用于铝镁合金制件的气焊和氩弧焊，也可用于铝锌镁和铝镁铸件的补焊。焊缝的耐蚀性和力学性能较高 |

表 5-7　常用铜及铜合金焊丝的型号及用途

| 型号 | 名称 | 化学成分代号 | 用途 |
|------|------|--------------|------|
| SCu1898 | 铜焊丝 | CuSn1 | 通常用于脱氧或电解铜的焊接 |

续表

| 型号 | 名称 | 化学成分代号 | 用途 |
|---|---|---|---|
| SCu4700 | 黄铜焊丝 | CuZn40Sn | 用于铜、铜镍合金的熔化极气体保护电弧焊和惰性气体保护电弧焊 |
| SCu6800 | | CuZn40Ni | 用于焊接铜、钢、铜镍合金、灰口铸铁以及镶嵌硬质合金刀具 |
| SCu6810A | | CuZn40SnSi | |
| SCu6560 | 硅青铜焊丝 | CuSi3Mn | 用于焊接铜硅和铜锌母材，以及它们与钢的焊接 |
| SCu5180 | 磷青铜焊丝 | CuSn5P | 用来焊接青铜和黄铜。如果焊缝中允许含锡，也可以用来焊接纯铜 |
| SCu5210 | | CuSn8P | |
| SCu6100 | 铝青铜焊丝 | CuAl7 | 用于耐磨表面、耐腐蚀介质，以及抗各种温度和浓度的常用的耐酸腐蚀材料的堆焊 |
| SCu6180 | | CuAl10Fe | 用来焊接类似成分的铝青铜、锰硅青铜，某些铜镍合金、铁基金属和异种金属。最通常的异种金属焊接是铝青铜与钢、铜与钢的焊接。也用于耐磨和耐腐蚀表面的堆焊 |
| SCu6240 | | CuAl11Fe3 | 用于焊接和补焊类似成分的铝青铜铸件，以及熔敷轴承表面和耐磨、耐腐蚀表面 |
| SCu6100A | | CuAl8 | 用于焊接和修补铸造的或锻造的镍铝青铜母材 |
| SCu6328 | | CuAl9Ni5Fe3Mn2 | |
| SCu6338 | | CuMn13Al8Fe3Ni2 | 用于焊接或修补类似成分的铸造的或锻造的母材，也可用于要求高抗腐蚀、浸蚀或气蚀处的表面堆焊 |
| SCu7158 | 白铜焊丝 | CuNi30Mn1FeTi | 用于焊接绝大多数的铜镍合金 |
| SCu7061 | | CuNi10 | |

### 5.2.2　保护气体的特点及选用

熔化极氩弧焊的保护气体可采用纯氩气或富氩气混合气体。富氩气混合气体是以氩气为主并加入少量的 $O_2$、$CO_2$ 等气体，使保护气体呈氧化性，可以分别起到细化熔滴、减少飞溅、促进电弧稳定、提高电弧温度及提高熔滴过渡的稳定性、增加熔深等作用。富氩气混合气体适用于碳钢、合金钢等的焊接。常用富氩气混合气体的特点及应用范围如表 5 - 8 所示。

表 5 - 8　常用富氩气混合气体的特点及应用范围

| 被焊材料 | 保护气体 | 化学性质 | 焊接方法 | 特点及应用范围 |
|---|---|---|---|---|
| 铝及其合金 | Ar + （20% ~ 90%）He<br>Ar + （20% ~ 90%）He | 惰性 | 熔化极<br>非熔化极 | 射流及脉冲射流过渡。电弧稳定，温度高，飞溅小，熔透能力大，焊缝成形好，气孔敏感性小。随着氦含量的增大，飞溅增大。适用于焊接厚铝板 |
| 不锈钢及高强度钢 | Ar + 2% $CO_2$ | 弱氧化性 | 熔化极 | 可简化焊前清理工作，电弧稳定，飞溅小，抗气孔能力强，焊缝力学性能好 |
| | Ar + （1% ~ 2%）$CO_2$ | 弱氧化性 | 熔化极 | 可提高熔池的氧化性，降低焊缝金属的含氢量，克服指状熔深问题及阴极飘移现象，改善焊缝成形，还可有效防止气孔、咬边等缺陷。用于射流电弧、脉冲射流电弧 |
| | Ar + 5% $CO_2$ + 2% $O_2$ | 弱氧化性 | 熔化极 | 提高了氧化性，熔透能力大，焊缝成形较好，但焊缝可能会增碳。用于射流电弧、脉冲射流电弧及短路电弧 |

续表

| 被焊材料 | 保护气体 | 化学性质 | 焊接方法 | 特点及应用范围 |
|---|---|---|---|---|
| 碳钢及低合金钢 | Ar + （1% ~5%）$O_2$ 或 Ar + 20% $O_2$ | 氧化性 | 熔化极 | 降低射流过渡临界电流值，提高熔池的氧化性，克服阴极漂移及指状熔深现象，改善焊缝成形；可有效防止氮气孔及氢气孔，提高焊缝的塑性及抗冷裂能力。用于对焊缝性能要求较高的场合，宜采用射流过渡 |
| | Ar + (20% ~30% )$CO_2$ | 氧化性 | 熔化极 | 可采用各种过渡形式，飞溅小，电弧燃烧稳定，焊缝成形较好，有一定的氧化性，克服了纯氩保护时阴极漂移及金属黏稠现象，防止指状熔深；焊缝力学性能优于纯氩作保护气体时的焊缝 |
| | Ar + 15% $CO_2$ + 5% $O_2$ | 氧化性 | 熔化极 | 可采用各种过渡形式，飞溅小，电弧稳定，成形好，有良好的焊接质量，焊缝断面形状及熔深较理想。该成分的气体是焊接低碳钢及低合金钢的最佳混合气体 |
| 铜及铜合金 | Ar + 20% $N_2$ | 惰性 | 熔化极 | 可形成稳定的射流过渡，电弧温度比纯氩电弧的温度高，热功率提高，可降低预热温度。但飞溅较大，焊缝表面较粗糙 |
| | Ar + (50% ~70% )He | 惰性 | 熔化极 | 采用射流过渡及短路过渡，热功率提高，可降低预热温度 |

| 被焊材料 | 保护气体 | 化学性质 | 焊接方法 | 特点及应用范围 |
|---|---|---|---|---|
| 镍及镍合金 | Ar + （15% ~20%） He | 惰性 | 熔化极非熔化极 | 可提高热功率，改善熔池金属的润湿性，改善焊缝成形 |
| | Ar +60% He | 惰性 | 非熔化极 | 可提高热功率，改善金属的流动性，抑制或消除焊缝中的 CO 气孔。焊缝美观，钨极损耗小、寿命长 |

注：表中百分数均指质量分数。

# 5.3 熔化极氩弧焊设备

## 5.3.1 设备组成

熔化极氩弧焊设备通常由弧焊电源、控制箱、送丝机构、焊枪、水冷系统及供气系统组成。自动熔化极氩弧焊设备还配有行走小车或悬臂梁等，而送丝机构及焊枪均安装在小车上或悬臂梁的机头上。图 5－3 为半自动熔化极氩弧焊的设备组成。

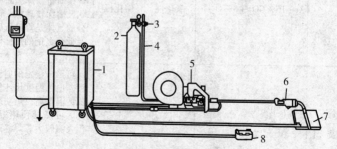

图 5－2 半自动熔化极氩弧焊的设备组成

1. 电源 2. 气瓶 3. 流量计和减压阀 4. 输气管 5. 送丝机构
6. 焊枪 7. 工件 8. 遥控盒

### 5.3.2 焊机的选用

对于规则的长焊缝，通常选用自动熔化极氩弧焊焊机进行焊接。而对于短焊缝、不规则焊缝等，一般采用半自动氩弧焊焊机进行焊接。薄板的焊接、全位置焊接及热敏感材料的焊接，通常选用脉冲熔化极氩弧焊焊机进行焊接。

### 5.3.3 工艺参数

熔化极氩弧焊的工艺参数主要有焊丝直径、焊接电流、焊接电压、焊接速度、焊丝伸出长度、保护气体的种类及流量、电源极性、焊枪倾角、焊接方向以及喷嘴高度等。

**1. 焊丝直径** 焊丝直径应根据工件的厚度、施焊位置来选择。薄板及空间位置的焊接通常采用细丝（直径 < 1.2 mm），平焊位置的中等厚板及大厚板的焊接通常采用 3.2 ~ 5.6 mm 的粗丝。

**2. 焊接电流** 熔化极氩弧焊通常采用直流反接，这种接法的优点是：熔滴过渡稳定，熔透能力大且阴极雾化效应大。实际焊接中，根据工件厚度、焊丝直径、焊接位置选择焊接电流。采用等速送丝焊机进行焊接时，焊接电流通过送丝速度来调节。表 5 - 9 列出了低碳钢熔化极氩弧焊的焊接电流范围。

**表 5 - 9 低碳钢熔化极氩弧焊的焊接电流范围**

| 焊丝直径<br>/mm | 焊接电流/A | 熔滴过渡<br>方式 | 焊丝直径<br>/mm | 焊接电流/A | 熔滴过渡<br>方式 |
|---|---|---|---|---|---|
| 1.0 | 40 ~ 150 | 短路过渡 | 1.6 | 270 ~ 500 | 射流过渡 |
| 1.2 | 80 ~ 180 | | 1.2 | 80 ~ 220 | 脉冲射流过渡 |
| 1.2 | 220 ~ 350 | 射流过渡 | 1.6 | 100 ~ 270 | |

**3. 焊接电压** 焊接电压应根据焊接电流、保护气体的成分、被焊材料的种类、熔滴过渡方式等进行选择。表 5 - 10 列出了熔化极氩弧焊采用不同保护气体时的焊接电压。

表 5 –10　熔化极氩弧焊采用不同保护气体时的焊接电压　（单位：V）

| 母材材质 | 自由过渡 (φ1.6 mm 焊丝) | | | | | 短路过渡 (φ0.9 mm 焊丝) | | | |
| --- | --- | --- | --- | --- | --- | --- | --- | --- | --- |
| | $CO_2$ | Ar + (1%~5%) $O_2$ | 25% Ar + 75% He | Ar | He | $CO_2$ | 75% Ar + 25% $CO_2$ | Ar + (1%~5%) $O_2$ | Ar |
| 碳钢 | 30 | 28 | — | — | — | 20 | 19 | 18 | 17 |
| 低合金钢 | | | | | | | | | |
| 不锈钢 | — | 26 | | 24 | | — | 21 | 19 | 18 |
| 镍 | — | | | | | — | | | |
| 镍 – 铜合金 | | | 28 | 26 | 30 | | | | 22 |
| 镍 – 铬 – 铁合金 | | | | | | | | | |
| 硅青铜 | | 28 | | | | | | | |
| 铝青铜 | | | 30 | 28 | 32 | | | | 23 |
| 磷青铜 | | 23 | | | | | | | |
| 铜 | | | 33 | 30 | 36 | | | | 24 |
| 铜 – 镍合金 | | | 30 | 28 | 32 | | | 22 | 23 |
| 铝 | | | 29 | 25 | 30 | | | | 19 |
| 镁 | | | 28 | 26 | | | | | 16 |

注：表中百分数均指质量分数。

4. **焊接速度**　焊接速度与焊接电流适当配合，才能获得良好的焊缝成形。在焊接热量输入不变的条件下，如果焊接速度过快，熔宽、熔深会减小，甚至产生咬边、未熔合、未焊透等缺陷。如果焊接速度过慢，不但直接影响生产率，还可能导致烧穿、焊接变形过大等缺欠。

自动熔化极氩弧焊的焊接速度一般为 25～150 m/h，半自动熔化极氩弧焊的焊接速度一般为 5～60 m/h。

5. **焊丝伸出长度**　焊丝伸出长度一般根据焊接电流的大小、焊丝直径及焊丝电阻率来选择，表 5 – 11 列出了几种焊丝伸出长度的推荐值。

表 5 – 11　焊丝伸出长度的推荐值

| 焊丝直径/mm | 焊丝伸出长度/mm | |
| --- | --- | --- |
| | H08Mn2SiA 焊丝 | H06Cr19Ni9Ti 焊丝 |
| 0.8 | 6～12 | 5～9 |
| 1.0 | 7～13 | 6～11 |

续表

| 焊丝直径/mm | 焊丝伸出长度/mm | |
| --- | --- | --- |
| | H08Mn2SiA 焊丝 | H06Cr19Ni9Ti 焊丝 |
| 1.2 | 8 ~ 15 | 7 ~ 12 |

6. **气体流量**　保护气体的流量一般根据电流的大小、喷嘴孔径及接头形式来选择。对于一定直径的喷嘴，有一最佳的流量范围。若流量过大，易产生紊流；流量过小，气流的挺度差，保护效果均不好。

7. **喷嘴至工件的距离**　喷嘴至工件的距离应根据电流的大小选择，如表5-12所示。距离过大，保护效果变差；距离过小，飞溅颗粒易堵塞喷嘴，且阻挡焊工的视线。

表5-12　喷嘴至工件的距离推荐值

| 电流大小/A | < 200 | 200 ~ 250 | 250 ~ 500 |
| --- | --- | --- | --- |
| 喷嘴至工件的高度/mm | 10 ~ 15 | 15 ~ 20 | 20 ~ 25 |

8. **焊丝的位置及角度**　焊丝的位置及角度会影响焊缝的形状和熔深。焊丝与工件之间的夹角如表5-13所示。

表5-13　焊丝与工件之间的夹角

| 位置名称 | 示意图 | 含义 | 角度 | 备注 |
| --- | --- | --- | --- | --- |
| 行走角 | | 在焊丝轴线和焊缝轴线所确定的平面内，焊丝轴线与焊缝轴线的垂线之间的夹角 | 行走角在15°~20°，一般不推荐大于25°。焊厚板时角度宜小些，以获得较大熔深；焊薄板时角度宜大些 | 焊丝相对于焊接方向向前倾斜的焊接方法为前倾焊接法，向后倾斜的称为后倾焊接法 |

续表

| 位置名称 | | 示意图 | 含义 | 角度 | 备注 |
|---|---|---|---|---|---|
| 工作角 | 对接 | 工作角 5~15° 或5~30° | 焊丝轴线与工件法线之间的夹角 | 对接焊缝的工作角最好为 5°~15° | 工作角随焊接位置及所焊工件的焊接层数和道数的不同而不同 |
| | 角接 | 工作角 45°~55° 焊丝直径 | | 角接焊缝在横焊时,工作角最好为45°~50° | |

### 5.3.4　熔化极氩弧焊熔滴过渡类型

熔化极氩弧焊时,熔滴的过渡类型对焊丝的熔敷速度、电弧的稳定性、飞溅的大小、焊缝的成形等都有影响。

熔化极气体保护焊的熔滴过渡类型及特点如表5-14所示。影响熔化极气体保护焊熔滴过渡的因素如表5-15所示。

表5-14　熔化极气体保护焊的熔滴过渡类型及特点(直流反接)

| 熔滴过渡类型 | 过渡方式 | 保护气体 | 电弧燃烧情况 | 熔滴大小 | 可焊位置 | 熔深 |
|---|---|---|---|---|---|---|
| 短路过渡 | 通过未脱离焊丝端部的熔滴与熔池接触(短路)使熔滴过渡到熔池 | 氩、氦或两者的混合气体 | 电弧间歇熄灭,但燃烧稳定,飞溅较小 | 大于焊丝直径 | 全位置 | 较浅 |

续表

| 熔滴过渡类型 | 过渡方式 | 保护气体 | 电弧燃烧情况 | 熔滴大小 | 可焊位置 | 熔深 |
|---|---|---|---|---|---|---|
| 颗粒过渡 | 熔滴通过电弧空间以重力加速度落至熔池 | 氩、氦或两者的混合气体 | 电弧有偶然短路熄灭，燃烧较不稳定，飞溅较大 | 大于焊丝直径 | 平焊 | 一般较短路过渡的深 |
| 射流过渡 | 熔滴以比重力加速度大得多的加速度射向熔池 | 氩或富氩混合气体 | 电弧燃烧稳定，飞溅很小 | 小于焊丝直径 | 平焊、向下立焊、全位置 | 较颗粒过渡的深 |

**表 5 - 15　熔化极气体保护焊熔滴过渡的影响因素**

| 影响因素 | 因影响因素而产生的不同 |
|---|---|
| 焊接电流 | 采用纯氩或富氩混合气体保护焊时，熔滴的过渡类型因焊接电流的提高而变化。当焊接电流较小时，为颗粒过渡，当焊接电流较大时，为射流过渡 |
| 电流极性 | 为了获得稳定而熔滴尺寸细小的颗粒过渡，通常采用直流反接。直流正接时，熔滴尺寸较大，颗粒过渡不太稳定 |
| 气体成分 | 在富氩气体保护下容易产生射流过渡。在氩与氦气混合气体中，获得稳定射流过渡的临界电流比纯氩时高。在多原子气体中焊接时，只能得到非轴向颗粒过渡 |
| 焊丝伸出长度 | 焊丝伸出长度大，可以获得稳定的射流过渡，并可降低临界电流。过大的焊丝伸出长度，会引起伸出的焊丝软化，使电弧不稳定 |
| 焊丝直径与导热性 | 焊丝直径越小，临界电流越低，越容易得到稳定的颗粒过渡或射流过渡<br>焊丝的导热性较强时，就不可能得到射流过渡 |

颗粒过渡因飞溅较大，焊接过程稳定性差，因此很少使用。短路过渡的电弧间隙小，电弧电压低，电弧功率比较低，仅用于薄板焊接。射流过渡是熔化极氩弧焊较常用的方法。

# 5.4 常用金属材料的熔化极氩弧焊

## 5.4.1 低碳钢和低合金结构钢的熔化极氩弧焊

低碳钢和低合金结构钢采用氩与二氧化碳的混合气体，配以硅锰焊丝如 H08Mn2SiA 等进行焊接，已得到日益广泛的应用。

1. **短路过渡焊接工艺参数** 短路过渡通常用于焊接薄板及全位置焊接，一般采用细焊丝、低电压和小电流，使用的保护气体主要是氩气与 50% $CO_2$ 混合气体。与 $CO_2$ 气体保护焊相比，其突出的特点是电弧稳定，飞溅小，焊缝成形好。其焊接参数如表 5 – 16 所示。

表 5 – 16 低碳钢、低合金结构钢短路过渡焊接的工艺参数

| 板厚/mm | 焊丝直径/mm | 间隙/mm | 焊丝伸出长度/mm | 焊接电流/A | 电弧电压/V | 焊接速度/（mm/min） |
|---|---|---|---|---|---|---|
| 0.4 | 0.4 | 0 | 5 ~ 8 | 20 | 15 | 40 |
| 0.6 | 0.4 ~ 0.6 | 0 | 5 ~ 8 | 25 | 15 | 30 |
| 0.8 | 0.6 ~ 0.8 | 0 | 5 ~ 8 | 30 ~ 40 | 15 | 40 ~ 55 |
| 1.2 | 0.8 ~ 0.9 | 0 | 6 ~ 10 | 60 ~ 70 | 15 ~ 16 | 300 ~ 500 |
| 1.6 | 0.8 ~ 0.9 | 0 | 6 ~ 10 | 100 ~ 110 | 16 ~ 17 | 400 ~ 600 |
| 3.2 | 0.8 ~ 1.2 | 1.0 ~ 1.5 | 10 ~ 12 | 120 ~ 140 | 16 ~ 17 | 250 ~ 300 |
| 4.0 | 1.0 ~ 1.2 | 1.0 ~ 1.2 | 10 ~ 12 | 150 ~ 160 | 17 ~ 18 | 200 ~ 300 |

2. **射流过渡焊接工艺参数** 以射流过渡形式焊接低碳钢、低合金结构钢中厚板时，可采用氩与氧气，氩与二氧化碳或氩、二氧化碳、氧的混合气体。射流过渡采用的焊接电流必须大于临界电流。几种常用直径的焊丝，其临界电流范围如表 5 – 17 所示。低碳钢、低合金钢富氩气体射流过渡焊接的合理应用范围如表 5 – 18 所示。

表 5 –17　不同焊丝直径的射流过渡焊接的临界电流范围

(单位：A)

| 保护气体 | 临界电流 | | | |
|---|---|---|---|---|
| | 0.8 mm | 1.2 mm | 1.6 mm | 2.0 mm |
| Ar +（20% ~25%）CO$_2$ | 220 ~280 | 380 ~440 | 440 ~500 | 520 ~600 |
| Ar +5% O$_2$ | 140 ~260 | 190 ~320 | 250 ~450 | 270 ~530 |

表 5 –18　低碳钢、低合金钢富氩气体射流过渡焊接的合理应用范围

| 保护气体 | 焊丝直径/mm | 板厚/mm | 焊接位置 | 备注 |
|---|---|---|---|---|
| Ar +（2% ~5%）O$_2$ | 0.7 ~1.2<br>0.7 ~1.2<br>1.6 ~4.0 | 1 ~4<br>5 ~50<br>5 ~50 | 全位置焊<br>立焊、仰焊、<br>平焊 | 立焊时从上向下<br>立焊时从下向上<br>— |
| Ar +（20% ~25%）CO$_2$<br>或 Ar +25% CO$_2$ +5% O$_2$ | 0.8 ~5.0 | 2 ~50 | 平焊 | |

**3. 脉冲射流过渡焊接工艺参数**　脉冲射流过渡焊接既可用于焊接薄板，也可用于焊接中厚板，特别适合全位置焊接，而且具有焊缝成形好、焊接质量高的优点。表 5 – 19 给出了低碳钢及低合金钢脉冲射流过渡焊接的工艺参数。

表 5 – 19　低碳钢及低合金钢脉冲射流过渡焊接的工艺参数

| 接头形式 | 板厚/mm | 焊脚/mm | 坡口形式 | 焊接顺序 | 焊接电流/A | 电弧电压/V | 焊接速度/(mm/min) |
|---|---|---|---|---|---|---|---|
| 对接 | 6 | — | | 1 | 170 | 26 | 300 |
| | | — | | 2 | 180 | 26 | 300 |
| | 9 | — | | 1 | 270 | 30 | 300 |
| | | — | | 2 | 290 | 31 | 300 |
| | 12 | — | | 1 | 280 | 31 | 400 |
| | | — | | 2 | 330 | 34 | 400 |

| 接头形式 | 板厚/mm | 焊脚/mm | 坡口形式 | 焊接顺序 | 焊接电流/A | 电弧电压/V | 焊接速度/(mm/min) |
|---|---|---|---|---|---|---|---|
| 对接 | 15 | — | | 根部焊道1 | 300 | 32 | 450 |
| | | | | 盖面焊道1 | 340 | 33 | 450 |
| | | | | 根部焊道2 | 300 | 32 | 450 |
| | | | | 盖面焊道2 | 280 | 31 | 450 |
| 角接 | 3.2 | 3~4 | | 1 | 150 | 27 | 600 |
| | 4.5 | 5 | | 1 | 170 | 27 | 400 |
| | 6.0 | 6 | | 1 | 200 | 28 | 400 |
| | 8 | 7 | | 1 | 250 | 30 | 350 |
| | 12 | 10 | | 1 | 180~200 | 26~27 | 450 |
| | | | | 2 | 180~200 | 26~28 | 450 |
| | | | | 3 | 180~200 | 26~27 | 450 |
| | 16 | 12 | | 1 | 220~230 | 26~28 | 450 |
| | | | | 2 | 220~230 | 26~28 | 450 |
| | | | | 3 | 210~220 | 26~28 | 450 |

**4. 粗丝大电流焊接工艺参数** 采用粗丝大电流熔化极混合气体保护焊来焊接低碳钢和低合金钢,是一种高效率的焊接方法。焊丝直径为4.0mm以上,常采用氩与二氧化碳的混合气体为保护气体,能够得到良好的焊缝成形。

在进行粗丝大电流熔化极混合气体保护焊时,应采用变速送丝式焊机,配以陡降外特性电源或恒流电源。在焊接过程中利用电弧电压自动调节作用，保持焊接过程的稳定性。为了提高焊接效率和焊接质量也可采用双丝焊接，可以根据需要，通过改变双丝的焊接参数来调节热输入的大小，并能改善热影响区的状态和性能。双丝大电流熔化极富氩混合气体保护焊的单面焊工艺参数如表 5-20 所示。

**表 5-20  双丝大电流熔化极富氩混合气体保护焊的单面焊工艺参数**

| 板厚/mm | 层数 | 焊丝位置 | 焊接电流/A | 电弧电压/V | 焊接速度/（mm/min） |
|---|---|---|---|---|---|
| 12 | 1 | 前导 | 825 | 29 | 450 |
|  |  | 后部 | 680 | 30 |  |
| 19 | 1 | 前导 | 830 | 29 | 300 |
|  |  | 后部 | 700 | 30 |  |
| 25 | 1 | 前导 | 840 | 33 | 300 |
|  | 2 | 前导 | 840 | 32 | 300 |
|  |  | 后部 | 840 | 29 |  |
| 备注 | 焊丝间距为 350 mm；焊丝角度前倾 10°；保护气体为 Ar + 10% $CO_2$；采用低碳钢焊丝，直径为 4.0 mm；低碳钢母材采用 V 形坡口，坡口角度为 45° | | | | |

## 5.4.2  不锈钢的熔化极氩弧焊

不锈钢工件常采用熔化极氩弧焊进行焊接。一般采用与母材成分相同的焊丝。保护气体主要采用氩气与质量分数为 1% ~5% 的氧气、氩气与质量分数为 2.5% ~10% 的二氧化碳气及氩气与质量分数为 30% ~50% 的氦气，后者用于焊厚大工件。为防止背面焊道表面被氧化，打底焊道及低层焊道焊接时，背面应附加氩气保护。

**1. 短路过渡焊接规范**　短路过渡用于焊接 1.6 ~3.0 mm 的不锈钢，通常选用直径为 0.6 ~1.2 mm 的焊丝，配合氩气与质量分数为 1% ~5% 的氧气或氩气与质量分数为 5% ~25% 的二氧化碳气。典型焊接规范如表 5-21 所示。

表 5 –21  不锈钢短路过渡熔化极氩弧焊焊接规范

| 板厚/mm | 接头形式 | 坡口形式 | 焊丝直径/mm | 焊接电流/A | 焊接电压/V | 焊接速度/(mm/min) | 送丝速度/(m/min) | 保护气体流量/(L/min) |
|---|---|---|---|---|---|---|---|---|
| 1.6 | T形接头 | I形坡口 | 0.8 | 85 | 15 | 425~475 | 4.6 | 10~15 |
| 2.0 | | | 0.8 | 90 | 15 | 325~375 | 4.8 | 10~15 |
| 1.6 | 对接 | I形坡口 | 0.8 | 85 | 15 | 375~525 | 4.6 | 10~15 |
| 2.0 | | | 0.8 | 90 | 15 | 285~315 | 4.8 | 10~15 |

**2. 喷射过渡焊接规范**  喷射过渡工艺可用于焊接厚度大于 3 mm 的不锈钢，通常选用直径为 1.2~2.4 mm 的焊丝，配合氩气与质量分数为 1%~2%的氧气或氩气与质量分数为 2.5%~5%的二氧化碳气。表 5 –22 和表 5 –23分别给出了对接接头和 T 形接头不锈钢喷射过渡熔化极氩弧焊的规范。

表 5 –22  对接接头不锈钢喷射过渡熔化极氩弧焊焊接规范

| 板厚/mm | 坡口形式及尺寸 | | | | 焊道层数 | 焊丝直径/mm | 焊接电流/A | 焊接电压/V | 焊接速度/(mm/min) | 保护气体流量/(L/min) |
|---|---|---|---|---|---|---|---|---|---|---|
| | 形式 | 间隙/mm | 坡口角度/(°) | 钝边/mm | | | | | | |
| 3.2 | I | 0~1.2 | — | — | 1 | 1.2 | 150~170 | 18~19 | 300~400 | 15 |
| | | | | | 1 | 1.2 | 200~220 | 22~23 | 500~600 | 15 |
| 4.5 | I | 0~1.2 | | | 1 | 1.2 | 160~180 | 20~21 | 300~350 | 20 |
| | | | | | | 1.2 | 220~240 | 23~24 | 500~600 | 20 |
| 6 | I | 0~1 | | | 1 | 1.6 | 280~300 | 28~30 | 400~500 | 20 |
| | V | 0 | 60 | 3 | 2 | 1.6 | 260~280 | 25~27 | 350~400 | 20 |
| 8 | I | 0~1 | | 0 | 1 | 1.6 | 300~350 | 30~34 | 400~450 | 20 |
| | V | 0~1 | 60 | 4~6 | 1 | 1.6 | 280~300 | 27~30 | 350~400 | 20 |
| | | | | | 2 | | 300~350 | | 350~400 | |
| 10 | I | 0~1 | — | — | 2 | 1.6 | 350~400 | 34~38 | 350~400 | 20 |
| | V | 0~1 | 60 | 5 | 1 | 1.6 | 300~350 | 30~34 | 300~350 | 20 |
| | | | | | 2 | | 350~400 | 34~40 | 400~500 | |
| 12 | V | 0~1 | 60 | 5~7 | 1 | 1.6 | 300~350 | 30~34 | 300~350 | 20 |
| | | | | | 2 | | 350~400 | 34~38 | 300~350 | |

续表

| 板厚/mm | 坡口形式及尺寸 | | | | 焊道层数 | 焊丝直径/mm | 焊接电流/A | 焊接电压/V | 焊接速度/(mm/min) | 保护气体流量/(L/min) |
|---|---|---|---|---|---|---|---|---|---|---|
| | 形式 | 间隙/mm | 坡口角度/(°) | 钝边/mm | | | | | | |
| 12 | 双V | 0~1 | 60 | 6 | 2 (1/2) | 1.6 | 330~350 | 33~35 | 300~350 | 20 |
| | | | | | | | 350~400 | 34~38 | 300~350 | 20 |

表 5-23 T 形接头不锈钢喷射过渡熔化极氩弧焊焊接规范

| 板厚/mm | 坡口形式及尺寸 | | | | 焊道层数 | 焊丝直径/mm | 焊接电流/A | 焊接电压/V | 焊接速度/(mm/min) | 保护气流量/(L/min) |
|---|---|---|---|---|---|---|---|---|---|---|
| | 形式 | 间隙/mm | 坡口角度/(°) | 焊脚尺寸/mm | | | | | | |
| 1.6 | I | 0 | | 3~4 | 1 | 0.9 | 90~110 | 15~16 | 400~500 | 15 |
| 2.3 | | 0~0.8 | | 3~4 | 1 | 0.9 | 110~130 | 15~16 | 400~500 | 15 |
| 3.2 | | 0~1.2 | | 4~5 | 1 | 1.2 | 220~240 | 22~24 | 350~400 | 15 |
| 4.5 | | 0~1.2 | | 4~5 | 1 | 1.2 | 220~240 | 22~24 | 350~400 | 15 |
| 6 | | 0~1.2 | | 5~6 | 1 | 1.6 | 250~300 | 25~30 | 350~400 | 20 |
| 8 | | 0~1.6 | | 6~7 | 1 | 1.6 | 280~330 | 27~33 | 350~400 | 20 |
| 10 | 单V | 0~1.2 | 45 | — | 2~3 | 1.6 | 250~300 | 25~30 | 300~400 | 20 |
| 12 | | | | — | | | | | | |

**3. 熔化极脉冲氩弧焊焊接规范** 熔化极脉冲氩弧焊通常用来焊接空间位置接头、要求变形小的接头及对热敏感的不锈钢接头。表 5-24 给出了不锈钢熔化极脉冲氩弧焊的规范。

表 5-24 不锈钢熔化极脉冲氩弧焊焊接规范

| 板厚/mm | 坡口形式 | 焊接位置 | 焊丝直径/mm | 脉冲电流/A | 平均电流/A | 电弧电压/V | 焊接速度/(mm/min) | 保护气体流量/(L/min) |
|---|---|---|---|---|---|---|---|---|
| 1.6 | I | 平焊 | 1.2 | 120 | 65 | 22 | 600 | 20 |
| | I | 横焊 | 1.2 | 120 | 65 | 22 | 600 | 20 |
| | 90°，V | 立焊 | 0.8 | 80 | 30 | 20 | 600 | 20 |
| | I | 仰焊 | 1.2 | 120 | 65 | 22 | 700 | 20 |

| 板厚/mm | 坡口形式 | 焊接位置 | 焊丝直径/mm | 脉冲电流/A | 平均电流/A | 电弧电压/V | 焊接速度/(mm/min) | 保护气体流量/(L/min) |
|---|---|---|---|---|---|---|---|---|
| 3.0 | I | 平焊 | 1.2 | 200 | 70 | 25 | 600 | 20 |
| | I | 横焊 | 1.2 | 200 | 70 | 24 | 600 | 20 |
| | 90°，V | 立焊 | 1.2 | 120 | 50 | 21 | 600 | 20 |
| | I | 仰焊 | 1.6 | 200 | 70 | 24 | 650 | 20 |
| 6.0 | 60°，V | 平焊 | 1.6 | 200 | 70 | 24 | 360 | 20 |
| | 60°，V | 横焊 | 1.6 | 200<br>180 | 70<br>70 | 23<br>24 | 450<br>450 | 20<br>20 |
| | 60°，V | 立焊 | 1.2 | 180<br>90 | 70<br>50 | 23<br>19 | 60<br>15 | 20<br>20 |
| | 60°，V | 仰焊 | 1.2 | 180<br>120 | 70<br>60 | 23<br>20 | 60<br>20 | 20<br>20 |

### 5.4.3 铝及铝合金的熔化极氩弧焊

焊接铝及铝合金时，通常采用交流电源或直流反接电源。保护气体选择氩气，或氩气与氦气的混合气体。当板厚小于 25 mm 时，采用纯氩气；当板厚为 25 ~ 50 mm 时，采用氩气与质量分数为 10% ~35% 的氦气混合气体；当板厚为 50 ~75 mm 时，宜采用氩气与质量分数为 10% ~35% 的氦气，或氩气与质量分数为 50% 的氦气的混合气体；当板厚大于 75 mm 时，推荐使用氩气与质量分数为 50% ~75% 的氦气的混合气体。

焊丝的选择一般应按照成分相同的原则选择。根据板厚不同，可采用短路过渡、喷射过渡、脉冲过渡或大电流喷射过渡等方法进行焊接。

1. 短路过渡焊接规范　2 mm 以下的薄板通常采用 0.8 ~1.2 mm 的焊丝，通过短路过渡工艺进行焊接，铝及铝合金薄板短路过渡熔化极氩弧焊规范如表 5 – 25 所示。

表 5 - 25　铝及铝合金薄板短路过渡熔化极氩弧焊焊接规范

| 板厚<br>/mm | 接头及坡口形式 | 坡口间隙 | 焊接位置 | 焊接电流/A | 焊接电压/V | 焊接速度<br>/(mm/min) | 焊丝直径/mm | 送丝速度<br>/(m/min) | 保护气体流量<br>/(L/min) |
|---|---|---|---|---|---|---|---|---|---|
| 2 | 对接、I形坡口 | 0～0.5 | 全位置 | 70～85 | 14～15 | 400～600 | 0.8 | — | 15 |
| | | | 平焊 | 110～120 | 17～18 | 1 200～1 400 | 1.2 | 5.0～6.2 | 15～18 |
| 1 | T形接头、I形坡口 | 0～0.2 | 全位置 | 40 | 14～15 | 500 | 0.8 | — | 14 |
| 2 | | | 全位置 | 70 | 14～15 | 300～400 | 0.8 | — | 10 |
| | | | | 80～90 | 17～18 | 800～900 | | 9.5～10.5 | 14 |

**2. 喷射过渡焊接规范**　对于厚度不小于 4 mm 的工件, 一般采用 1.6～2.4 mm 的焊丝, 选择喷射过渡工艺进行焊接。喷射过渡焊接时采用恒压电源与等速送丝相配合, 利用焊接电源电弧的自身调节作用, 维持稳定的射流。

对接接头铝合金喷射过渡熔化极氩弧焊焊接规范如表 5 - 26 所示。T 形接头铝合金喷射过渡熔化极氩弧焊焊接规范如表 5 - 27 所示。

表 5 - 26　对接接头铝合金喷射过渡熔化极氩弧焊焊接规范

| 板厚<br>/mm | 坡口形式及尺寸 | | | | 焊道层数 | 焊丝直径<br>/mm | 焊接电流/A | 焊接电压/V | 焊接速度<br>/(mm/min) | 保护气体流量<br>/(L/min) |
|---|---|---|---|---|---|---|---|---|---|---|
| | 形式 | 间隙<br>/mm | 坡口角度<br>/(°) | 钝边<br>/mm | | | | | | |
| 4 | I | 0～2 | — | — | 1 | 1.6 | 170～210 | 22～24 | 550～750 | 16～20 |
| | I | 0～2 | — | — | 2 | 1.6 | 160～190 | 22～25 | 600～900 | 16～20 |
| 6 | I | 0～2 | — | — | 1 | 1.6 | 230～270 | 24～27 | 400～550 | 20～24 |
| | V | 0～2 | 60 | 0～2 | 2 | 1.6 | 170～190 | 23～26 | 600～700 | 20～24 |
| 8 | V | 0～2 | 60 | 0～2 | 2 | 1.6 | 240～290 | 25～28 | 450～600 | 20～24 |
| | 双 V | 1～2 | 60 | 1～3 | 2 | 1.6 | 250～290 | 24～27 | 450～550 | 20～24 |
| 10 | V | 0～2 | 60 | 0～2 | 3 | 1.6 | 240～260 | 25～28 | 400～600 | 20～24 |
| | 双 V | 0～2 | 60 | 1～3 | 2 | 1.6 | 290～330 | 25～29 | 450～650 | 24～30 |
| 12 | V | 2～3 | 60 | 1～2 | 4 | 1.6 或 2.4 | 230～260 | 25～28 | 350～600 | 20～24 |
| | 双 V | 1～3 | 60 | 2～3 | 4 | 2.4 | 320～350 | 25～28 | 350～450 | 20～24 |
| 16 | 双 V | 1～3 | 90 | 2～3 | 4 | 2.4 | 310～350 | 26～30 | 300～400 | 24～30 |

表 5－27　T形接头铝合金喷射过渡熔化极氩弧焊焊接规范

| 板厚 /mm | 坡口形式及尺寸 | | 焊道层数 | 焊丝直径/mm | 焊接电流/A | 焊接电压/V | 焊接速度 /(mm/min) | 保护气体流量/(L/min) |
| --- | --- | --- | --- | --- | --- | --- | --- | --- |
| | 形式 | 焊脚尺寸/mm | | | | | | |
| 3 | I | 5～7 | 1 | 1.2 | 120～140 | 21～23 | 700～800 | 16 |
| 4 | I | 5～8 | 1 | 1.2 或 1.6 | 160～180 | 22～24 | 350～500 | 16～18 |
| 6 | I | 6～8 | 1 | 1.6 或 2.4 | 220～250 | 24～26 | 500～600 | 16～24 |
| 8 | I | 8～9 | 1 | 2.4 | 250～280 | 25～27 | 400～550 | 20～28 |
| 8 | K | — | 2～4 | 2.4 | 240～270 | 24～26 | 550～600 | 20～28 |
| 10 | K | — | 4～6 | 2.4 | 250～280 | 25～27 | 500～600 | 20～28 |
| 12 | K | — | 4～6 | 2.4 | 270～300 | 25～27 | 450～600 | 20～28 |

**3. 大电流喷射过渡焊接规范**　大电流喷射过渡熔化极氩弧焊是为了提高厚铝板的焊接生产率而出现的一种工艺方法，主要用于焊接厚度大于 15 mm 的工件。由于使用大电流喷射过渡工艺易产生起皱缺陷，所以这时应该使用较大的焊丝直径（$\phi$3.5～6.4 mm）和双层气流保护。铝合金大电流喷射过渡熔化极氩弧焊焊接规范如表 5－28 所示。表中当保护气为氩气和氦气时，内喷嘴采用氩气和 50% 氦气，外喷嘴采用纯氩气。

表 5－28　铝合金大电流喷射过渡熔化极氩弧焊焊接规范

| 板厚 /mm | 接头形式 | 焊道层数 | 焊丝直径/mm | 焊接电流/A | 焊接电压/V | 焊接速度 /(mm/min) | 保护气体 | 保护气体流量 /(L/min) |
| --- | --- | --- | --- | --- | --- | --- | --- | --- |
| 15 | 对接接头（不开坡口） | 2 | 2.4 | 400～430 | 28～29 | 400 | Ar | 80 |
| 20 | | 2 | 3.2 | 440～460 | 29～30 | 400 | Ar | 80 |
| 25 | | 2 | 3.2 | 500～550 | 29～30 | 300 | Ar | 100 |
| 25 | 对接接头（双面V形坡口） | 2 | 3.2 | 480～530 | 29～30 | 300 | Ar | 100 |
| 25 | | 2 | 4.0 | 560～610 | 35～36 | 300 | Ar＋He | 100 |
| 35 | | 2 | 4.0 | 630～660 | 30～31 | 250 | Ar | 100 |
| 45 | | 2 | 4.8 | 780～800 | 37～38 | 250 | Ar＋He | 150 |
| 50 | | 2 | 4.0 | 700～730 | 32～33 | 150 | Ar | 150 |
| 60 | | 2 | 4.8 | 820～850 | 38～40 | 200 | Ar＋He | 180 |

续表

| 板厚 /mm | 接头形式 | 焊道 层数 | 焊丝 直径 /mm | 焊接 电流/A | 焊接 电压/V | 焊接速度 /(mm/min) | 保护气体 | 保护气 体流量 /(L/min) |
|---|---|---|---|---|---|---|---|---|
| 50 | 对接接头 （双面 V 形 坡口） | 2 | 4.8 | 760 ~ 780 | 37 ~ 38 | 200 | Ar + He | 150 |
| 60 | | 2 | 5.6 | 940 ~ 960 | 41 ~ 42 | 180 | Ar + He | 180 |
| 75 | | 2 | 5.6 | 940 ~ 960 | 41 ~ 42 | 180 | Ar + He | 180 |

**4. 脉冲喷射过渡焊接规范** 焊接热敏感性强的热处理强化铝合金或空间位置的接头时，最好选择脉冲喷射过渡工艺。铝合金熔化极脉冲氩弧焊的典型焊接规范如表 5 - 29 所示。

**表 5 - 29　铝合金熔化极脉冲氩弧焊的典型焊接规范**

| 板厚 /mm | 接头 形式 | 焊接位置 | 焊丝 直径/mm | 焊接 电流/A | 电弧 电压/V | 焊接速度 /(mm/min) | 保护气体流量 /( L/min) |
|---|---|---|---|---|---|---|---|
| 3 | 对接 | 水平焊 | 1.4 ~ 1.6 | 70 ~ 100 | 18 ~ 20 | 210 ~ 240 | 8 ~ 9 |
| | | 横焊 | 1.4 ~ 1.6 | 70 ~ 100 | 18 ~ 20 | 210 ~ 240 | 13 ~ 15 |
| | | 向下立焊 | 1.4 ~ 1.6 | 60 ~ 80 | 17 ~ 18 | 210 ~ 240 | 8 ~ 9 |
| | | 仰焊 | 1.2 ~ 1.6 | 60 ~ 80 | 17 ~ 18 | 180 ~ 210 | 8 ~ 10 |
| 4 ~ 6 | 角接 | 水平焊 | 1.6 ~ 2.0 | 180 ~ 200 | 22 ~ 23 | 140 ~ 200 | 10 ~ 12 |
| | | 向上立焊 | 1.6 ~ 2.0 | 150 ~ 180 | 21 ~ 22 | 120 ~ 180 | 10 ~ 12 |
| | | 仰焊 | 1.6 ~ 2.0 | 120 ~ 180 | 20 ~ 22 | 120 ~ 180 | 8 ~ 12 |
| 14 ~ 25 | 角接 | 向上立焊 | 2.0 ~ 2.5 | 220 ~ 230 | 21 ~ 24 | 60 ~ 150 | 12 ~ 25 |
| | | 仰焊 | 2.0 ~ 2.5 | 240 ~ 300 | 23 ~ 24 | 60 ~ 120 | 14 ~ 26 |

# 第6章 CO$_2$气体保护焊

## 6.1 CO$_2$气体保护焊的特点及应用

CO$_2$气体保护焊是以CO$_2$作为保护气体的熔化极气体保护焊方法，其焊接过程如图6-1所示。

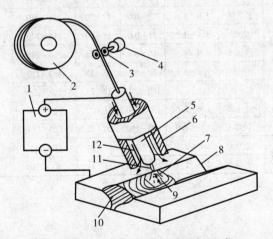

图6-1 CO$_2$气体保护焊的焊接过程示意

1. 焊接电源 2. 焊丝盘 3. 送丝轮 4. 送丝电动机 5. 导电嘴 6. 喷嘴
7. 电弧 8. 母材 9. 熔池 10. 焊缝金属 11. 焊丝 12. 保护气体

## 1. CO$_2$ 气体保护焊的特点（表 6－1）

### 表 6－1　CO$_2$ 气体保护焊的特点

| | |
|---|---|
| CO$_2$ 气体保护焊的优点 | （1）生产率高，电弧穿透力强，对厚度为 10 mm 左右的钢板可以开 I 形坡口并一次焊透<br>（2）焊接变形小，电流密度高，电弧热量集中，受热面积小，焊件焊后变形小<br>（3）对油、锈敏感性较低，可以减少焊件及焊丝的清理工作<br>（4）焊缝中含氢量少，在焊接低合金高强度钢时冷裂纹倾向小<br>（5）短路过渡技术可用于全位置及其他空间焊缝的焊接<br>（6）操作简单，容易掌握<br>（7）CO$_2$ 气体和焊丝成本低<br>（8）电弧可见性良好，易于对准焊缝和掌握熔池熔化与焊缝成形的过程 |
| CO$_2$ 气体保护焊的缺点 | （1）焊接过程中，合金元素烧损<br>（2）CO$_2$ 气体保护焊的焊机价格比焊条电弧焊的高<br>（3）焊接过程中飞溅较大<br>（4）室外作业时，抗风能力比焊条电弧焊弱<br>（5）准备时间较焊条电弧焊长，在经常流动的焊接现场，不如焊条电弧焊的机动性好<br>（6）拉丝式焊枪比焊条电弧焊的焊枪重，焊工在焊接过程中劳动强度大，易疲劳 |

**2. CO$_2$ 气体保护焊的分类及应用**　CO$_2$ 气体保护焊的分类及应用如图 6－2 所示。

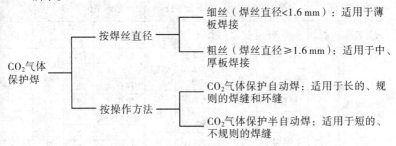

图 6－2　CO$_2$ 气体保护焊的分类及应用

CO$_2$ 气体保护焊主要用于焊接低碳钢、低合金钢等黑色金属，还可以用于耐磨零件的堆焊、补焊等。CO$_2$ 气体保护焊在造船、机车制造、汽车制造、石油化工、工程机械、农机制造等领域广泛应用，是发展较快的一项焊接技术。

# 6.2 $CO_2$ 气体保护焊的焊机

$CO_2$气体保护焊的焊机有自动焊机和半自动焊机两大类别。自动焊机是由焊接电源、送丝机构、焊炬、气路系统和控制系统等部分组成的。通常送丝机构、行走机构和焊炬组装在一起，称为焊接小车。气路系统包括减压表、预热器、干燥器和流量计等。$CO_2$气体保护焊的半自动焊机没有行走机构，其他部分与自动焊机基本相同。

参照 GB 10249—88《焊机型号的编制方法》，熔化极气体保护焊焊机（包括 $CO_2$ 气体保护焊机）的型号表示方法如下：

```
× × × × × — × ×
```
第一字位 第二字位 第三字位 第四字位 第五字位 第六字位 第七字位

型号中的第五、六、七字位用阿拉伯数字表示，代表额定焊接电流。其他各字位所代表的意义如表 6-2 所示。

表6-2 熔化极气体保护焊焊机的型号代码

| 第一字位 | | 第二字位 | | 第三字位 | | 第四字位 | | 第五、六、七字位 | |
|---|---|---|---|---|---|---|---|---|---|
| 大类名称 | 代表字母 | 小类名称 | 代表字母 | 附注特征 | 代表字母 | 系列序号 | 数字序号 | 基本规格 | 单位 |
| 熔化极气体保护焊 | N | 自动焊 | Z | 氢气及混合气体保护焊 | 省略 | 焊车式 | 省略 | 额定焊接电流 | A |
| | | 半自动焊 | B | | | 全位置焊车式 | 1 | | |
| | | 螺柱焊 | C | | | 横臂式 | 2 | | |
| | | 点焊 | D | 氢气及混合气体保护脉冲焊 | M | 机床式 | 3 | | |
| | | 堆焊 | U | | | 旋转焊头式 | 4 | | |
| | | 切割 | C | 二氧化碳焊 | C | 台式 | 5 | | |
| | | | | | | 机械手式 | 6 | | |
| | | | | | | 变位式 | 7 | | |

部分国产半自动化 $CO_2$ 气体保护焊的焊机型号和技术数据如表 6-3 所示；自动化 $CO_2$ 气体保护焊的焊机型号和技术数据如表 6-4 所示。

表 6-3　部分国产半自动化 CO₂ 气体保护焊的焊机型号和技术数据

| | 型号 | YM—160SLSHCE | NBC—200 | NBC—300 | MM—200S | MARKER Ⅲ—350 | NBC1—400 | NBC—500 | NBC5—500 |
|---|---|---|---|---|---|---|---|---|---|
| 输入 | 电源电压/V | 380 | 220/380/440 | 380 | 380 | 380 | 380 | 220 | 380 |
| | 频率/Hz | 50 | 50/60 | 50/60 | 50 | 50 | 50 | 50 | 50 |
| | 相数 | 3 | 1 | 3 | 3 | 3 | 3 | 1 | 3 |
| 空载电压/V | | 16~26 | 19.5~30 | 16~36 | 42 | 36 | 22~66 | 75 | 15~42 |
| 工作电压/V | | — | — | — | 28 | 15~36 | 15~42 | 15~40 | — |
| 额定容量/(kV·A) | | 6.1 | 5.4 | 11 | 9.15 | 20 | — | — | 60 |
| 负载持续率/% | | 30 | 70 | 60 | 60 | 50 | 60 | 60 | 60 |
| 焊接电流调节范围/A | | 20~160 | 40~200 | 40~300 | — | 40~350 | 80~400 | 50~500 | 500 |
| 额定焊接电流/A | | — | 200 | 300 | 200 | 350 | 400 | 500 | 500 |
| 焊丝直径/mm | | 0.6,0.8 | 0.6,0.8,1.0 | 0.8~1.4 | 0.8~1.2 | 0.8,1.0,1.2,1.4 | 1.2~1.6 | 1.2~12 | 1.6~2.0 |
| 送丝速度/(m/h) | | — | 90~540 | 960 | 90~888 | — | 80~800 | 480 | 80~800 |
| 气体流量/(L/min) | | — | 6~12 | 20 | — | — | 25 | — | — |
| 焊丝盘容量/kg | | — | 0.7 | 2.5 | — | — | 18 | — | — |
| 质量/kg | 弧焊电源 | 49 | 95 | 63 | — | — | 500 | — | 110 |
| | 送丝机 | — | — | | — | 12 | | 25 | — |
| | 焊炬 | — | — | | — | 0.5 | — | — | 1.3 |
| 外形尺寸/mm | 弧焊电源 | 300×439×510 | 1 016×480×884 | 360×550×615 | 360×550×615 | — | 830×760×980 | — | 360×540×870 |
| | 送丝机 | — | — | | | 610×230×470 | 500×220×380 | 540×340×400 | |
| | 焊炬 | — | — | — | | | — | | |
| 用途 | | 用于焊接厚度在4.5 mm以下的低碳钢及低合金钢的中、薄板 | 用于焊接0.6~4 mm厚的低碳钢及低合金钢 | 用于焊接1~10 mm厚的低碳钢的低合金钢 | 一体化焊机,用于焊接低碳钢、低合金钢 | 用于焊接黑色金属的中厚板 | 用于焊接低碳钢及低合金钢 | 用于焊接厚度为1.2~2.0 mm的低碳钢及低合金钢 | 用于焊接厚度在1.2~2 mm以上的低碳钢及低合金钢 |

表6-4　自动化 $CO_2$ 气体保护焊焊机型号及技术数据

| 型号 | | NZC—500—1 | NZC—1000 | NZCA—1 | NQZCA—2×400 | NZC—315 |
|---|---|---|---|---|---|---|
| 输入 | 电源电压/V | 380 | 380 | 380 | 380 | 380 |
| | 频率/Hz | 50 | 50 | 50 | 50 | 50 |
| | 相数 | 3 | 3 | 3 | 3 | 3 |
| 空载电压/V | | — | 70~90 | — | — | — |
| 工作电压/V | | — | 30~50 | 18~24 | 18~45 | 30(额定) |
| 额定容量/(kV·A) | | 34 | 100 | — | 32 | — |
| 负载持续率/% | | 60 | 60 | — | — | 60 |
| 焊接电流调节范围/A | | — | 200~1 000 | — | 80~400 | — |
| 额定焊接电流/A | | 500 | 1 000 | 300 | 400(最大) | 315 |
| 焊丝直径/mm | | 1~2 | 3~5 | 1~2 | 1~1.2 | 0.8~1.2 |
| 送丝速度/(m/h) | | 96~960 | 60~228 | 120~420 | 400(最大) | 120~800 |
| 焊接速度/(m/h) | | 18~120 | 10~180 | 7.2~27.6 | — | 25~130 |
| 气体流量/(L/min) | | 10~20 | — | 30(保护气为 $CO_2$ + Ar) | 20×2 | — |
| 焊炬位移/mm | 横向 | ±25 | ±30 | 60 | 0~50 | — |
| | 垂直 | >70 | 90 | 40 | 0~40 | — |

续表

| 型号 | | NZC—500—1 | NZC—1000 | NZCA—1 | NQZCA—2×400 | NZC—315 |
|---|---|---|---|---|---|---|
| 焊炬倾斜角/(°) | 前后倾斜角 | >120.10 | 45 | — | 0～360 | — |
| | 侧面倾斜角 | >±90 | ±90 | — | 0～270 | — |
| 焊炬绕垂直轴的回转角/(°) | | >300 | 350 | — | 0～270 | — |
| 质量/kg | 弧焊电源 | — | 800 | — | — | — |
| | 焊接小车 | 25 | 50 | — | — | 8 |
| | 控制箱 | 110 | — | — | — | — |
| 外形尺寸/mm | 弧焊电源 | — | 950×650×1500 | — | 725×725×1150 | — |
| | 焊接小车 | 625×310×800 | 900×370×880 | — | 180×180×100 | — |
| | 控制箱 | 950×610×890 | — | — | 120×100×248 | — |
| 用途 | | 用于低碳钢及低合金钢的对接及角接焊缝的自动焊 | 用于低碳钢、低合金钢的开坡口或不开坡口对接焊缝及角接焊缝的自动焊 | 用于高温、高压厚壁管道、输油管道及各种容器的自动焊 | 用于焊接厚度为4～40 mm的各种低碳钢及低合金钢的对接焊缝、角接焊缝的焊接 | 用于中、薄板构件的直焊缝、角焊缝的焊接 |
| 备注 | | — | 配用 ZPC7—1000型电源 | 该焊机为全位置自动焊机 | 该焊机为全位置置双丝焊机 | — |

# 6.3 $CO_2$ 气体保护焊的焊接材料

1. **$CO_2$ 气体**　$CO_2$ 气体是一种无色、无味的气体，在标准状况下，密度为 0.201 7 $kg/m^3$，为空气的 1.5 倍。一般将 $CO_2$ 气瓶漆成黑色，上写黄色"二氧化碳"字样。焊接用的 $CO_2$ 气体必须有较高的纯度，一般要求不低于 99.5%，其露点低于 $-40℃$。为了减少气体中的水分，可将新灌的气瓶倒立 1～2 h，打开瓶阀，将水排出，然后关闭瓶阀，将瓶正放，使用前再放气2～3 min。在使用压力低的 $CO_2$ 气体焊接时，由于焊缝中容易产生气孔，所以要求瓶内压力不低于 $0.98×10^6$ Pa。

2. **焊丝**　表6-5列出了常用的 $CO_2$ 气体保护焊丝的牌号、化学成分及用途，其中在焊丝牌号最后标有字母"A"的，表示该焊丝对化学成分的杂质元素要求更严格，即 S、P 含量更要低。H08Mn2SiA 焊丝目前应用最广。在实际生产当中，有些要求更高的产品，甚至不允许焊缝中微气孔存在。针对这种要求，国内研制出了 H04Mn2SiTiA 和 H04MnSiTiA 两种焊丝。这两种焊丝抗气孔能力较强，焊接时的飞溅也小。应该指出，采用 $CO_2$ 气体保护焊焊接不锈钢，焊缝的抗晶间腐蚀能力较差，焊接质量不如采用氩弧焊的质量，焊缝成形也差，所以通常很少应用。

近年来，国内研制出了 HS 系列气体保护焊丝，其中有三种是不同强度等级的 $CO_2$ 气体保护焊丝（表6-6）。它们都具有较好的焊接工艺性，电弧稳定，飞溅也少。其熔敷金属具有较好的低温冲击韧性。HS—50T 焊丝和 HS—60 焊丝都特别适用于焊接低温下使用的结构，如工程机械、矿山机械、船舶、桥梁、管线及压力容器等。HS—70C 焊丝适用于焊接工程机械、矿山机械及建筑机械等。

表 6-5　常用 CO₂ 气体保护焊焊丝的化学成分及用途

| 种类 | 牌号 | 代号 | 合金元素（质量分数/%） | | | | | | | | | | 用途 |
|---|---|---|---|---|---|---|---|---|---|---|---|---|---|
| | | | C | Si | Mn | Cr | Ni | Mo | Ti | Al | S≤ | P≤ | |
| 焊 10 锰硅 | H10MnSi | | ≤0.14 | 0.60~0.90 | 0.80~1.10 | ≤0.20 | ≤0.30 | — | — | — | 0.030 | 0.040 | |
| 焊 08 锰硅 | H08MnSi | | ≤0.10 | 0.70~1.0 | 1.0~1.30 | ≤0.20 | ≤0.30 | — | — | — | 0.030 | 0.040 | |
| 焊 08 锰 2 硅 | H08Mn2Si | | ≤0.11 | 0.65~0.95 | 1.70~2.10 | ≤0.20 | ≤0.30 | — | — | — | 0.040 | 0.040 | 焊接低碳钢、低合金钢 |
| 焊 08 锰硅高 | H08MnSiA | | ≤0.10 | 0.60~0.85 | 1.40~1.70 | ≤0.20 | ≤0.25 | — | — | — | 0.030 | 0.035 | |
| 焊 08 锰 2 硅高 | H08Mn2SiA | | ≤0.11 | 0.65~0.95 | 1.80~2.10 | ≤0.20 | ≤0.30 | — | — | — | 0.030 | 0.030 | |
| 焊 04 锰 2 硅钛高 | H04Mn2SiTiA | | ≤0.04 | 0.70~1.10 | 1.80~2.20 | — | — | — | 0.20~0.40 | — | 0.025 | 0.025 | 焊接低合金高强度钢 |
| 焊 04 锰 2 硅铝钛高 | H04MnSiAlTiA | | ≤0.04 | 0.40~0.80 | 1.40~1.80 | — | — | — | 0.35~0.65 | 0.20~0.40 | 0.025 | 0.025 | |
| 焊 10 锰硅钼 | H10MnSiMo | | ≤0.14 | 0.70~1.10 | 0.90~1.20 | ≤0.02 | ≤0.30 | 0.15~0.25 | — | — | 0.030 | 0.040 | |
| 焊 08 铬 3 锰 2 钼高 | H08Cr3Mn2MoA | | ≤0.10 | 0.30~0.50 | 2.00~2.50 | 2.5~3.0 | — | 0.35~0.50 | — | — | 0.030 | 0.030 | 焊接贝氏体钢 |

表 6-6 HS 系列的 $CO_2$ 焊丝熔敷金属化学成分和力学性能

| 焊丝牌号 | 熔敷金属的化学成分（质量分数/%） | | | | | | | 熔敷金属的力学性能（$\phi1.2^{\textcircled{1}}$mm） | | | | 用途及特点 | 备注 |
| | C | Mn | Si | Ni | Mo | Cr | P | S | $R_m$ /MPa | $R_{eL}$ /MPa | A /% | 夏比冲击吸收功/J（试验温度） | | |
|---|---|---|---|---|---|---|---|---|---|---|---|---|---|---|
| HS—60T 相当 AWS ER70S—G | 0.08 | 0.91 | 0.25 | — | — | — | 0.004 | 0.006 | 549 | 469 | 31 | 87.7（-30 ℃） | 焊接 490 MPa 级碳锰钢、低合金高强度钢，特别适用于负温下使用的结构 | |
| HS—80 相当 AWS ER80S—G | 0.092 | 0.92 | 0.31 | — | 0.31 | — | — | — | 648 | 575 | 24.6 | 100（-20 ℃）94（-40 ℃） | 焊接 590 MPa 级高强度结构钢，特别适合焊接负温下使用的结构 | |
| HS—70C 相当 AWS ER100S—G | 0.11 | 1.20 | 0.43 | 0.66 | 0.31 | — | 0.016 | 0.015 | 749 | 664 | 20.8 | 65（40 ℃） | 焊接 690 MPa 级高强度钢，也适于中碳合金钢的焊接 | |

续表

| 焊丝牌号 | 熔敷金属的化学成分(质量分数 %) | | | | | | | | 熔敷金属的力学性能($\phi$1.2[①] mm) | | | | 用途及特点 | 备注 |
|---|---|---|---|---|---|---|---|---|---|---|---|---|---|---|
| | C | Mn | Si | Ni | Mo | Cr | P | S | $R_m$/MPa | $R_{eL}$/MPa | $A$/% | 夏比冲击吸收功/J(试验温度) | | |
| HS—1LM 相当 AWS ER80S—G | 0.07 | 1.22 | 0.27 | — | 0.56 | 1.32 | — | — | 650 | 549 | 21.5 | 60(常温) | 焊接 12CrMo、15CrMo、1¼Cr-0.8Mo 钢 可采用 CO₂ 气体保护焊，工艺性好、电弧稳定。飞溅少。熔敷金属具有良好的冲击韧性 | 680 ℃、1 h 消除应力处理 |
| HS—1LMF | 0.07 | 0.95 | 0.30 | — | 0.59 | 1.16 | — | — | 660 | 570 | 20 | 92(常温) | 焊接 12Cr1MoV 钢 可采用 CO₂ 气体保护焊，工艺性好、电弧稳定。飞溅少。熔敷金属具有良好的冲击韧性 | 720 ℃、1 h 消除应力处理 |

注：①表示焊丝直径。

# 6.4 $CO_2$ 气体保护焊的焊接规范

## 6.4.1 各工艺参数选取原则

**1. 直流电源** 直流电源应根据焊丝直径选择，如表6-7所示。

表6-7 直流电源选择

| 焊丝直径 $\phi$ | 直流电源选择 |
| --- | --- |
| 焊丝直径≤1.6 mm | 可选用平的、缓升的或缓降的（每变化100 A电流，电压下降不应超过5 V）外特性 |
| 焊丝直径≥2.0 mm | 可选用陡降外特性的电源和用电弧电压反馈控制送丝速度的送丝机构为宜 |

**2. 焊丝直径** 焊丝直径应根据工件厚度、施焊位置和生产效率的要求来选择。焊接薄板或中厚板，且在后横焊、立焊、仰焊时，通常采用直径在1.2 mm以下的焊丝；在平焊位置焊接中厚板时，可采用直径在1.6 mm以上的焊丝。

表6-8 焊丝直径的选择

| 焊丝直径/mm | 工件厚度/mm | 焊接位置 | 熔滴过渡形式 |
| --- | --- | --- | --- |
| 0.8 | 1~3 | 各种位置 | 短路过渡 |
| 1.0 | 1.5~6 | 各种位置 | 短路过渡 |
| 1.2 | 2~12 | 各种位置、平焊、角焊 | 短路或大滴过渡 |
| 1.6 | 6~25 | 各种位置、平焊、角焊 | 短路或大滴过渡 |
| ≥2.0 | >12 | 平焊、角焊 | 大滴过渡 |

**3. 送丝方式** 半自动 $CO_2$ 气体保护焊的送丝方式选择如表6-9所示。

表6-9 送丝方式的选择（半自动 CO₂ 气体保护焊）

| 送丝方式 | 焊丝直径/mm | 工作地点与送丝机构的最大距离/m | 焊枪重 |
|---|---|---|---|
| 拉丝式 | 0.5 ~ 1.0 | — | 较重 |
| 推丝式 | 0.6 ~ 2.0 | 2 ~ 4 | 轻 |
| 推拉式 | 0.6 ~ 2.0 | ≈20 | 较轻 |

**4. 焊枪冷却方式** 焊枪冷却方式如表6-10所示。

表6-10 焊枪冷却方式

| 冷却方式 | 适用范围 |
|---|---|
| 气冷 | 适用于焊接电压 < 250 V |
| 水冷 | 用于粗丝、大电流 |

**5. 电流、电压参数** 焊接电流的大小主要取决于送丝速度，送丝速度越快，焊接电流越大。焊接电流的大小对熔深有很大影响. 不同直径的焊丝都有一个合适的电流区间。

电弧电压是焊接过程中关键的一个参数，其大小决定了熔滴的过渡形式，它对焊缝成形、飞溅、焊缝的机械性能都有很大的影响。

表6-11 常用焊接电流和电弧电压范围

| 焊丝直径/mm | 短路过渡 | | 颗粒过渡 | |
|---|---|---|---|---|
| | 电流/A | 电压/V | 电流/A | 电压/V |
| 0.5 | 30 ~ 60 | 16 ~ 18 | — | — |
| 0.6 | 30 ~ 70 | 17 ~ 19 | — | — |
| 0.8 | 50 ~ 100 | 18 ~ 21 | — | — |
| 1.0 | 70 ~ 120 | 18 ~ 22 | — | — |
| 1.2 | 90 ~ 150 | 19 ~ 23 | 160 ~ 400 | 25 ~ 38 |
| 1.6 | 140 ~ 200 | 20 ~ 24 | 200 ~ 500 | 26 ~ 40 |
| 2.0 | — | — | 200 ~ 600 | 27 ~ 40 |
| 2.5 | — | — | 300 ~ 700 | 28 ~ 40 |
| 3.0 | — | — | 500 ~ 800 | 32 ~ 42 |

6. **焊接速度** 在一定的焊丝直径、焊接电流和电弧电压条件下，熔宽和熔深都随着焊接速度的增加而减小。如果焊接速度过快，则容易产生咬边和未熔合等现象，同时气体保护效果变坏，容易出现气孔；如果焊接速度过低，则生产效率下降，焊接变形变大。

7. **焊丝伸出长度** 通常焊丝伸出长度取决于焊丝直径，一般约为焊丝直径的 10 倍比较合适。

8. **气体流量** 气体流量的选择如表 6 – 12 所示。

表 6 – 12 $CO_2$ 气体流量的选择

| 焊接方法 | 细丝焊 | 粗丝焊 | 粗丝大电流焊 |
|---|---|---|---|
| 气体流量/（L/min） | 5 ~ 15 | 15 ~ 25 | 25 ~ 50 |

### 6.4.2 焊接规范举例

表 6 – 13 半自动 $CO_2$ 气体保护焊的操作技术

| | |
|---|---|
| 引弧 | （1）在起弧处提前送气 2 ~ 3 s，排除待焊处的空气<br>（2）焊丝伸出长度为 6 ~ 8 mm<br>（3）引弧位置应设在距焊道端口 5 ~ 10 mm 处，电弧引燃后缓慢返回端头<br>（4）熔合良好后，以正常速度施焊 |
| 焊枪的运走方式 | （1）焊枪与焊件的夹角一般不小于 75°<br>（2）喷嘴末端与焊件的距离以 10 mm 左右为宜<br>（3）焊枪以直线运走或直线往复运走为好<br>（4）尽量采用短弧焊接，并使焊丝伸出长度的变化最小<br>（5）焊件较厚时，可稍做横向摆动 |
| 收弧 | （1）焊接结束时要填满弧坑<br>（2）焊接熔池尚未凝固冷却之前要继续通气保护熔池 |

表 6 – 14　不同位置焊接的操作要点

| 焊接位置 | 类型 | 操作要点 |
|---|---|---|
| 平焊 | 平对接焊缝 | （1）一般采用左向焊，焊枪与焊件间的夹角为 75° ~ 80°。左向焊容易看清坡口，焊缝成形较好<br>（2）夹角不能过小，否则保护效果不好，易产生气孔<br>（3）焊接厚板时，为得到一定的焊缝宽度，焊枪可做适当的横向摆动，但焊丝不应插入对缝的间隙内 |
| 平焊 | T 形接头横角焊缝 | （1）若采用长弧焊，焊枪与垂直板呈 35° ~ 50°（一般为 45°）的角度；焊丝轴线对准水平板处距角缝顶端 1 ~ 2 mm<br>（2）若采用短弧焊，可直接将焊枪对准两板交点，焊枪与垂直板角度约为 45° |
| 立焊 | T 形接头立角焊缝 | （1）当用细焊丝短路过渡焊接时，应自上向下焊接，焊枪上部略向下倾斜；气体流量比平焊稍大；熔深大，焊缝窄，余高较大，成形差<br>（2）当使用 φ1.6 mm 焊丝、颗粒过渡（长弧焊）方式进行焊接时，仍和手工电弧焊相似，采用自上而下焊接，电流取下限值，以防熔化金属下淌 |
| 横焊 | 横对接焊缝 | （1）横焊时选用的焊接工艺参数与立焊时相同<br>（2）焊枪可做小幅度的前后直线往复摆动，以防温度过高，熔池金属下淌 |
| 仰焊 | T 形接头仰角焊缝 | （1）应适当减小焊接电流，焊枪可做小幅度直线往复摆动，防止熔化金属下淌<br>（2）气体流量应稍大些 |

表6-15 CO₂气体保护半自动焊焊接规范

| 材料厚度 /mm | 接头形式 | 装配间隙 C /mm | 焊丝直径 /mm | 电弧电压 /V | 焊接电流 /A | 气体流量 /(L/min) |
|---|---|---|---|---|---|---|
| ≤1.2 | （对接，间隙 C） | ≤0.3 | 0.6 | 18~19 | 30~50 | 6~7 |
| 1.5 |  |  | 0.7 | 10~20 | 60~80 | 6~7 |
| 2.0 | （70° V形坡口，间隙 C，钝边0.5） | ≤0.5 | 0.8 | 20~21 | 80~100 | 7~8 |
| 2.5 |  |  |  |  |  |  |
| 3.0 |  | ≤0.5 | 0.8~0.9 | 21~23 | 90~115 | 8~10 |
| 4.0 |  |  |  |  |  |  |
| ≤1.2 | （T形接头，间隙 C） | ≤0.3 | 0.6 | 19~20 | 35~55 | 6~7 |
| 1.5 |  | ≤0.3 | 0.7 | 20~21 | 65~85 | 8~10 |
| 2.0 |  | ≤0.5 | 0.7~0.8 | 21~22 | 80~100 | 10~11 |
| 2.5 |  | ≤0.5 | 0.8 | 22~23 | 90~110 | 10~11 |
| 3.0 |  | ≤0.5 | 0.8~0.9 | 21~23 | 95~115 | 11~13 |
| 4.0 |  | ≤0.5 | 0.8~0.9 | 21~23 | 100~120 | 13~15 |

表 6-16　CO₂ 气体保护自动焊焊接规范

| 材料厚度/mm | 接头形式 | 装配间隙 C/mm | 焊丝直径/mm | 电弧电压/V | 焊接电流/A | 焊接速度/(m/h) | 气体流量/(L/min) | 备注 |
|---|---|---|---|---|---|---|---|---|
| 1.0 | | <0.3 | 0.8 | 18~18.5 | 35~40 | 25 | 7 | 单面焊双面成形 |
| 1.0 | | ≤0.5 | 0.8 | 20~21 | 60~65 | 30 | 7 | 垫板厚 1.5 mm |
| 1.5 | | ≤0.5 | 0.8 | 19.5~20.5 | 65~70 | 30 | 7 | 单面焊双面成形 |
| 1.5 | | ≤0.3 | 0.8 | 19~20 | 55~60 | 31 | 7 | 双面焊 |

续表

| 材料厚度<br>/mm | 接头形式 | 装配间隙<br>C<br>/mm | 焊丝直径<br>/mm | 电弧电压<br>/V | 焊接电流<br>/A | 焊接速度<br>/(m/h) | 气体流量<br>/(L/min) | 备注 |
|---|---|---|---|---|---|---|---|---|
| 1.5 |  | ≤0.8 | 1.0 | 22~23 | 110~120 | 27 | 9 | 垫板厚 2 mm |
| 2.0 |  | ≤0.5 | 0.8 | 20~21 | 75~85 | 25 | 7 | 单面焊双面成形（反面放铜垫） |
| 2.0 |  | ≤0.5 | 0.8 | 19.5~20.5 | 65~70 | 30 | 7 | 双面焊 |
| 2.0 |  | ≤0.8 | 1.2 | 22~24 | 130~150 | 27 | 9 | 垫板厚 2 mm |

续表

| 材料厚度 /mm | 接头形式 | 装配间隙 $C$ /mm | 焊丝直径 /mm | 电弧电压 /V | 焊接电流 /A | 焊接速度 /(m/h) | 气体流量 /(L/min) | 备注 |
|---|---|---|---|---|---|---|---|---|
| 3.0 | | ≤0.8 | 1.0~1.2 | 20.5~22 | 100~110 | 25 | 9 | 双面焊 |
| 4.0 | | ≤0.8 | 1.2 | 22~24 | 110~140 | 30 | 9 | |
| 8.0 | | <2 | 4 | 30~40 | 900~1100 | 80~150 | 25 | 单面焊双面成形 |
| 10.0 | | 0.5~2 | 4 | 34~36 | 850~950 | 60 | 25 | |

# 6.5 药芯焊丝 $CO_2$ 气体保护焊

药芯焊丝 $CO_2$ 气体保护焊是属于气–渣联合保护的一种焊接方法，它既克服了 $CO_2$ 气体保护焊的焊接过程中飞溅大和易产生气孔等缺点，又兼备了焊条电弧焊的一些优点。它有以下特点：

（1）熔池表面覆盖有熔渣，焊缝成形美观且飞溅少。

（2）在焊接角焊缝时，药芯焊丝 $CO_2$ 气体保护焊的熔深可比焊条电弧焊的大 50% 左右。因而在同样接头强度下，可以减小焊脚尺寸，这样既节省了填充金属，又可提高焊接速度。

（3）调节粉剂的成分，就可以焊接不同的钢种。

（4）抗气孔的能力比其他 $CO_2$ 气体保护焊的强。

不同保护气体对药芯焊丝焊缝成分的影响、对药芯焊丝焊缝力学性能的影响分别如表 6–17、表 6–18 所示，药芯焊丝 $CO_2$ 气体保护焊时不同焊接参数对焊缝成形的影响如表 6–19 所示。

表 6–17　不同保护气体对药芯焊丝焊缝成分的影响

| 保护气体 | 焊缝成分（质量分数/%） | | |
|---|---|---|---|
| | C | Si | Mn |
| 100% $CO_2$ | 0.041 | 0.31 | 1.16 |
| 50% $CO_2$ + 50% Ar | 0.042 | 0.39 | 1.24 |
| 25% $CO_2$ + 75% Ar | 0.055 | 0.44 | 1.29 |
| 5% $CO_2$ + 95% Ar | 0.059 | 0.44 | 1.29 |

表 6–18　不同保护气体对药芯焊丝焊缝力学性能的影响

| 保护气体 | 力学性能 | | | |
|---|---|---|---|---|
| | $R_m$/MPa | $R_{eL}$/MPa | V 形缺口冲击吸收功/J | |
| | | | 0 ℃ | –40 ℃ |
| 100% $CO_2$ | 576 | 466 | 106 | 41 |

续表

| 保护气体 | 力学性能 | | | |
|---|---|---|---|---|
| | $R_m$/MPa | $R_{eL}$/MPa | V 形缺口冲击吸收功/J | |
| | | | 0 ℃ | -40 ℃ |
| 50% CO₂ +50% Ar | 579 | 510 | 111 | 49 |
| 25% CO₂ +75% Ar | 598 | 540 | 128 | 85 |
| 5% CO₂ +95% Ar | 614 | 550 | 125 | 93 |

表 6-19　药芯焊丝 CO₂ 气体保护焊时不同焊接参数对焊缝成形的影响

| 焊接参数 | 影响情况 |
|---|---|
| 电弧电压 | 升高：焊缝宽度增大，焊缝较平坦<br>过高：造成严重飞溅、气孔和咬边<br>降低：会形成凸形焊道<br>过低：发生焊丝与焊件粘连 |
| 焊接电流 | 过大：会形成凸形焊道<br>过小：熔滴成大熔滴过渡，焊缝成形不均匀 |
| 焊接速度 | 过高：会形成凸形焊缝并且边缘不整齐，焊缝熔深浅<br>过低：焊缝成形粗糙不平，且容易产生夹渣等缺陷 |
| 焊丝伸出长度 | 过大：电弧不稳，飞溅严重缩短；焊缝熔深增加<br>过小：焊接飞溅堵塞保护气体喷嘴及导电嘴 |
| 焊丝送给速度 | 在一定范围里，往往以调节焊丝送给速度来达到改变焊接电流的目的<br>增大：焊接电流相应增大<br>减小：焊接电流也减小<br>过大：电弧短路频率增加，电弧燃烧时间缩短，电弧电压下降，焊丝易折断<br>过小：电弧短路频率减小，电弧燃烧时间增长，焊丝熔化速度大于焊丝送给速度，焊丝容易反烧，粘在导电嘴上 |

续表

| 焊接参数 | 影响情况 |
|---|---|
| 焊丝直径 | 增大：短路频率、熔滴下落速度相应减小<br>减小：短路频率、熔滴下落速度相应增大 |
| 气体流量 | 流量大：对熔池吹力增大，形成气体紊流，破坏气体保护作用<br>流量小：气体层流挺度不够，对熔池保护作用减弱 |
| 空载电压 | 过大：使电弧电压、焊接电流及短路电流增长速度相应增大，焊缝宽而平，熔深加大，飞溅也大，易产生焊穿和气孔等缺陷<br>过小：使电弧电压、焊接电流及短路电流增长速度相应减小，焊缝余高大，而熔深较浅，焊接过程中电弧易断弧，焊缝成形不良 |
| 电感值 | 过大：焊缝熔透深度相应增加，会产生大颗粒金属飞溅及熄弧现象，并使重新引弧发生困难，容易发生焊丝成段爆断现象<br>过小：焊缝熔透深度相应减小，会产生很细小的颗粒飞溅，焊缝边缘不齐，成形不良<br>一般当焊丝直径为 $0.6 \sim 1.2$ mm 时，电感值 $L = 0.05 \sim 0.4$ mH；当焊丝直径为 $1.2 \sim 1.6$ mm 时，电感值 $L = 0.3 \sim 0.7$ mH |
| 导电嘴孔径 | 在焊接过程中，焊丝及导电嘴接触不良，焊接电弧不稳定，造成焊缝成形不良<br>过小：焊丝送丝阻力过大，容易发生焊丝卷曲或打结，给焊工增加麻烦<br>过大：出丝不稳<br>细焊丝导电嘴与焊丝间隙：$0.1 \sim 0.25$ mm<br>粗焊丝导电嘴与焊丝间隙：$0.2 \sim 0.4$ mm |
| 电源极性 | 直流反接：焊接过程稳定，焊缝熔透深度比正接时要大，飞溅小，目前熔化极气体保护焊普遍采用直流反接<br>直流正接：焊缝熔深较浅，焊缝余高较大，焊接生产率高 |

# 6.6　CO$_2$ 气体保护电弧点焊

　　CO$_2$ 气体保护电弧点焊是利用在 CO$_2$ 气体中燃烧的电弧来熔化上下两金属构件，从而在厚度方向上形成焊点连接。焊接过程中焊枪不移动，由于焊丝的熔化，在上板的表面形成一个铆钉的形状，所以也称为 CO$_2$ 电铆焊。CO$_2$ 气体保护电弧点焊主要用于连接薄板框架结构，在汽车、农业机械和化工机械等制造领域有着广泛的应用。

　　CO$_2$ 气体保护电弧点焊的焊点形状、焊接规范如图 6 - 3 和表 6 - 20 所示。

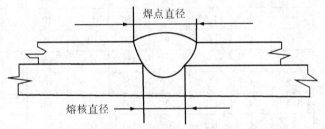

图 6 - 3　CO$_2$ 气体保护电弧点焊的焊点形状

表 6 - 20　CO$_2$ 气体保护电弧点焊的焊接规范

| 焊接位置 | 板厚/mm | | 焊丝直径/mm | 电弧电压/V | 焊接电流/A | 焊接时间/s | 外伸长度/mm | 气体流量/（L/min） |
| --- | --- | --- | --- | --- | --- | --- | --- | --- |
| | 上 | 上 | | | | | | |
| 平焊 | 0.5 | ≥3 | 1 | 27 | 280 | 0.5 | 9 | 10 |
| | 1 | ≥3 | 0.8 | 31 | 300 | 0.7 | 8 | 10 |
| | 1.5 | 4 | 1.2 | 34 | 325 | 1.5 | 10 | 12 |
| | 2 | 3 | 1.2 | 33 | 300 | 1.5 | 10 | 12 |
| | 2 | 5 | 1.2 | 35 | 365 | 1.5 | 10 | 12 |
| | 2.5 | 4 | 1.2 | 35 | 350 | 1.5 | 10 | 12 |

| 焊接位置 | 板厚/mm | | 焊丝直径/mm | 电弧电压/V | 焊接电流/A | 焊接时间/s | 外伸长度/mm | 气体流量/（L/min） |
|---|---|---|---|---|---|---|---|---|
| | 上 | 上 | | | | | | |
| 平焊 | 2.5 | 5 | 1.2 | 36 | 375 | 1.5 | 10 | 12 |
| | 3 | 3 | 1.2 | 35 | 385 | 1.5 | 10 | 12 |
| | 3 | 5 | 1.2 | 37 | 380 | 1.5 | 10 | 12 |
| | 3 | 6 | 1.2 | 38 | 400 | 1.5 | 10 | 12 |
| | 4 | 4 | 1.2 | 37 | 380 | 1.5 | 10 | 12 |
| | 4 | 6 | 1.2 | 38.5 | 425 | 1.5 | 10 | 12 |
| | 5 | 5 | 1.2 | 39 | 430 | 1.5 | 10 | 12 |
| | 6 | 6 | (1.6) | 40 | 460 | 1.5 | 10 | 12 |
| 立焊 | 1 | 3 | 1 | 29 | 250 | 1 | 9 | 18 |
| | 1 | 4 | 1.2 | 30 | 325 | 0.5 | 10 | 18 |
| | 1.5 | 3 | 1 | 30 | 275 | 0.75 | 9 | 18 |
| | 1.5 | 4 | 1.2 | 30 | 300 | 0.6 | 10 | 18 |
| | 2 | 4 | 1.2 | 30 | 325 | 0.5 | 10 | 18 |
| 铆焊 | 1 | 2.5 | 1 | 30 | 260 | 1 | 9 | 18 |
| | 1.5 | 5 | 1 | 32 | 300 | 1.25 | 9 | 18 |
| | 2 | 5 | 1 | 32 | 300 | 1.25 | 9 | 18 |
| | 2.5 | 5 | 1 | 32 | 300 | 1.25 | 9 | 18 |

# 第7章 电阻焊

焊件组合后通过电极施加压力，利用电流通过接头的接触面及邻近区域产生的电阻热进行焊接的方法称为电阻焊。电阻焊具有生产率高、成本低、节省材料、易于自动化等特点，广泛应用于航空、航天、能源、电子、汽车、轻工等各工业部门，是重要的焊接工艺之一。

## 7.1 电阻焊的分类及焊机型号

1. **分类** 按焊件的接头形式、工艺方法和所采用电源种类的不同，电阻焊可分为点焊、凸焊、缝焊、电阻对焊、闪光对焊等多种形式，其分类如表7-1所示，电阻焊的焊接方法示意如图7-1所示。

表7-1 电阻焊的分类

| 电源种类 \ 接头形式 工艺方法 | 搭接 | | | 对接 | | |
|---|---|---|---|---|---|---|
| | 点焊 | 凸焊 | 缝焊 | 缝对焊 | 对焊 | |
| | | | | | 闪光对焊 | 电阻对焊 |
| 焊接变压器一次交变馈电 — 工频 50 Hz 或 60 Hz | △ | △ | △ | △ | △ | △ |
| 中频 100 ~ 1000 Hz | | | △ | △ | | △ |
| 高频 2.5 ~ 450 kHz | | | | △ | | |
| 低频 3 ~ 10 Hz | △ | △ | △ | | △ | |
| 二次整流 | △ | △ | △ | | △ | △ |

| 接头形式<br>工艺方法<br>电源种类 | | 搭接 | | | 对接 | | |
|---|---|---|---|---|---|---|---|
| | | 点焊 | 凸焊 | 缝焊 | 缝对焊 | 对焊 | |
| | | | | | | 闪光对焊 | 电阻对焊 |
| 焊接变压器 一次单向馈电 | 电容放电 | △ | △ | △ | | △① | △ |
| | 直流冲击波 | △ | | △ | | | |

注：△——采用。①一般采用直接放电，称为冲击闪光焊。

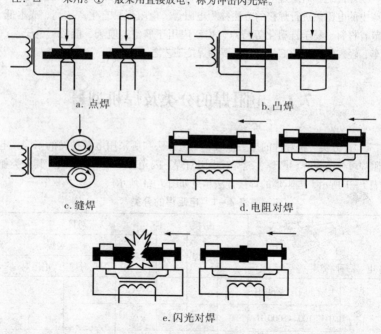

a. 点焊　　　　　　　　　　　　　　b. 凸焊

c. 缝焊　　　　　　　　　　d. 电阻对焊

e. 闪光对焊

**图 7-1　电阻焊方法示意**

2. **电阻焊机的型号**　电阻焊机的型号和其他电焊机一样由大类名称、附注特征、小类名称、系列序号、基本规格、派生代号、改进序号七部分组成（表 7-2）。

表7-2 电阻焊机型号代表字母

| 大类名称 | 代表字母 | 附注特征 | 代表字母 | 小类名称 | 代表字母 | 系列序号 | 数字序号 | 基本规格 | 单位 |
|---|---|---|---|---|---|---|---|---|---|
| 点焊机 | D | 工频 | N | 一般点焊 | (省略) | 垂直运动式 | (省略) | 额定容量 | kV·A |
| | | 电容贮能 | R | 快速点焊 | H | 圆弧运动式 | 1 | 最大贮能量 | J |
| | | 直流脉冲① | J | 网块焊件点焊 | W | 手提式 | 2 | 额定容量 | kV·A |
| | | 次级整流 | Z | 机械手点焊 | Y | 悬挂式 | 3 | 额定容量 | kV·A |
| | | 低频 | D | — | — | 焊接机器人 | 6 | 额定容量 | kV·A |
| | | 变频 | B | — | — | — | — | 额定容量 | kV·A |
| 凸焊机 | T | 工频 | N | — | — | 垂直运动式 | (省略) | 制定容量 | kV·A |
| | | 电容贮能 | R | — | — | — | — | 最大贮能量 | J |
| | | 直流脉冲① | J | — | — | — | — | 额定容量 | kV·A |
| | | 次级整流 | Z | — | — | — | — | 额定容量 | kV·A |
| | | 低频 | D | — | — | — | — | 额定容量 | kV·A |
| | | 变频 | B | — | — | — | — | 额定容量 | kV·A |

续表

| 大类名称 | 代表字母 | 附注特征 | 代表字母 | 小类名称 | 代表字母 | 系列序号 | 数字序号 | 基本规格 | 单位 |
|---|---|---|---|---|---|---|---|---|---|
| 缝焊机 | F | 工频 | N | 一般缝焊 | (省略) | 垂直运动式 | (省略) | 额定容量 | kV·A |
| | | 电容贮能 | R | 挤压缝焊 | Y | 圆弧运动式 | 1 | 最大贮能量 | J |
| | | 直流脉冲① | J | 垫片缝焊 | P | 手提式 | 2 | 额定容量 | kV·A |
| | | 次级整流 | Z | — | — | 悬挂式 | 3 | 额定容量 | kV·A |
| | | 低频 | D | — | — | — | — | 额定容量 | kV·A |
| | | 变频 | B | — | — | — | — | 额定容量 | kV·A |
| 对焊机 | U | 工频 | N | 一般对焊 | (省略) | 固定式 | (省略) | 额定容量 | kV·A |
| | | 电容贮能 | R | 薄板对焊 | B | 悬挂式 | 3 | 最大贮能量 | J |
| | | 直流脉冲① | J | 异形截面对焊 | Y | — | — | 额定容量 | kV·A |
| | | 次级整流 | Z | 自行车轮圈 | G | — | — | 额定容量 | kV·A |
| | | 低频 | D | 链条对焊 | C | — | — | 额定容量 | kV·A |
| | | 变频 | B | — | T | — | — | 额定容量 | kV·A |
| 控制设备 | K | 点焊 | D | — | — | — | — | 额定容量 | kV·A |
| | | 凸焊 | T | — | — | — | — | 额定容量 | |
| | | 缝焊 | F | — | — | — | — | 额定容量 | |
| | | 对焊 | U | — | — | — | — | 额定容量 | |

① 或称为低频单脉冲。

# 7.2 点　焊

## 7.2.1　特点

点焊是将焊件装配成搭接接头并压紧在两电极之间，利用电阻热熔化母材金属，形成焊点的电阻焊方法，如图7-2所示。其特点为：①点焊时对连续区的加热时间很短，焊接速度快。②只消耗电能，不需要填充材料或焊剂、气体等。③焊接质量主要由点焊机保证，操作简单，机械化、自动化程度高，生产率高。④劳动强度低，工人劳动条件良好。⑤焊点进行无损探伤较困难。

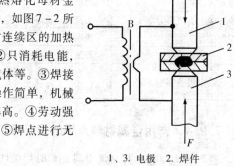

1、3. 电极　2. 焊件
F. 电极力　B. 变压器
**图7-2　点焊示意**

## 7.2.2　应用范围

点焊可以焊接碳钢、合金钢、铝合金、钛合金等各种金属材料，宜用于薄板冲压件搭接（如汽车驾驶室、车厢、收割机鱼鳞筛片）、薄板与型钢构架和蒙皮结构（如车厢侧墙和顶棚、拖车箱板、联合收割机漏斗、钢筋网和空间构架及交叉钢筋）等。点焊部件如图7-3所示。

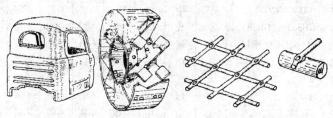

a. 汽车驾驶室　　　b. 航空发动机扰流器　　　c. 钢筋网
**图7-3　点焊部件**

### 7.2.3 点焊机

1. **组成** 点焊机能够以一定的压力压紧焊件，并且能向焊接区传送电流。点焊机由机架、焊接变压器、加压机构、控制箱等部件组成。

2. **分类** 点焊机的分类如表 7 - 3 所示。

表 7 - 3 点焊机的分类

| 分类方法 | 种类 |
|---|---|
| 按安装方式分 | 固定式、移动式、轻便式（悬挂式） |
| 按焊接电流波形分 | 交流型、低频型、电容储能型、直流型 |
| 按用途分 | 通用型、专用型、特殊型 |
| 按加压机构传动方式分 | 脚踏式、电动凸轮式、气压式、液压式、复合式等 |
| 按活动电极的移动方式分 | 垂直行程式、圆弧行程式 按焊点数目分：单点式、双点式、多点式 |

### 7.2.4 常用金属材料点焊的焊接参数

表 7 - 4 是几类常用金属材料点焊时焊接性的综合评估。表 7 - 5 ~ 表 7 - 10 为几种常见材料的焊接参数。

表 7 - 4 常用金属材料点焊时焊接性的综合评估

| 材料（牌号） | 焊接电流 | 焊接时间 | 电极压力 | 预热电流 | 缓冷电流 | 加大顶锻压力 | 焊后热处理 | 电极粘损 |
|---|---|---|---|---|---|---|---|---|
| 低碳钢（IO） | 中 | 中 | 小 | 不需 | 不需 | 不需 | 不需 | 小 |
| 合金结构钢（30CrMnSiA） | 中 | 中长 | 中 | 需 | 需 | 需 | 需 | 小 |
| 奥氏体钢（1Cr18Ni9Ti） | 小 | 中 | 大 | 不需 | 不需 | 不需 | 不需 | 小 |
| 高温合金 GH3039（GH39） | 小 | 长 | 大 | 不需 | 不需 | 不需 | 不需 | 小 |
| 铝合金（5AD6，旧牌号 LF6） | 大 | 短 | 大 | 不需 | 不需 | 不需 | 不需 | 中 |
| 钛合金（TA7） | 小 | 中 | 小 | 不需 | 不需 | 不需 | 不需 | 小 |
| 镁合金（MB8） | 大 | 短 | 小 | 不需 | 不需 | 不需 | 不需 | 大 |
| 铜合金（H62） | 中 | 短 | 中 | 不需 | 不需 | 不需 | 不需 | 大 |
| 纯（紫）铜（$T_1$） | 大 | 短 | 中 | 不需 | 不需 | 不需 | 不需 | 小 |

### 表 7-5    45、30CrMnSiA 钢带缓冷双脉冲点焊焊接参数

| 板厚<br>/mm | 电极工作<br>面直径<br>/mm | 电极压力<br>/kN | 焊接脉冲 | | 间隔时间<br>/s | 缓冷脉冲 | |
|---|---|---|---|---|---|---|---|
| | | | 焊接电流<br>/kA | 时间<br>/s | | 焊接电流<br>/kA | 时间<br>/s |
| 2.0 | 7 | 3 | 8 | 0.3 | 0.02 ~ 0.04 | 6 | 0.3 |
| 2.5 | 8 | 4 | 9 | 0.4 | 0.02 ~ 0.04 | 6 | 0.4 |
| 3.0 | 10 | 5 | 10 | 0.4 | 0.04 ~ 0.06 | 7 | 0.4 |
| 4.0 | 12 | 8 | 12 | 0.5 | 0.04 ~ 0.06 | 9 | 0.5 |

### 表 7-6    镀锌钢板点焊推荐焊接参数

| 板厚/mm | 电极工作面<br>直径/mm | 电极压力/kN | 焊接电流/kA | 通电时间/s |
|---|---|---|---|---|
| 0.5 | 4.8 | 1.38 | 9.0 | 0.1 |
| 0.7 | 4.8 | 1.90 | 10.3 | 0.17 |
| 0.9 | 4.8 | 2.50 | 11.0 | 0.2 |
| 1.0 | 5.2 | 2.85 | 12.5 | 0.23 |
| 1.25 | 5.7 | 3.65 | 14.0 | 0.3 |
| 1.5 | 6.4 | 4.40 | 15.5 | 0.33 |

### 表 7-7    奥氏体不锈钢的点焊焊接参数

| 板厚 | 电极<br>工作<br>面<br>直径 | 最小<br>点距 | 最小<br>搭边<br>量 | 焊接<br>时间 | 电极<br>压力 | 焊接电流/kA | | 熔核<br>直径 | 每个焊点的切力/kN | | |
|---|---|---|---|---|---|---|---|---|---|---|---|
| | | | | | | 母材 $R_m$/MPa | | | 母材 $R_m$/MPa | | |
| | | | | | | ≤1050 | ≤1050 | | 490 ~ 680 | 680 ~<br>1050 | >1050 |
| | mm | | | s | kN | | | mm | | | |
| 0.15 | 2.4 | 5 | 5 | 0.04 | 0.8 | 2 | 2 | 1.2 | 0.27 | 0.32 | 0.4 |
| 0.2 | 2.4 | 5 | 5 | 0.06 | 0.9 | 2 | 2 | 1.4 | 0.45 | 0.6 | 0.66 |
| 0.3 | 3.2 | 6 | 5 | 0.06 | 1.2 | 2.4 | 2.1 | 1.6 | 0.85 | 0.9 | 1.14 |
| 0.4 | 3.2 | 7 | 6 | 0.06 | 1.5 | 3 | 2.5 | 2.1 | 1.2 | 1.35 | 1.55 |
| 0.5 | 3.5 | 8 | 8 | 0.08 | 1.9 | 3.8 | 3 | 2.5 | 1.6 | 1.85 | 2.1 |
| 0.6 | 4.0 | 10 | 10 | 0.08 | 2.2 | 4.7 | 3.7 | 2.9 | 2.05 | 2.45 | 2.8 |
| 0.8 | 4.5 | 13 | 10 | 0.1 | 3.0 | 6.2 | 4.9 | 3.5 | 3.15 | 3.8 | 4.5 |
| 1.0 | 5.0 | 15 | 11 | 0.12 | 4.0 | 7.6 | 6 | 4.1 | 4.4 | 5.5 | 6.5 |
| 1.2 | 5.5 | 19 | 13 | 0.14 | 5.0 | 9 | 7 | 4.8 | 5.7 | 7.2 | 8.8 |
| 1.4 | 6.0 | 22 | 14 | 0.16 | 6.0 | 10.2 | 8 | 5.3 | 7.8 | | 11 |
| 1.6 | 6.3 | 25 | 15 | 0.18 | 7.0 | 11.5 | 9 | 5.8 | 9 | 11 | 12.6 |

| 板厚 | 电极工作面直径 | 最小点距 | 最小搭边量 | 焊接时间 | 电极压力 | 焊接电流/kA 母材 $R_m$/MPa | | 熔核直径 | 每个焊点的切力/kN 母材 $R_m$/MPa | | |
|---|---|---|---|---|---|---|---|---|---|---|---|
| | | | | | | ≤1050 | ≤1050 | | 490~680 | 680~1050 | >1050 |
| mm | | | | s | kN | | | mm | | | |
| 1.8 | 6.7 | 28 | 16 | 0.22 | 8.0 | 12.5 | 10 | 6.2 | 11 | 13 | 16 |
| 2.0 | 7.0 | 32 | 17 | 0.24 | 9.0 | 13.5 | 11 | 6.6 | 12.8 | 15.2 | 18.8 |
| 2.4 | 7.3 | 35 | 19 | 0.26 | 11.0 | 15.5 | 12.5 | 7.2 | 16 | 19 | 24.4 |
| 2.8 | 8.3 | 38 | 21 | 0.30 | 13.0 | 17.7 | 14 | 7.4 | 19 | 23 | 29 |
| 3.2 | 9.0 | 50 | 23 | 0.34 | 15.0 | 18 | 15.5 | 7.6 | 23 | 27.5 | 35 |

### 表7-8　马氏体不锈钢（2Cr13、1Cr11Ni2W2MoVA）的带回火双脉冲点焊焊接参数

| 板厚 /mm | 电极压力 /kN | 焊接参数 | | 间隔时间 /s | 回火参数 | |
|---|---|---|---|---|---|---|
| | | 电流/kA | 时间/s | | 焊接电流/kA | 时间/s |
| 0.3 | 1.5~2.0 | 4.0~5.0 | 0.06~0.08 | 0.08~0.18 | 2.5~3.5 | 0.08~0.10 |
| 0.5 | 2.5~3.0 | 4.5~5.0 | 0.08~0.12 | 0.08~0.20 | 2.5~3.7 | 0.10~0.16 |
| 0.8 | 3.0~4.0 | 4.5~5.0 | 0.12~0.16 | 0.10~0.24 | 2.5~3.7 | 0.14~0.20 |
| 1.0 | 3.5~4.5 | 5.0~5.7 | 0.16~0.18 | 0.12~0.28 | 3.0~4.3 | 0.18~0.24 |
| 1.2 | 4.5~5.5 | 5.5~6.0 | 0.18~0.20 | 0.18~0.32 | 3.2~4.5 | 0.22~0.26 |
| 1.5 | 5.0~6.5 | 6.0~7.5 | 0.20~0.24 | 0.20~0.42 | 4.0~5.2 | 0.20~0.30 |
| 2.0 | 8.0~9.0 | 7.5~8.5 | 0.26~0.30 | 0.24~0.42 | 4.5~6.4 | 0.30~0.34 |
| 2.5 | 10.0~11.0 | 9.0~10.0 | 0.30~0.34 | 0.28~0.46 | 5.8~7.5 | 0.34~0.44 |
| 3.0 | 12.0~14.0 | 10.0~11.0 | 0.34~0.38 | 0.30~0.50 | 6.5~9.0 | 0.30~0.52 |

### 表7-9　铝合金的单相工频交流点焊焊接参数

| 板厚 /mm | 球面电极 直径 /mm | 球面电极 曲率半径/mm | 电极压力 /kN | 焊接时间 /s | 焊接电流 /kA | 每个焊点的切力/kN 母材 $R_m$/MPa | | |
|---|---|---|---|---|---|---|---|---|
| | | | | | | 130~200 | >200~400 | >400 |
| 0.4 | 16 | 25 | 1.6 | 0.067 | 15 | 0.47 | 0.65 | 0.72 |
| 0.5 | 16 | 25 | 1.7 | 0.083 | 18 | 0.67 | 0.87 | 0.95 |
| 0.6 | 16 | 50 | 1.85 | 0.10 | 21 | 0.97 | 1.07 | 1.25 |
| 0.8 | 16 | 50 | 2.5 | 0.10 | 26 | 1.40 | 1.57 | 1.75 |

续表

| 板厚 /mm | 球面电极 | | 电极 压力 /kN | 焊接 时间 /s | 焊接 电流 /kA | 每个焊点的切力/kN | | |
|---|---|---|---|---|---|---|---|---|
| | 直径 /mm | 曲率 半径/mm | | | | 母材 $R_m$/MPa | | |
| | | | | | | 130~200 | >200~400 | >400 |
| 1.0 | 16 | 75 | 3.0 | 0.133 | 30.7 | 2.00 | 2.07 | 2.30 |
| 1.2 | 16 | 75 | 3.3 | 0.133 | 33 | 2.75 | 2.95 | 3.20 |
| 1.6 | 16 | 75 | 3.75 | 0.166 | 35.9 | 2.97 | 3.07 | 4.60 |
| 1.8 | 16 | 100 | 4.0 | 0.166 | 38 | 4.37 | 4.90 | 5.85 |
| 2.0 | 22 | 100 | 4.3 | 0.166 | 41 | 5.17 | 5.77 | 7.00 |
| 2.3 | 22 | 150 | 4.75 | 0.20 | 46 | 5.87 | 6.77 | 8.50 |
| 2.6 | 22 | 150 | 5.25 | 0.25 | 56 | 6.35 | 8.00 | 10.25 |
| 3.2 | 22 | 150 | 6.5 | 0.25 | 76 | 7.00 | 10.85 | 14.15 |

表 7-10　铜合金的点焊焊接参数比较

| 合金名称 | 焊接电流/kA | 焊接时间/s | 电极压力/kN |
|---|---|---|---|
| $w$ (Zn) =15% 黄铜 | 25 | 0.1 | 1.8 |
| $w$ (Zn) =20% 黄铜 | 24 | 0.1 | 1.8 |
| $w$ (Zn) =30% 黄铜 | 25 | 0.06 | 1.8 |
| $w$ (Zn) =35% 黄铜 | 24 | 0.06 | 1.8 |
| $w$ (Zn) =40% 黄铜 | 21 | 0.06 | 1.8 |
| $w$ (Sn) =8% , $w$ (P) =0.3% 青铜 | 19.5 | 0.1 | 2.3 |
| $w$ (Si) =1.5% 青铜 | 16.5 | 0.1 | 1.8 |
| $w$ (Mn) , $w$ (Zn) =28% 黄铜 | 22 | 0.1 | 1.8 |
| $w$ (Al) =2% , $w$ (Zn) =20.5% 黄铜 | 24 | 0.06 | 1.8 |

注：1. 板厚 0.9 mm。

2. 锥台型 Cd – Cu 合金电极端面直径为 4.8 mm。

# 7.3　缝　焊

## 7.3.1　特点、种类及应用

缝焊是点焊的一种演变，是将焊件装配成搭接接头，并置于两滚轮电极之间，滚轮加压焊件并转动，连续或断续送电，从而获得一条连续焊缝的电阻焊方法。缝焊实质上是连续进行的点焊，在缝焊时形成的连续焊缝是由各个焊点彼此部分地相互重叠而成的，焊点间相互重叠约有 50%，如图 7 – 4 所示。

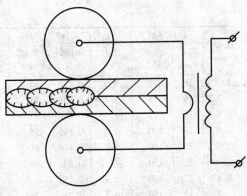

**图 7 – 4　焊缝原理**

缝焊除了具有与点焊相似的特点外，还有其本身的一些特点：

（1）能够获得坚固、气密的焊缝，该焊接方法用于要求密封的薄壁结构，如油箱等。

（2）生产率高于点焊。

（3）缝焊工艺的各项工艺参数要比点焊更稳定。

缝焊的种类及应用范围如表 7 – 11 所示。

表 7 – 11　缝焊的种类及应用范围

| 缝焊种类 | 过程原理 | 特点 | 所需设备 | 应用范围 |
|---|---|---|---|---|
| 连续通电缝焊 | 电极滚盘连续转动，电流连续接通 | 完成焊点时压力逐渐减小，工件易过热，压坑深，焊接质量较点焊的差，电极磨损快 | 最简单，一般为小型电动式工频交流焊机 | 各种钢材薄件或不重要件 |
| 断续通电缝焊 | 电极滚盘连续转动，电流断续接通 | 完成焊点时压力逐渐减小，工件和电极冷却好，焊接质量略低于点焊 | 较简单，一般为中、大型气压式工频交流焊机或电容储能焊机 | 各种钢材重要件，铝及铝合金、异种金属不等厚件及精密件 |
| 步进式缝焊 | 电极滚盘断续转动，电流在滚盘静止时接通 | 焊点质量与点焊相当 | 较复杂，一般为大型直流冲击波焊机 | 铝及铝合金重要件 |

## 7.3.2 缝焊机

缝焊机与点焊机的区别在于它使用旋转的滚轮电极代替固定的电极。

表7-12 缝焊机分类

| 分类方法 | 种类 |
|---|---|
| 按缝焊方法分 | 连续式、断续式、步进式 |
| 按安装方式分 | 固定式、移动式 |
| 按焊机移动方向分 | 纵缝缝焊机、横缝缝焊机、纵横通用缝焊机、圆缝缝焊机 |
| 按馈电方式分 | 双侧缝焊机、单侧缝焊机 |
| 按滚轮数目分 | 双滚轮缝焊机、单滚轮缝焊机 |
| 按加压机构的传动方式分 | 脚踏式、电动凸轮式、气压式等 |

## 7.3.3 缝焊接头质量

缝焊接头处焊缝缺欠、成因及改进措施如表7-13所示。

表7-13 焊缝缺欠、成因及改进措施

| 缺欠类型 | 质量问题 | 产生的可能原因 | 改进措施 |
|---|---|---|---|
| 熔核、焊缝尺寸缺欠 | 重叠量不够 | 焊接电流小,脉冲时间短,间隔时间长,或者是由于焊点间距不当,缝焊速度过快 | 调整焊接参数 |
| 外部缺欠 | 表面压痕形状及波纹度不均匀 | 电极表面形状不正确,磨损不均匀,焊件与滚轮电极相互倾斜,或焊接速度过快及焊接参数不稳定等 | 修整滚轮电极,或检查机头刚度,调整滚轮电极倾角,调整焊接速度,检查控制装置 |

## 7.3.4 缝焊的焊接规范

各种金属进行缝焊的焊接规范如表7-14~表7-17所示。

表7-14 10号钢和20号钢缝焊焊接规范 (HB/Z78—84)

| 材料厚度/mm | 焊轮宽度/mm | 焊接时间/s | 间隔时间/s | 焊接电流/kA | 电极压力/N | 焊接速度/(m/min) |
|---|---|---|---|---|---|---|
| 0.3+0.3 | 3.0 | 0.04~0.06 | 0.02~0.04 | 7~8 | 2500~3000 | 1.0~1.4 |
| 0.5+0.5 | 4.0~5.0 | 0.06~0.08 | 0.04~0.06 | 6~10 | 3000~3500 | 1.0~1.4 |
| 0.8+0.8 | 5.0~6.0 | 0.06~0.10 | 0.06~0.08 | 8~13 | 3500~4500 | 1.0~1.2 |
| 1.0+1.0 | 5.5~6.5 | 0.08~0.12 | 0.06~0.10 | 10~14 | 3500~5000 | 0.6~1.0 |
| 1.2+1.2 | 6.0~7.0 | 0.10~0.12 | 0.10~0.12 | 12~16 | 4000~6000 | 0.5~0.8 |
| 1.5+1.5 | 7.5~8.5 | 0.10~0.12 | 0.10~0.12 | 14~18 | 5000~6000 | 0.5~0.8 |
| 2.0+2.0 | 8.0~9.0 | 0.10~0.14 | 0.10~0.14 | 15~19 | 5800~7000 | 0.5~0.8 |

表7-15 30CrMnSiA、12Mn2A、40CrNiMoA等结构钢的缝焊焊接规范

| 薄件厚度/mm | 焊接电流/kA | 焊接时间/s | 间隔时间/s | 电极压力/N | 焊接速度/(m/min) |
|---|---|---|---|---|---|
| 0.5 | 7~8 | 0.1~0.12 | 0.12~0.16 | 3000~3500 | 0.8~0.9 |
| 0.8 | 7.5~8.5 | 0.12~0.14 | 0.14~0.2 | 3500~4000 | 0.7~0.8 |
| 1 | 9.5~10.5 | 0.14~0.16 | 0.18~0.24 | 5000~6000 | 0.6~0.7 |
| 1.2 | 12~13.5 | 0.16~0.18 | 0.22~0.3 | 5500~6500 | 0.6~0.6 |
| 1.5 | 14~16 | 0.18~0.2 | 0.25~0.32 | 8000~9000 | 0.5~0.6 |
| 2 | 17~19 | 0.2~0.22 | 0.3~0.36 | 10000~11500 | 0.5~0.6 |
| 2.5 | 20~21 | 0.24~0.26 | 0.32~0.4 | 12000~14000 | 0.4~0.5 |
| 3 | 22~23 | 0.30~0.32 | 0.36~0.44 | 14000~16000 | 0.3~0.4 |

表 7 - 16 不锈钢缝焊焊接规范（BH/ZZ78—84）

| 材料厚度/mm | 焊轮宽度/mm | 焊接时间/s | 间隔时间/s | 焊接电流/kA | 电极压力/N | 焊接速度/(m/min) |
|---|---|---|---|---|---|---|
| 0.3+0.3 | 3.0~3.5 | 0.02~0.04 | 0.02~0.04 | 4.5~5.5 | 2500~3000 | 1.0~1.5 |
| 0.5+0.5 | 4.5~5.5 | 0.02~0.06 | 0.04~0.06 | 6.0~7.0 | 3400~3800 | 0.8~1.2 |
| 0.8+0.8 | 5.0~6.0 | 0.04~0.10 | 0.06~0.08 | 7.0~8.0 | 1000~5000 | 0.6~0.8 |
| 1.0+1.0 | 5.5~6.5 | 0.08~0.10 | 0.06~0.08 | 8.0~9.0 | 5000~6000 | 0.6~0.7 |
| 1.2+1.2 | 6.5~7.5 | 0.08~0.12 | 0.06~0.10 | 8.5~10 | 5500~6200 | 0.5~0.6 |
| 1.5+1.5 | 7.0~8.0 | 0.10~0.14 | 0.10~0.14 | 9.0~12 | 6000~7000 | 0.4~0.8 |
| 2.0+2.0 | 7.5~8.5 | 0.14~0.16 | 0.12~0.18 | 10~13 | 7000~8000 | 0.4~0.5 |

表 7 - 17 铝合金缝焊焊接规范

| 焊机类型 | 材料厚度/mm | 焊接电流/kA | | 焊接时间/s | 电极压力/N | | 焊点点距 | 每分钟通电次数 |
|---|---|---|---|---|---|---|---|---|
| | | A类铝合金 | B类铝合金 | | A类铝合金 | B类铝合金 | | |
| 直流脉冲焊机 | 1+1 | 43 | 42 | 0.08 | 5000 | 3000 | 1.5 | 180~150 |
| | 1.5+1.5 | 50 | 57 | 0.08 | 5500 | 3500 | 2.5 | 180~150 |
| | 2+2 | 55 | 53 | 0.12 | 7500 | 6500 | 3.5 | 125~100 |
| | 2.5+2.5 | 58 | 56 | 0.14 | 9000 | 7500 | 4.2 | 105~95 |
| 单相交流缝焊机 | 0.5+0.5 | — | 19 | 0.04 | — | 2000 | — | 200 |
| | 0.8+0.8 | — | 21 | 0.04 | — | 2200 | — | 200 |
| | 1+1 | — | 26 | 0.06 | — | 2400 | — | 150 |
| | 1.2+1.2 | — | 32 | 0.08 | — | 3000 | — | 150 |
| | 1.5+1.5 | — | 35 | 0.10 | — | 3300 | — | 120 |

# 7.4 凸　　焊

## 7.4.1　特点及应用

凸焊是点焊的一种演变，它是在一焊件的结合面上预先加工出一个或多个凸点，使其与另一焊件表面相接触，加压并通电加热，凸点被压塌后，使这些接触点形成焊点的电阻焊方法。凸点的存在限制了电流流经焊件的面积，提高了焊接区的电流密度，使焊接区集中加热，有利于实现接头的连接。凸焊接头形式很多，其中以搭接接头使用最广。凸点的形状可以是圆形、长圆形和环形，如图7-5所示。

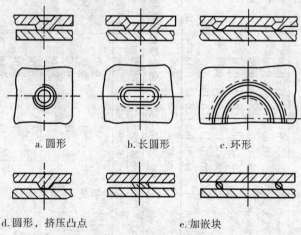

a. 圆形　　　　b. 长圆形　　　　c. 环形

d. 圆形，挤压凸点　　　　e. 加嵌块

**图7-5　板件搭接接头**

凸点的形状和尺寸的 AWS（美国焊接学会）标准如表7-18、图7-6所示。

表 7 - 18　AWS 标准中凸点的凸起尺寸

(单位：mm)

| 符号 | s | d | h | $r_1$ | $r_2$ | b | a |
|---|---|---|---|---|---|---|---|
| AWS3 | 0.63 | 2.06 | 0.51 | 1.27 | 0.13 | 0.63 | 1.67 |
| AWS4/5 | 0.79~0.89 | 2.39 | 0.56 | 1.57 | 0.13 | 0.76 | 1.89 |
| AWS6/7 | 1.11~1.27 | 3.02 | 0.71 | 1.98 | 0.13 | 0.89 | 2.35 |
| AWS8/9 | 1.57~1.81 | 3.94 | 0.89 | 2.67 | 0.13 | 1.10 | 3.05 |
| AWS10 | 1.98 | 4.75 | 1.04 | 3.25 | 0.25 | 1.40 | 3.97 |
| AWS11 | 2.39 | 5.54 | 1.22 | 3.76 | 0.25 | 1.65 | 4.34 |
| AWS12 | 2.77 | 6.35 | 1.37 | 4.37 | 0.40 | 1.90 | 5.17 |
| AWS13 | 3.13 | 7.13 | 1.52 | 4.90 | 0.40 | 2.15 | 5.81 |

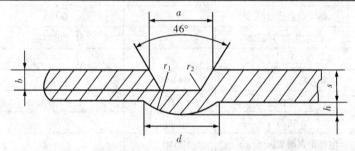

图 7 - 6　AWS 标准的凸点形状与尺寸

凸焊除用于板材的搭接外，还可用于螺母的凸焊、T 形接头焊、管子交叉焊和线材交叉焊等。其主要特点如下：①焊接电流集中，电流密度高，可用较小的电流焊接。②当凸点的大小选择适当时，能可靠地形成较小的焊核。③可以忽略分流的影响而在狭窄的部位同时焊接若干个焊点。④使用平面电极，电极的寿命长，不易产生表面缺陷。⑤焊接接头变形小。⑥可以多点焊接提高生产效率。⑦凸焊机能承受高的电极压力，并保持高的机械精度。⑧焊机的压力系统应有良好的随动性，即克服惯性的能力。⑨在焊件上需要压出凸点，但在厚板上压出凸点是比较困难的。

## 7.4.2　凸焊机

凸焊机的结构与点焊机相似。其区别在于凸焊机一般都采用平板形电极，要求活动部分灵敏、可靠。凸焊机的型号及主要技术数据如表 7 - 19 所示。

**表 7 - 19　凸焊机的型号及主要技术数据**

| 型号 | | TN1—200A | TR—6000 | |
|---|---|---|---|---|
| 额定容量/（kV·A） | | 200 | 10 | |
| 一次电压/V | | 380 | 380（三相） | |
| 一次电流/A | | 527 | — | |
| 二次级空载电压/V | | 4.42 ~ 8.85 | — | |
| 电容器容量/μF | | — | 70000 | |
| 电容器最高充电电压/V | | — | 420 | |
| 最大储存能量/J | | — | 6 164 | |
| 二次电压调节级数 | | 16 | 11（电容器） | |
| 额定负载持续率/% | | 20 | | |
| 最大电极压力/N | | 14000 | 16000 | |
| 上电极 | 工作行程/mm | 80 | 100 | |
| | 辅助行程/mm | 40 | 50 | |
| 下电极垂直调节长度/mm | | 150 | — | |
| 机臂间开度/mm | | — | 150 ~ 250 | |
| 上电极工作次数/（次/mm） | | 65（行程 20 mm） | — | |
| 焊接持续时间/s | | 0.02 ~ 1.98 | 6 | |
| 冷却水消耗量/（L/h） | | 810 | — | |
| 焊件厚度/mm | | — | 1.5 + 1.5 ~ 2 + 2（铝） | |
| 压缩空气 | 压力/MPa | 0.55 | 0.6 ~ 0.8 | |
| | 消耗量/（m³/h） | 33 | 0.63 | |
| 质量/kg | | 900 | 焊机：1050 | 电容箱：250 |
| 外形尺寸 | 长/mm | 1360 | 焊机：1140 | 电容箱：1160 |
| | 宽/mm | 710 | 焊机：672 | 电容箱：400 |
| | 高/mm | 599 | 焊机：1714 | 电容箱：1490 |

续表

| 型号 | TN1—200A | TR—6000 |
|---|---|---|
| 配用控制箱型号 | K08—100—1 | |
| 用途 | 凸焊汽车筒式减震器T形零件 | 专用凸焊201～309单列向心球轴承保持器，更换电极后可进行其他凸焊、点焊 |

## 7.4.3　凸焊的焊接规范

各种材料凸焊时的焊接规范分别如表7-20～表7-26所示。

表7-20　低碳钢薄板凸焊的焊接规范

| 板厚 /mm | 点距 /mm | 焊核 直径 /mm | A参数 | | | B参数 | | | C参数 | | |
|---|---|---|---|---|---|---|---|---|---|---|---|
| | | | 时间 /周 | 电极 压力 /N | 焊接 电流 /A | 时间 /周 | 电极 压力 /N | 焊接 电流 /A | 时间 /周 | 电极 压力 /N | 焊接 电流 /A |
| 0.6 | 7 | 2.5 | 3 | 800 | 5000 | 6 | 700 | 4300 | 6 | 500 | 3300 |
| 0.8 | 9 | 3 | 3 | 1100 | 6600 | 6 | 700 | 5100 | 10 | 600 | 3800 |
| 0.9 | 10 | 4 | 5 | 1300 | 7300 | 8 | 900 | 5500 | 13 | 650 | 4000 |
| 1.0 | 10 | 4 | 8 | 1500 | 8000 | 10 | 1000 | 6000 | 15 | 700 | 4300 |
| 1.2 | 12 | 5 | 8 | 1800 | 8800 | 16 | 1200 | 6500 | 19 | 1000 | 4600 |
| 1.5 | 15 | 6 | 10 | 2500 | 10300 | 20 | 1600 | 7700 | 25 | 1500 | 5400 |
| 1.8 | 18 | 7 | 13 | 3000 | 11300 | 25 | 2000 | 8000 | 32 | 1800 | 6000 |
| 2.0 | 18 | 7 | 14 | 3600 | 11800 | 28 | 2400 | 8800 | 34 | 2100 | 6400 |
| 2.5 | 23 | 8 | 16 | 4600 | 14100 | 32 | 3100 | 10600 | 42 | 2800 | 7500 |
| 3.0 | 27 | 9 | 18 | 6800 | 14900 | 38 | 4500 | 11300 | 50 | 3600 | 8300 |

表7-21　低碳钢厚板单点凸焊的焊接规范

| 板厚 /mm | 凸点尺寸/mm | | 最小 间距/mm | 电极压力/N | | 递增 时间/周 | 焊接 时间/周 | 焊接 电流/kA | 焊点拉 剪力/N |
|---|---|---|---|---|---|---|---|---|---|
| | 直径 | 高度 | | 焊接 | 锻压 | | | | |
| 正常凸点 | | | | | | | | | |
| 4 | 8.5 | 1.65 | 45 | 9560 | 19000 | 12 | 54 | 15.8 | 34700 |
| 5 | 10.5 | 2.13 | 51 | 13000 | 26000 | 17 | 84 | 18.8 | 50000 |
| 6 | 12.5 | 2.60 | 61 | 16700 | 33400 | 25 | 121 | 23.3 | 76900 |

续表

| 板厚 /mm | 凸点尺寸/mm | | 最小 间距/mm | 电极压力/N | | 递增 时间/周 | 焊接 时间/周 | 焊接 电流/kA | 焊点拉 剪力/N |
|---|---|---|---|---|---|---|---|---|---|
| | 直径 | 高度 | | 焊接 | 锻压 | | | | |
| 小尺寸凸点 | | | | | | | | | |
| 4 | 7.0 | 1.52 | 41 | 6300 | 12600 | 12 | 54 | 11.5 | 24600 |
| 5 | 8.5 | 1.83 | 44 | 7100 | 14200 | 17 | 84 | 13.9 | 34200 |
| 6 | 9.5 | 2.16 | 43 | 8900 | 17800 | 25 | 121 | 17.3 | 53300 |

**表7-22 环形凸焊的焊接规范**

| 凸缘形状 | 凸缘尺寸/mm | | | 另一板 厚度/mm | 电极 压力/N | 时间 /周 | 焊接 电流/A |
|---|---|---|---|---|---|---|---|
| | D | T | H | | | | |
| | 12 | 1.2 | 1.0 | 0.8 | 4500 | 5 | 16000 |
| | | 1.8 | 1.6 | 1.6 | 5000 | 8 | 16000 |
| | | 2.2 | 1.9 | 3.2 | 6000 | 12 | 22000 |
| | 30 | 1.5 | 1.3 | 0.8 | 13000 | 24 | 42000 |
| | | 1.5 | 1.3 | 0.8 | 18000 | 12 | 48000 |
| | | 2.2 | 1.9 | 1.6 | 14000 | 12 | 45000 |
| | | 2.2 | 1.9 | 1.6 | 20000 | 16 | 52000 |
| | | 3.2 | 2.8 | 3.2 | 18000 | 16 | 52000 |
| | | 4.4 | 3.8 | 3.2 | 25000 | 20 | 60000 |

**表7-23 低碳钢丝交叉接头凸焊的焊接规范**

| 钢丝 直径 /mm | 时间 /周 | 15%压下量时的参数 | | | 30%压下量时的参数 | | |
|---|---|---|---|---|---|---|---|
| | | 电极压力 /N | 焊接电流 /A | 焊点拉 剪力/N | 电极压力 /N | 焊接电流 /A | 焊点拉 剪力/N |
| 冷拔丝 | | | | | | | |
| 1.60 | 4 | 445 | 600 | 2000 | 670 | 800 | 2220 |
| 3.20 | 8 | 556 | 1800 | 4300 | 1160 | 2700 | 5000 |
| 4.80 | 14 | 1600 | 3300 | 8900 | 2670 | 5000 | 10700 |
| 6.40 | 19 | 2600 | 4300 | 16500 | 3780 | 6700 | 18700 |

续表

| 钢丝直径/mm | 时间/周 | 15%压下量时的参数 | | | 30%压下量时的参数 | | |
|---|---|---|---|---|---|---|---|
| | | 电极压力/N | 焊接电流/A | 焊点拉剪力/N | 电极压力/N | 焊接电流/A | 焊点拉剪力/N |
| 冷拔丝 | | | | | | | |
| 7. 90 | 25 | 3670 | 6200 | 22700 | 6450 | 9300 | 27100 |
| 9. 50 | 33 | 4890 | 7400 | 29800 | 9170 | 11300 | 37000 |
| 11. 10 | 42 | 6300 | 9300 | 42700 | 12900 | 13800 | 50200 |
| 12. 70 | 50 | 7600 | 10300 | 54300 | 15100 | 15800 | 60500 |
| 热拔丝 | | | | | | | |
| 1. 60 | 4 | 445 | 800 | 1600 | 670 | 800 | 1780 |
| 3. 20 | 8 | 556 | 2800 | 3300 | 1160 | 2800 | 3800 |
| 4. 80 | 14 | 1600 | 5100 | 6700 | 2670 | 5100 | 7500 |
| 6. 40 | 19 | 2600 | 7100 | 12500 | 3780 | 7100 | 13400 |
| 7. 90 | 25 | 3670 | 9600 | 20500 | 6450 | 9600 | 22300 |
| 9. 50 | 33 | 4890 | 11800 | 27600 | 9170 | 11800 | 30300 |
| 11. 10 | 42 | 6300 | 14800 | 39100 | 12900 | 14800 | 42700 |
| 12. 70 | 50 | 7600 | 16500 | 51200 | 15100 | 16500 | 55170 |

注：压下量指电阻焊中一根钢丝压入另一根丝的数量。

表7-24 管子十字形交叉凸焊的焊接规范

| 压下量/% | 管子外径/mm | 壁厚/mm | 电极压力/N | 时间/周 | 焊接电流/A |
|---|---|---|---|---|---|
| 5 | 10 | 0.9 | 2000 | 12 | 5000 |
| | 16 | 1.0 | 2000 | 15 | 9500 |
| | 22 | 1.25 | 2200 | 20 | 12000 |
| | 25 | 1.5 | 2400 | 17 | 14000 |
| | 30 | 1.5 | 2400 | 17 | 16000 |
| | 35 | 2.0 | 2700 | 20 | 18000 |
| 15 | 10 | 0.9 | 2000 | 40 | 9000 |
| | 16 | 1.0 | 2000 | 60 | 9500 |
| | 22 | 1.25 | 2200 | 60 | 12000 |
| | 25 | 1.5 | 2400 | 57 | 14000 |
| | 30 | 1.5 | 2400 | 55 | 16000 |
| | 35 | 2.0 | 2700 | 75 | 18000 |

表7-25 圆球形凸点的焊接规范

| 贴塑料面板厚/mm | 另一无贴面钢板 | | | 电极压力/N | 时间/s | 电流峰值/A | 焊点拉剪力/N |
|---|---|---|---|---|---|---|---|
| | 板厚/mm | 凸点尺寸/mm | | | | | |
| | | h | d | | | | |
| 0.6 | 0.4 | 0.4 | 2.0 | 150 | 0.004 | 3200 | 750 |
| | 0.6 | 0.3 | 1.8 | 150 | 0.005 | 3500 | 500 |
| 0.8 | 0.4 | 0.4 | 1.8 | 150 | 0.005 | 3200 | 650 |
| | 0.8 | 0.4 | 1.8 | 200 | 0.005 | 3500 | 1000 |
| 1.0 | 0.4 | 0.4 | 2.0 | 150 | 0.005 | 4000 | 750 |
| | 1.0 | 0.5 | 2.0 | 250 | 0.005 | 4500 | 1000 |
| 1.2 | 0.6 | 0.6 | 2.6 | 250 | 0.006 | 5000 | 1000 |
| | 1.2 | 0.5 | 3.0 | 850 | 0.006 | 8000 | 1000 |

表7-26 不锈钢的凸点尺寸及凸焊焊接规范

| 板厚/mm | 凸点尺寸/mm | | 焊接电流/A | 电极压力/N | 时间/周 |
|---|---|---|---|---|---|
| | d | h | | | |
| 0.6 | 2.4 | 0.6 | 3500 | 2500 | 6 |
| 0.8 | 2.4 | 0.6 | 4000 | 2800 | 7 |
| 1.0 | 2.6 | 0.7 | 4500 | 3200 | 8 |
| 1.2 | 2.8 | 0.7 | 5000 | 3800 | 10 |
| 1.6 | 3.2 | 0.8 | 6000 | 5000 | 12 |
| 2.3 | 3.8 | 1.0 | 7000 | 6000 | 18 |
| 3.2 | 4.5 | 1.0 | 8000 | 7000 | 24 |

# 7.5 对　焊

## 7.5.1 特点及应用

对焊是利用电阻焊将两工件沿整个端面同时焊接起来的一种方法，它包括电阻对焊和闪光对焊，其接头以对接形式将整个接触面积焊接起来，一个部件或零件具有一个或多个接头，一般可一次焊成。

### 1. 特点

（1）焊件断面可以加热到高温塑性状态，也可以加热到熔化状态。顶锻时部分金属被挤出接头，所以达到熔点的金属不可能成为焊缝的组成部分。

（2）焊件尺寸范围较大，最小的对焊零件为 $\phi 0.4$ mm、截面积约为 0.126 mm$^2$ 的金属丝，最大的零件是截面积超过 105 mm$^2$ 的钢坯。焊件可在一瞬间实现整个断面的对接。

（3）两个焊件的截面形状必须完全一致才可对焊。尺寸的差别限制为：直径差别应小于 15%，厚度差别应小于 10%。

### 2. 应用　对焊的生产率高，易于自动化，主要用于：

（1）接长零件，把短件接成长件。例如，冶金工业中带材及型材的对接；建筑工业中钢筋的对接，以及钢轨、锅炉钢管、石油和天然气输送管道的对接等。

（2）环形零件对接。例如，锚链及各种起重运输用的链环、汽车轮辋、齿轮轮缘以及自行车车圈对接等。

（3）由简单的坯件焊成复杂的零部件，以简化加工工艺，减少加工工时，降低材料消耗。例如，不锈钢餐具、窗框、汽车万向轴壳及柴油机机体的对接等。

（4）异种金属材料对焊。为了节省贵重金属或提高产品的性能，可把不同的金属材料对焊在一起。例如，刀具中的工具钢与碳钢，铜—铝接头，以及内燃机排气阀中耐热钢与碳钢的对接等。

## 7.5.2　对焊机

对焊机的机械装置主要包括机身、夹紧机构、送进机构等关键部分。国产对焊机的型号及主要技术数据如表 7-27～表 7-30 所示。

表 7-27　弹簧顶锻式对焊机技术数据

| 型号 | UN—1 | UN—3 | UN—10 |
|---|---|---|---|
| 额定容量/（kV·A） | 1 | 3 | 10 |
| 一次电压/V | 220/380 | 220/380 | 220/380 |
| 二次电压调节范围/V | 0.5～1.5 | 1～2 | 1.6～3.2 |

| 型号 | | UN—1 | UN—3 | UN—10 |
|---|---|---|---|---|
| 二次电压调节级数 | | 8 | 8 | 8 |
| 额定负载持续率/% | | 8 | 15 | 15 |
| 钳口夹紧力/N | | 80~100 | 450 | 900 |
| 顶锻力调节范围/N | | 1~40 | 6~180 | 20~350 |
| 最大顶锻力/N | | 40 | 180 | 350 |
| 钳口最大距离/mm | | 7 | 15 | 30 |
| 焊接直径 /mm | 低碳钢 | $\phi0.4~2$ | $\phi1~5$ | $\phi3~8$ |
| | 铜 | $\phi0.5~1.2$ | $\phi1~2.5$ | $\phi2.5~6$ |
| | 铝 | $\phi0.5~1.5$ | $\phi1~3$ | $\phi2.5~6$ |
| 焊接生产率/（次/h） | | 300 | 400 | 400 |
| 质量/kg | | 15 | 60 | 127 |
| 外形尺寸 | 长/mm | 310 | 690 | 730 |
| | 宽/mm | 265 | 565 | 595 |
| | 高/mm | 265 | 1105 | 1035 |
| 用途 | | 对焊低碳钢棒、铜丝及铝丝 | | |

表7-28 杠杆挤压弹簧顶锻式对焊机技术数据

| 型号 | UN1—25 | UN1—75 | UN1—100 |
|---|---|---|---|
| 额定容量/（kV·A） | 25 | 75 | 100 |
| 一次电压/V | 220/380 | 220/380 | 380 |
| 二次电压调节范围/V | 1.76~3.52 | 3.52~7.04 | 4.5~7.6 |
| 二次电压调节级数 | 8 | 8 | 8 |
| 额定负载持续率/% | 20 | 20 | 20 |
| 钳口最大夹紧力/N | — | — | 35000~40000 |

续表

| 型号 | | | UN1—25 | UN1—75 | UN1—100 |
|---|---|---|---|---|---|
| 最大顶锻力/N | 弹簧加压 | | 1500 | — | — |
| | 杠杆加压 | | 10000 | 30000 | 40000 |
| 钳口最大距离/mm | | | 50 | 80 | 80 |
| 最大进给/mm | 弹簧加压 | | 15 | — | — |
| | 杠杆加压 | | 20 | 30 | 50 |
| 最大焊接截面/mm² | 杠杆加压 | 低碳钢 | 300 | 600 | 1000 |
| | 弹簧加压 | 低碳钢 | 120 | — | — |
| | | 铜 | 150 | — | — |
| | | 黄铜 | 200 | — | — |
| | | 铝 | 200 | — | — |
| 焊接生产率/（次/h） | | | 110 | 75 | 20~30 |
| 冷却水消耗量/（L/h） | | | 120 | 200 | 200 |
| 质量/kg | | | 275 | 455 | 465 |
| 外形尺寸 | 长/mm | | 1340 | 1520 | 1580 |
| | 宽/mm | | 500 | 550 | 550 |
| | 高/mm | | 1300 | 1080 | 1150 |
| 用途 | | | 用电阻对焊或闪光焊法焊接低碳钢和有色金属零件 | | |

表7-29 UN2—150—2型电动凸轮顶锻式对焊机技术数据

| | |
|---|---|
| 额定容量/（kV·A） | 150 |
| 一次电压/V | 380 |
| 二次电压调节范围/V | 4.05~8.1 |
| 二次电压调节级数 | 16 |
| 额定负载持续率/% | 20 |
| 最大夹紧力/N | 100000 |

续表

| | | |
|---|---|---|
| 最大顶锻力/N | | 65000 |
| 钳口间距离/mm | | 10 ~ 100 |
| 自动焊时可动夹具最大行程/mm | | 27 |
| 烧化及顶锻持续时间/s | | ≤95 |
| 定夹具接触钳口在垂直方向调整距离/mm | | ±10 |
| 动夹具接触钳口在水平方向调整距离/mm | | ±4 |
| 焊件端部最大预热压缩量/mm | | 10 |
| 低碳钢最大焊接截面/mm² | 用连续烧化法自动焊时 | 1000 |
| | 焊件端部先行预热时 | 2000 |
| 自动焊时生产率/（次/h） | | 80 |
| 冷却水消耗量/（L/h） | | 200 |
| 压缩空气 | 压力/MPa | 0.55 |
| | 消耗量/（m³/h） | 15 |
| 电动机功率/kW | | 2.2 |
| 质量/kg | | 2500 |
| 外形尺寸 | 长/mm | 2140 |
| | 宽/mm | 1360 |
| | 高/mm | 1380 |
| 用途 | | 自动焊接低碳钢零件 |

### 表 7 – 30　气压顶锻式对焊机技术数据

| 名称 | 空腹钢窗对焊机 | 闪光对焊机 | 钢轨对焊机 |
|---|---|---|---|
| 型号 | UN—150 | UN4—300 | UN6—500 |
| 额定容量/（kV·A） | 150 | 300 | 500 |
| 一次电压/V | 380 | 380 | 380 |
| 二次电压调节范围/V | 6.6 ~ 11.8 | 5.42 ~ 10.84 | 6.8 ~ 13.6 |

| 名称 | | 空腹钢窗对焊机 | 闪光对焊机 | 钢轨对焊机 |
|---|---|---|---|---|
| 型号 | | UN—150 | UN4—300 | UN6—500 |
| 额定一次电流/A | | 400 | — | — |
| 二次电压调节数 | | 6 | 16 | 16 |
| 额定负载持续率/% | | 25 | 20 | 40 |
| 最大夹紧力/N | | 5000 | 350000 | 600000 |
| 最大顶锻力/N | | 15000 | 250000 | 350000 |
| 最大顶锻量/mm | | — | | |
| 夹具间最大距离/mm | | 50±1 | 200 | 200±10 |
| 动夹具最大行程/mm | | | 120 | 150 |
| 速度/(mm/s) | 预热 | — | — | — |
| | 闪光 | 3~5 | | 1~4 |
| | 顶锻 | | | 25 |
| 最大焊接截面积/mm² | | — | 最大5000，额定2500 | 钢轨8500，紧凑截面10000 |
| 生产率/（次/h） | | 150~240 | 12 | 7 |
| 冷却水消耗量/（L/h） | | 800 | 1500 | 1800 |
| 压缩空气 | 压力/MPa | 0.6 | 0.6 | 0.5 |
| | 消耗量/（m³/h） | 66 | 2 | 0.2 |
| 电动机功率/kW | | — | 11 | 14 |
| 质量/kg | | 1700 | 焊机：8000控制箱：230 | 15000 |
| 焊机外形尺寸 | 长/mm | 2650 | 3540 | 3300 |
| | 宽/mm | 500 | 1600 | 1630 |
| | 高/mm | 1200 | 2210 | 2200 |
| 用途 | | 焊接低碳钢及合金钢空腹钢窗 | 焊接截面5000 mm²以下的低碳钢焊件 | 焊接铁路钢轨及紧凑截面10000 mm²以下的低碳钢焊件 |

### 7.5.3　电阻对焊焊接规范

电阻对焊是先加压力，后通电。由于电阻热使焊件温度升高，但温度最高也低于焊件熔点（约为 0.9 倍的熔点温度），所以焊件只有变形而几乎没有烧损。对焊的焊接参数主要有：

（1）电流密度：对于碳钢一般取 9000 ~ 70000 $A/cm^2$。焊件截面较大时，应取下限，或比功率［最大放电电流×该状态下所能持续放电的时间/质量（或体积）］取 10 ~ 50 $kW/cm^2$。

（2）通电时间：碳钢一般取 0.02 ~ 3.0 s。

（3）顶锻压力：低碳钢一般取 10 ~ 30 MPa，有色金属按其物理化学性能取 3 ~ 45 MPa。

（4）伸出长度：对每个焊件，一般应取为焊件直径的 0.6 ~ 2 倍。直径较小时，取上限。对焊的焊接规范如表 7 - 31 所示。

表 7 - 31　部分金属的电阻对焊（等压式）的焊接规范

| 焊件材质 | 截面积/$mm^2$ | 伸出长度/m | 电流密度/（$A/mm^2$） | 焊接时间/s | 缩短量/mm | | 压强/MPa |
|---|---|---|---|---|---|---|---|
| | | | | | 有电 | 无电 | |
| 低碳钢 | 25 | 12 | 200 | 0.6 | 0.5 | 0.9 | 10 ~ 20 |
| | 50 | 16 | 160 | 0.8 | 0.5 | 0.9 | |
| | 100 | 20 | 140 | 1.0 | 0.5 | 1.0 | |
| | 250 | 24 | 90 | 1.5 | 1.0 | 1.8 | |
| 纯铜 | 25 | 15 | 70 ~ 200 | — | 1.0 | 1.0 | 30 |
| | 100 | 25 | | | 1.5 | 1.5 | |
| | 500 | 60 | | | 2.0 | 2.0 | |
| 加工黄铜 | 25 | 10 | 50 ~ 150 | — | 1.0 | 1.0 | |
| | 100 | 15 | | | 1.5 | 1.5 | |
| | 500 | 30 | | | 2.0 | 2.0 | |
| 铝 | 25 | | 40 ~ 120 | — | 2.0 | 2.0 | 15 |
| | 100 | 15 | | | 2.5 | 2.5 | |
| | 500 | 30 | | | 4.0 | 4.0 | |

注：焊件形状为圆形或方形棒材。

### 7.5.4　闪光对焊焊接规范

闪光对焊分为连续闪光对焊及预热闪光对焊。它可用于中、大截面焊件

的对接,可以焊接碳钢、工具钢、不锈钢等,并且可以焊接异种材料。闪光对焊包含的焊接工艺参数有:

(1)预热参数:包括预热次数、每次短路时间等。

(2)烧化参数:包括烧化模式、烧化留量、空载电压、平均烧化速度等。

(3)顶锻参数:包括顶锻留量、顶锻力、顶锻速度等。

(4)表7-32~表7-36列出了部分管件闪光对焊的焊接规范。

表7-32 部分管件闪光对焊的焊接规范

| 材料 | 规格/mm | 伸出长度/mm | 二次空载电压/V | 闪光留量/mm | 平均闪光速度/(mm/s) | 有电顶锻留量/mm | 无电顶锻留量/mm |
|---|---|---|---|---|---|---|---|
| 20 | φ32×3 | 50 | 5.5~6.0 | 8 | 1.28~1.33 | 1 | 2 |
| | φ32×4 | 50 | 5.8~6.2 | 10 | 1.2~1.3 | 1 | 2~2.5 |
| | φ38×3.5 | 50 | 5.5~6.0 | 8 | 1.2~1.3 | 1 | 2~2.5 |
| | φ60×3 | 70 | 5.0~5.5 | 10 | 1.0~1.5 | 2 | 2.5 |
| 12Cr1MoV | φ42×5 | 75 | 6.5~7.0 | 10 | 1.0 | 4 | 1~1.5 |
| 1Cr18Ni9 | φ22×2.5 | 24 | 5.5~6.0 | 9~9.5 | 2.5~3 | 1.5~2.0 | 2.5 |

表7-33 用预热闪光对焊焊接小直径锚链的焊接规范

| 直径/mm | 预热次数 | 闪光留量/mm | 平均闪光速度/(mm/s) | 有电顶锻留量/mm | 无电顶锻留量/mm |
|---|---|---|---|---|---|
| 28 | 2~4 | 6 | 0.9~1.1 | 1.0~1.5 | 1.5 |
| 31 | 3~5 | 6 | 0.9~1.1 | 1.0~1.5 | 1.5 |
| 34 | 3~5 | 6 | 0.8~1.0 | 1.5 | 1.5 |
| 37 | 4~6 | 7 | 0.8~1.0 | 1.5 | 1.5~2.0 |
| 40 | 5~7 | 7 | 0.7~0.9 | 1.5~2.0 | 2.0 |

表7-34 用闪光对焊焊接汽车拖拉机轮圈的焊接规范

| 截面积/mm² | 伸出长度/mm | 闪光留量/mm | 闪光模式 | 闪光时间/s | 预锻力/kN | 有电预锻留量/mm | 有电顶锻时间[1]/s |
|---|---|---|---|---|---|---|---|
| 2000 | 40 | 18 | 加速 | 13 | 250 | 5 | 0.08 |
| 3000 | 50 | 24 | 等速转加速 | 23 | 295 | 6 | 0.08 |

①大截面零件闪光对焊时,有电顶锻留量常用有电顶锻时间替代。

表7-35　钢轨进行预热闪光对焊的焊接规范

| 轨型 /(kg/m) | 闪光整平 | | 预热 | | 闪光 | | 顶锻 | |
|---|---|---|---|---|---|---|---|---|
| | 留量 /mm | 时间 /s | 次数 | 时间/s | 留量 /mm | 时间 /s | 留量 /mm | 有电顶锻 时间/s |
| 50 | 4.0~5.5 | 18~30 | 9 | 40 | 9~11 | 18~28 | 8~13 | 1 |
| 60 | 4.0~5.5 | 18~30 | 9 | 40 | 9~11 | 20~32 | 8~13 | 1 |

表7-36　刃具进行闪光对焊的焊接规范

| 直径 /mm | 伸出长度/mm | | 留量/mm | | | | | 总留量 /mm | 其中工具钢 留量/mm | 二次空 载电压 /V |
|---|---|---|---|---|---|---|---|---|---|---|
| | 工具钢 | 碳钢 | 预热 | 闪光 | 顶锻 | | | | | |
| | | | | | 有电 | 无电 | | | | |
| 8~10 | 10 | 15 | 1.0 | 2.0 | 0.5 | 1.5 | 5 | 3 | 3.8~4.0 |
| 11~15 | 12 | 20 | 1.5 | 2.5 | 0.5 | 1.5 | 6 | 3.5 | 3.8~4.0 |
| 16~20 | 15 | 20 | 1.5 | 2.5 | 0.5 | 1.5 | 6 | 3.5 | 4.0~4.3 |
| 21~22 | 15 | 20 | 1.5 | 2.5 | 0.5 | 1.5 | 6 | 3.5 | 4.0~4.3 |
| 23~24 | 18 | 27 | 2.0 | 2.5 | 0.5 | 2.0 | 7 | 4.0 | 4.0~4.3 |
| 25~30 | 18 | 27 | 2.0 | 2.5 | 0.5 | 2.0 | 7 | 4.0 | 4.3~4.5 |
| 31~32 | 20 | 30 | 2.0 | 2.5 | 0.5 | 2.0 | 7 | 4.0 | 4.5~4.8 |
| 33~35 | 20 | 30 | 2.0 | 2.5 | 0.5 | 2.0 | 7 | 4.0 | 4.8~5.1 |
| 36~40 | 20 | 30 | 2.5 | 3.0 | 0.5 | 2.0 | 8 | 5.0 | 5.1~5.5 |
| 41~46 | 20 | 30 | 2.5 | 3.0 | 1.0 | 2.0 | 9 | 5.5 | 5.5~6.0 |
| 47~50 | 22 | 33 | 2.5 | 3.0 | 1.0 | 2.5 | 9 | 5.5 | 6.0~6.5 |
| 51~55 | 25 | 40 | 2.5 | 3.0 | 1.0 | 3.5 | 10 | 6.0 | 6.5~6.8 |
| 55~80 | 25 | 40 | 2.5 | 4.0 | 1.5 | 4.0 | 12 | 7.0 | 7.0~8.0 |

# 第8章 钎 焊

钎焊是指采用比母材熔点低的金属材料作为钎料,将母材和钎料加热到高于钎料熔点、低于母材熔点的温度,利用液态钎料润湿母材,填充接头间隙并与母材相互扩散实现连接的焊接方法。

## 8.1 钎焊材料

钎焊材料是钎焊过程中在低于母材熔点的温度下熔化并填充钎焊接头的钎料(纯金属或合金),以及去除或破坏母材接头部位氧化膜作用的钎剂的总称。根据所起的作用不同,钎焊材料可被分为钎料与钎剂,它们质量的好坏、应用是否合理,对钎焊接头的质量起着举足轻重的作用。

### 8.1.1 钎剂

**1. 钎剂的分类** 根据实际使用情况,将钎剂分为软钎剂、硬钎剂、专用钎剂和气体钎剂等类别。

**2. 钎剂型号表示方法** 软钎剂型号由代号"FS"加上钎剂分类的代码组合而成。软钎剂的分类按表 8 - 1 所示。例如,非卤化物活性液体松香钎剂应编为 1. 1. 3. A,型号表示为 FS113A。

根据 JB/T 6045—92《硬钎焊用钎剂》的规定,钎剂型号由硬钎焊用钎剂"FB"和根据钎剂的主要元素组分划分的分类代号"$X_1$"(有 4 种值,分别为 1、2、3、4)及钎剂顺序号"$X_2$"、钎剂形态"$X_3$"表示。如图 8 - 1 所示。其中钎剂形态"$X_3$"分别为大写字母 S(粉末状、粒状)、P(膏状)、L(液态)表示。

表8-1 软钎剂的分类

| 类型 | 钎剂基体 | 钎剂活性剂 | 钎剂形态 |
|---|---|---|---|
| 树脂类 | 松香 | (1) 未添加活性剂<br>(2) 加入卤化物活性剂[①]<br>(3) 加入非卤化物活性剂 | (1) 液体<br>(2) 固体<br>(3) 膏状 |
| | 非松香（树脂） | | |
| 有机物类 | 水溶性 | | |
| | 非水溶性 | | |
| 无机物类 | 盐类 | (1) 含有氯化铵<br>(2) 不含有氯化铵 | |
| | 酸类 | (1) 磷酸<br>(2) 其他酸 | |
| | 碱类 | 氨和（或）铵 | |

① 也可能存在其他活性剂。

表8-2 钎剂主要元素组成分类

| 钎剂主要组分分类代号（$X_1$） | 钎剂主要组分（质量分数/%） | 钎焊温度/℃ |
|---|---|---|
| 1 | 硼酸+硼砂+氟化物≥90 | 550~850 |
| 2 | 卤化物≥80 | 450~620 |
| 3 | 硼砂+硼酸≥90 | 800~1150 |
| 4 | 硼酸三甲脂≥60 | >450 |

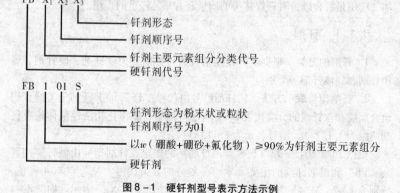

图8-1 硬钎剂型号表示方法示例

**3. 软钎剂** 软钎剂由成膜物质、活化物质、助剂、溶剂和稀释剂组成。根据钎剂残渣的性质，可以将软钎剂分为三大类：腐蚀性钎剂、弱腐蚀性钎剂和无腐蚀性钎剂。

（1）腐蚀性钎剂：腐蚀性钎剂由无机酸和无机盐组成，具有很强的活性，能有效地去除母材表面的氧化物，促进钎料的润湿和铺展。但是钎剂残渣具有强烈的腐蚀性，钎焊后的残渣必须彻底清除干净。表8－3列出了几种腐蚀性钎剂的成分与用途。

表8－3 几种腐蚀性钎剂的成分与用途

| 编号 | 成分 | 用途 |
|---|---|---|
| 1 | $ZnCl_2$:1130 g，$NH_4Cl$:110 g，$H_2O$:4 L | 钎焊铜和铜合金、钢 |
| 2 | $ZnCl_2$:1020 g，NaCl:280 g，$NH_4Cl$:15 g，HCl:30 g，$H_2O$:4 L | 钎焊铜和铜合金、钢 |
| 3 | $ZnCl_2$:600 g，NaCl:170 g | 浸沾钎焊的覆盖剂 |
| 4 | $ZnCl_2$:710 g，$NH_4Cl$:100 g，凡士林:1840 g，$H_2O$:180 g | 钎焊铜和铜合金、钢 |
| 5 | $ZnCl_2$:1360 g，$NH_4Cl$:140 g，HCl:85 g，$H_2O$:4 L | 钎焊硅青铜、铝青铜、不锈钢 |
| 6 | $H_3PO_4$:960 g，$H_2O$:455 g | 钎焊锰青铜、不锈钢 |

（2）弱腐蚀性钎剂：弱腐蚀性钎剂的主要成分为有机酸、有机卤化物、胺和酰胺，有较强的去氧化物能力，热稳定性尚好，其残渣有一定的腐蚀性，钎焊后应清除其残渣。几种弱腐蚀性钎剂的成分及用途如表8－4所示。

表8－4 几种弱腐蚀性钎剂的成分及用途

| 编号 | 成分 | 用途 |
|---|---|---|
| 1 | 盐酸谷氨酸540 g，尿素310 g，水4 L | 铜、黄铜、青铜 |
| 2 | 一氢溴化肼280 g，水2550 g，非离子润湿剂1.5 g | 铜、黄铜、青铜 |
| 3 | 乳酸（85%）260 g，水1190 g，润湿剂3 g | 铍青铜 |

（3）无腐蚀性钎剂：无腐蚀性钎剂的主要成分是松香，松香是一种天然树脂，它是一种混合物，不溶于水，但溶于酒精、丙酮、异丙醇等，常温时具有电绝缘性、耐湿性和无腐蚀性的特点。松香的钎剂作用在于所含有的松香酸，故去膜机制属于有机酸一类，但冷凝下来的松香残渣又恢复其固有的特性，具有良好的绝缘性和无腐蚀性。常用的有三种松香钎剂：未活化松香、弱活化松香和活化松香，表8－5列出了几种典型的无腐蚀性钎剂的成分。

### 表 8-5　几种典型的无腐蚀性钎剂的成分

| 编号 | 成分 |
|---|---|
| 1 | 水白松香 10% ~25%，酒精、松节油或凡士林余量 |
| 2 | 水白松香 40%，盐酸谷氨酸 2%，酒精 58% |
| 3 | 水白松香 40%，十六烷基溴化吡啶 4%，酒精 56% |
| 4 | 水白松香 40%，硼脂酸 4%，酒精 56% |
| 5 | 水白松香 40%，一氢溴化肼 2%，酒精 58% |

**4. 硬钎剂**　硬钎剂指的是在 450 ℃ 以上进行钎焊时选用的钎剂。黑色金属常用的硬钎剂的主要组分为硼砂、硼酸及其混合物。硼砂、硼酸及其混合物的黏度大、活性温度相当高，必须在 800 ℃ 以上使用，并且不能去除 Cr、Si、Al、Ti 等氧化物，故只能适用于熔化温度较高的一些钎料，如铜锌钎料钎焊铜和铜合金、碳钢等，同时钎剂残渣难以清除。为了降低硼砂、硼酸钎剂的熔化温度及活性温度，改善其润湿能力和提高去氧化物的能力，常在硼化物中添加一些碱土金属和碱土金属的氟化物和氯化物。表 8-6 列出了几种硬钎剂的成分及用途。

### 表 8-6　几种硬钎剂的成分及用途

| 牌号 | 成分（质量分数/%） | 作用温度/℃ | 用途 |
|---|---|---|---|
| FB101 | 硼酸 30，氟硼酸钾 70 | 550 ~850 | 银钎料钎剂 |
| FB102 | 无水氟化钾 42，氟硼酸钾 23，硼酐 35 | 600 ~850 | 应用最广的银钎料钎剂 |
| FB103 | 氟硼酸钾 >95，碳酸钾 <5 | 550 ~750 | 用于银铜锌镉钎料 |
| FB104 | 硼砂 50，硼酸 35，氟化钾 15 | 650 ~850 | 银基钎料炉中钎焊 |
| 284 | 无水氟化钾 35，氟硼酸钾 42，硼酐 23 | 500 ~850 | 用于银铜锌镉钎料 |

**5. 铝及铝合金用钎剂**　近年来，国内外对铝及铝合金用钎剂（铝钎剂）的研究成果较多，铝钎剂在生产中得到越来越多的应用。表 8-7 是几种典型铝钎剂的成分及应用。

### 表 8-7 几种典型铝钎剂的成分和应用

| 序号 | 钎剂代号 | 钎剂组成(质量分数/%) | 熔化温度/℃ | 特殊应用 |
|---|---|---|---|---|
| 1 | QJ201 | H701LiCl(32),KCl(50),NaF(10),ZnCl$_2$(8) | ≈460 | |
| 2 | QJ202 | LiCl(42),KCl(28),NaF(6),ZnCl$_2$(24) | ≈440 | |
| 3 | 211 | LiCl(14),KCl(47),NaCl(27),AlF$_3$(5),CdCl$_2$(4),ZnCl$_2$(3) | ≈550 | |
| 4 | YJ17 | LiCl(41),KCl(51),KF(3.7),AlF$_3$(4.3) | ≈370 | 浸渍钎焊 |
| 5 | H701 | LiCl(12),KCl(46),NaCl(26),KF - AlF$_3$ 共晶(10),ZnCl$_2$(1.3),C$_2$Cl$_2$(4.7) | ≈500 | |
| 6 | φ3 | NaCl(38),KCl(47),NaF(10),SnCl$_2$(5) | — | |
| 7 | φ5 | LiCl(38),KCl(45),NaF(10),CdCl$_2$(4),SnCl$_2$(3) | ≈390 | |
| 8 | φ124 | LiCl(23),NaCl(22),KCl(41),NaF(6),ZnCl$_2$(8) | — | |
| 9 | φB3X | LiCl(36),KCl(40),NaF(8),ZnCl$_2$(16) | ≈380 | |
| 10 | 129A | LiCl(11.8),NaCl(33.0),KCl(49.5),LiF(1.9),ZnCl$_2$(1.6),CdCl$_2$(2.2) | 550 | |
| 11 | 1291A | LiCl(18.6),NaCl(24.8),KCl(45.1),LiF(4.4),ZnCl$_2$(3.0),CdCl$_2$(4.1) | 560 | |
| 12 | 1291X | LiCl(11.2),NaCl(31.1),KCl(46.2),LiF(4.4),ZnCl$_2$(3.0),CdCl$_2$(4.1) | ≈570 | |
| 13 | 171B | LiCl(24.2),NaCl(22.1),KCl(48.7),LiF(2.0),TiCl(3.0) | 490 | 用于含Mg 量高的2A12,5A02 |
| 14 | 1712B | LiCl(23.2),NaCl(21.3),KCl(46.9),LiF(2.8),TiCl(2.2),ZnCl$_2$(1.6),CdCl$_2$(2.0) | 482 | |
| 15 | 5522N | CaCl$_2$(33.1),NaCl(16.0),KCl(39.4),LiF(4.4),ZnCl$_2$(3.0),CsCl$_2$(4.1) | ≈570 | 少吸湿 |
| 16 | 5572P | SrCl$_2$(28.3),LiCl(60.2),LiF(4.4),ZnCl$_2$(3.0),CsCl$_2$(4.1) | 524 | |
| 17 | 1310P | LiCl(41.0),KCl(50.0),ZnCl$_2$(3.0),CdCl$_2$(1.5),LiF(1.4),NaF(0.4),KF(2.7) | 350 | 中湿铝钎剂 |
| 18 | 1320P | LiCl(50),KCl(40),LiF(4),SnCl$_2$(3),ZnCl$_2$(3) | 360 | 适用于 Zn - Al 钎料 |

### 8.1.2 钎料

1. **钎料的分类**　钎料一般按熔点的高低分为两大类。通常把熔点低于450 ℃的钎料称为软钎料，熔点高于450 ℃的称为硬钎料。另外，又根据组成钎料的主要元素把软钎料和硬钎料划分为各种基的钎料，如软钎料又可分为铋基、钢基、锡基、铅基、镉基、锌基等类钎料，硬钎料又可分为铝基、银基、铜基、锰基、镍基等类钎料。它们各自的熔点范围如图8-2所示。

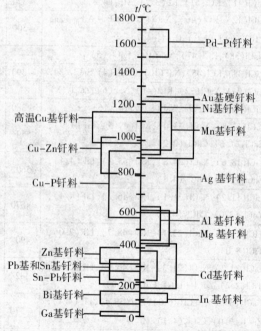

图8-2　软、硬钎料的熔点范围

2. **钎料型号表示方法**　根据 GB/T 6208—1995《钎料型号表示方法》的规定，钎料型号由两部分组成，第一部分用一个大写英文字母表示钎料的类型，如"S"表示软钎料，"B"表示硬钎料。第二部分由主要合金组分的化学元素符号组成，其中第一个化学元素符号表示钎料的基本组元，其他化学元素符号按其质量分数高低的顺序排列，当几种元素具有相同质量分数时，按其原子序数大小顺序排列。

软钎料每个化学元素符号后都要标出其公称质量分数。硬钎料仅在第一个化学元素符号后标出公称质量分数。公称质量分数取整数，误差为±1%，小于1%的元素在型号中不必标出，如某元素是钎料的关键组分一定要标出时，按如下规定予以标出：

（1）软钎料型号中仅可标出其化学元素符号。

（2）硬钎料型号中将其化学元素符号用括号括起来。

标准规定每个型号中最多只能标出6个化学元素符号。在化学元素符号后，常有一些附加字母，如将符号"E"标在第二部分之后用以表示是电子行业用软钎料。对于真空级钎料，用字母"V"表示，以短横"—"与前面的合金组元分开。既可用做钎料又可用做气焊焊丝的铜锌合金，用字母"R"表示，前面同样加"—"。钎料型号表示方法示例如下：

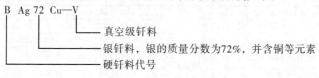

B Ag 72 Cu—V

└── 真空级钎料
└── 银钎料，银的质量分数为72%，并含铜等元素
└── 硬钎料代号

**图8-3　钎料型号举例**

之前我国另有一套钎料牌号表示方法，由原电子工业部制定，长期使用已成习惯，上述国标颁布后仍常见到。在该表示方法中，钎料又称为焊料，以牌号"HL×××"或"料×××"表示，其后第一位数字代表不同合金类型（表8-8）；第二、第三位数字代表该类钎料合金的不同编号。

**表8-8　钎料牌号第一位数字的含义**

| 牌号 | 合金类型 |
|---|---|
| HL1××（料1××） | Cu-Zn合金 |
| HL2××（料2××） | Cu-P合金 |
| HL3××（料3××） | Ag基合金 |
| HL4××（料4××） | Al基合金 |
| HL5××（料5××） | Zn基、Cd基合金 |
| HL6××（料6××） | Sn-Pb合金 |
| HL7××（料7××） | Ni基合金 |

## 3. 常用软钎料

（1）锡基钎料：软钎料中应用最为广泛的是锡铅钎料。有些锡铅钎料中加有少量锑，用以减少钎料在液态时的氧化，提高接头的热稳定性。锑的质量分数一般控制在3%以下，以免发脆。国家标准 GB/T 3131—2001《锡铅钎料》中对锡铅钎料的化学成分进行了规定。此外，随着电子行业软钎料无铅化的应用趋势，国家标准 GB/T 20422—2006《无铅钎料》规定了无铅钎料产品的化学成分、形态、试验方法等。表8-9列出了常见锡铅钎料的成分。

表8-9　常见锡铅钎料的成分

| 合金名称 | 牌号 | 主要成分（质量分数/%） | | | | 杂质（质量分数/%）不大于 | | | | | | | | |
|---|---|---|---|---|---|---|---|---|---|---|---|---|---|---|
| | | Sn | Pb | Sb | 其他 | Sb | Cu | Bi | As | Fe | S | Zn | Al | Ag |
| 95A 锡铅钎料 | HLSn95PbA | 94~96 | 余量 | — | — | 0.1 | 0.03 | 0.03 | 0.03 | 0.02 | 0.02 | 0.002 | 0.005 | — |
| 90A 锡铅钎料 | HLSn90PbA | 89~91 | 余量 | — | — | 0.1 | 0.03 | 0.03 | 0.03 | 0.02 | 0.02 | 0.002 | 0.005 | — |
| 65A 锡铅钎料 | HLSn65PbA | 64~66 | 余量 | — | — | 0.1 | 0.03 | 0.03 | 0.03 | 0.02 | 0.02 | 0.002 | 0.005 | — |
| 63A 锡铅钎料 | HLSn63PbA | 62~64 | 余量 | — | — | 0.1 | 0.03 | 0.03 | 0.03 | 0.02 | 0.02 | 0.002 | 0.005 | — |
| 60A 锡铅钎料 | HLSn60PbA | 59~61 | 余量 | — | — | 0.1 | 0.03 | 0.03 | 0.03 | 0.02 | 0.02 | 0.002 | 0.005 | — |
| 60A 锡铅锑钎料 | HLSn60PbSbA | 59~61 | 余量 | 0.3~0.8 | — | | 0.03 | 0.03 | 0.03 | 0.02 | 0.02 | 0.002 | 0.005 | — |
| 55A 锡铅钎料 | HLSn55PbA | 54~56 | 余量 | — | — | 0.1 | 0.03 | 0.03 | 0.03 | 0.02 | 0.02 | 0.002 | 0.005 | — |
| 50A 锡铅钎料 | HLSn50PbA | 49~51 | 余量 | — | — | 0.1 | 0.03 | 0.03 | 0.03 | 0.02 | 0.02 | 0.002 | 0.005 | — |
| 50A 锡铅锑钎料 | HLSn50PbSbA | 49~51 | 余量 | 0.3~0.8 | — | | 0.03 | 0.03 | 0.03 | 0.02 | 0.02 | 0.002 | 0.005 | — |
| 45A 锡铅钎料 | HLSn45PbA | 44~46 | 余量 | — | — | 0.1 | 0.03 | 0.03 | 0.03 | 0.02 | 0.02 | 0.002 | 0.005 | — |
| 40A 锡铅钎料 | HLSn40PbA | 39~41 | 余量 | — | — | 0.1 | 0.03 | 0.03 | 0.03 | 0.02 | 0.02 | 0.002 | 0.005 | — |
| 40A 锡铅锑钎料 | HLSn40PbSbA | 39~41 | 余量 | 1.5~2.0 | — | | 0.03 | 0.03 | 0.03 | 0.02 | 0.02 | 0.002 | 0.005 | — |
| 35A 锡铅钎料 | HLSn35PbA | 34~36 | 余量 | — | — | 0.1 | 0.3 | 0.03 | 0.03 | 0.02 | 0.02 | 0.002 | 0.005 | — |
| 30A 锡铅钎料 | HLSn30PbA | 29~31 | 余量 | — | — | 0.1 | 0.3 | 0.03 | 0.03 | 0.02 | 0.02 | 0.002 | 0.005 | — |
| 30A 锡铅锑钎料 | HLSn30PbSbA | 29~31 | 余量 | 1.5~2.0 | — | | 0.03 | 0.03 | 0.03 | 0.02 | 0.02 | 0.002 | 0.005 | — |
| 25A 锡铅锑钎料 | HLSn25PbSbA | 24~26 | 余量 | 1.5~2.0 | — | | 0.03 | 0.03 | 0.03 | 0.02 | 0.02 | 0.002 | 0.005 | — |
| 20A 锡铅钎料 | HLSn20PbA | 19~21 | 余量 | — | — | 0.1 | 0.03 | 0.03 | 0.03 | 0.02 | 0.02 | 0.002 | 0.005 | — |
| 18A 锡铅锑钎料 | HLSn18PbSbA | 17~19 | 余量 | 1.5~2.0 | — | | 0.03 | 0.03 | 0.03 | 0.02 | 0.02 | 0.002 | 0.005 | — |
| 10A 锡铅钎料 | HLSn10PbA | 9~11 | 余量 | — | — | 0.1 | 0.03 | 0.03 | 0.03 | 0.02 | 0.02 | 0.002 | 0.005 | — |
| 5A 锡铅钎料 | HLSn5PbA | 4~6 | 余量 | — | — | 0.1 | 0.03 | 0.03 | 0.03 | 0.02 | 0.02 | 0.002 | 0.005 | — |
| 4A 锡铅锑钎料 | HLSn4PbSbA | 3~5 | 余量 | 5~6 | — | | 0.03 | 0.03 | 0.03 | 0.02 | 0.02 | 0.002 | 0.005 | — |
| 2A 锡铅钎料 | HLSn2PbA | 1~3 | 余量 | — | — | 0.1 | 0.03 | 0.03 | 0.03 | 0.02 | 0.02 | 0.002 | 0.005 | — |

续表

| 合金名称 | 牌号 | 主要成分(质量分数/%) | | | | 杂质(质量分数/%)不大于 | | | | | | | | |
|---|---|---|---|---|---|---|---|---|---|---|---|---|---|---|
| | | Sn | Pb | Sb | 其他 | Sb | Cu | Bi | As | Fe | S | Zn | Al | Ag |
| 50A 锡铅镉钎料 | HLSn50PbCdA | 49~51 | 余量 | — | $w(Cd)=$ 17~19 | 0.1 | 0.03 | 0.03 | 0.03 | 0.02 | 0.02 | 0.002 | 0.005 | — |
| 5A 锡铅银钎料 | HLSn5PbAgA | 4~6 | 余量 | — | $w(Ag)=$ 1~2 | 0.1 | 0.03 | 0.03 | 0.03 | 0.02 | 0.02 | 0.002 | 0.005 | — |
| 63A 锡铅银钎料 | HLSn63PbAgA | 62~64 | 余量 | — | $w(gA)=$ 1.5~2.5 | 0.1 | 0.03 | 0.03 | 0.03 | 0.02 | 0.02 | 0.002 | 0.005 | — |
| 38A 锡铅锌钎料 | HLSn38PbZnSbA | 37~39 | 余量 | 0.5~ 1.0 | $w(Zn)=$ 4~5, $w(Cu)=$ 0.02~0.1 | — | 0.03 | 0.03 | 0.02 | 0.02 | | | 0.005 | 0.01 |
| 40A 抗氧化锡铅 钎料 | HLKSn40PbSbA | 39~41 | 余量 | 1.5~ 2.0 | $w(P)=$ 0.001~ 0.004 $w(Ca)=$ 0.001~ 0.004 | — | 0.03 | 0.03 | 0.03 | 0.02 | 0.02 | 0.002 | 0.005 | |
| 60A 抗氧化锡铅 钎料 | HLKSn60PbSbA | 59~61 | 余量 | 0.3~ 0.8 | $w(C)=$ 0.001~ 0.004 $w(Ca)=$ 0.001~ 0.004 | — | 0.03 | 0.03 | 0.03 | 0.02 | 0.02 | 0.002 | 0.005 | |

①锡铅钎料分 A 级和 B 级, A 级杂质含量如表所示; B 级杂质含量: $w$ (Sb) 不大于0.3%, $w$ (Cu) 不大于0.05%, $w$ (Bi) 不大于0.08%, $w$ (As) 不大于0.05%, 其他杂质同 A 级。

(2) 铅基钎料: 通用的铅基钎料是在铅中添加银、锡、镉、锌等金属元素组成的, 其牌号、成分及特性如表 8 - 10 所示。铅基钎料一般用于钎焊铜及铜合金, 它们的耐热性比锡铅钎料好, 可在 150 ℃以下工作温度使用。但用这类钎料钎焊的铜和黄铜接头, 在潮湿环境中的耐腐蚀性较差, 必须涂覆防潮涂料保护。

表 8 – 10　铅基钎料的成分及特性

| 牌号 | 化学成分（质量分数/%） | | | $t_m$/℃ | $R_m$/MPa | $A$/% | $a_k$/(J/cm²) | $\rho$/(μΩ·m) |
| --- | --- | --- | --- | --- | --- | --- | --- | --- |
| | Pb | Ag | Sa | | | | | |
| HlAgPb97 | 97±1 | 3±0.3 | — | 300~305 | 30.4 | 45 | 26.08 | 0.2 |
| HlAgPb92—5.5,HL608 | 余量 | 2.5±0.3 | 5.5±0.3 | 295~305 | 34 | | | |
| HlAgPb83.5—15 | 83.5±1.5 | 1.5±0.8 | 15±1 | 265~270 | — | | | |

（3）铝用软钎料：铝用软钎料可分为三类：低温软钎料、中温软钎料和高温软钎料。这类钎料适用于钎焊工作温度不太高、抗腐蚀性中等的铝件。部分铝用软钎料的成分及熔化温度如表 8 – 11 所示。

表 8 – 11　部分铝用软钎料的成分及熔化温度

| 化学成分（质量分数/%） | | | | | | $t_m$/℃ |
| --- | --- | --- | --- | --- | --- | --- |
| Zn | Sn | Al | Ag | Si | Sn | |
| 10 | 90 | — | — | — | — | 200 |
| 30 | 70 | — | — | — | — | 183~331 |
| 95 | | 5 | — | — | — | 380 |
| 93 | 2.5 | | 4.5 | 0.15 | — | 390~420 |
| 65 | — | 20 | — | | 15 | 415~425 |

### 4. 常用硬钎料

（1）银钎料：银钎料主要是指 AgCu、AgCuZn、AgCuZnCd 系钎料，含银量一般在 10% ~90% 内。银钎料是硬用很广泛的硬钎料，具有良好的钎焊接头强度、塑性、导热性、导电性和抗腐蚀性，广泛应用于铜及铜合金、碳钢、不锈钢等金属的钎焊。银钎料中经常添加 Sn、Mn、Ni、Li、Si 等元素以满足不同的钎焊工艺要求。常用的银钎料化学成分及特性如表 8 – 12 所示。

表8-12 常用的银钎料化学成分及特性

| 型号 | 化学成分（质量分数/%） | | | | | | | | | | 杂质总量/% | 参考值 | | |
|---|---|---|---|---|---|---|---|---|---|---|---|---|---|---|
| | Ag | Cu | Zn | Cd | Ni | Sn | Li | In | Al | Mn | | 固相线温度/℃ | 液相线温度/℃ | 钎焊温度/℃ |
| B—Ag72Cu | 71.0~73.0 | 余量 | — | — | — | — | — | — | — | — | ≤0.15 | 779 | 779 | 770~900 |
| B—Ag94Al | 余量 | — | — | — | — | — | — | — | 4.5~5.5 | 0.7~1.3 | | 780 | 825 | 825~925 |
| B—Ag72CuLi | 71.0~73.0 | 余量 | — | — | — | — | 0.25~0.50 | — | — | — | | 766 | 766 | 766~871 |
| B—Ag72CuNiLi | 71.0~73.0 | 余量 | — | — | 0.8~1.2 | — | 0.40~0.60 | — | — | — | | 780 | 800 | 800~850 |
| B—Ag25CuZn | 24.0~26.0 | 40.0~42.0 | 33.0~35.0 | — | — | — | — | — | — | — | | 700 | 800 | 800~890 |
| B—Ag45CuZn | 44.0~46.0 | 29.0~31.0 | 23.0~27.0 | — | — | — | — | — | — | — | | 665 | 745 | 745~815 |
| B—Ag50CuZn | 49.0~51.0 | 33.0~35.0 | 14.0~18.0 | — | — | — | — | — | — | — | | 690 | 775 | 775~870 |
| B—Ag60CuSn | 59.0~61.0 | 余量 | — | — | — | 9.5~10.5 | — | — | — | — | | 600 | 720 | 720~840 |
| B—Ag35CuZnCd | 34.0~36.0 | 25.0~29.0 | 19.0~23.5 | 17.0~19.0 | — | | — | — | — | — | | 605 | 700 | 700~845 |
| B—Ag45CuZnCd | 44.0~46.0 | 14.0~16.0 | 14.0~18.0 | 23.0~25.0 | — | | — | — | — | — | | — | 620 | 620~760 |

续表

| 型号 | 化学成分（质量分数/%） | | | | | | | | | | 杂质总量/% | 参考值 | | |
|---|---|---|---|---|---|---|---|---|---|---|---|---|---|---|
| | Ag | Cu | Zn | Cd | Ni | Sn | Li | IN | Al | Mn | | 固相线温度/℃ | 液相线温度/℃ | 钎焊温度/℃ |
| B—Ag50CuZnCd | 49.0~51.0 | 14.5~16.5 | 14.5~18.5 | 17.0~19.0 | — | — | — | . | — | — | ≤0.15 | 625 | 635 | 635~760 |
| B—Ag40CuZnCdNi | 39.0~41.0 | 15.5~16.5 | 14.5~18.5 | 25.1~26.5 | 0.1~0.3 | — | — | — | — | — | | 595 | 605 | 605~705 |
| B—Ag50CuZnCdNi | 49.0~51.0 | 14.5~16.5 | 13.5~17.5 | 15.7~17.0 | 2.5~3.5 | — | — | — | — | — | | 630 | 690 | 690~815 |
| B—Ag34CuZnSn | 33.0~35.0 | 35.0~37.0 | 25.0~29.0 | — | — | 2.5~3.5 | — | — | — | — | | — | 730 | 730~820 |
| B—Ag56CuZnSn | 55.0~57.0 | 21.0~23.0 | 15.0~19.0 | — | — | 4.5~5.5 | — | — | — | — | | 620 | 650 | 650~760 |
| B—Ag49CuMnNi | 48.0~50.0 | 15.0~17.0 | 余量 | — | 4.0~5.0 | — | — | — | — | 6.5~8.5 | | 625 | 705 | 705~850 |
| B—Ag40CuZnIn | 39.0~41.0 | 29.0~31.0 | 23.5~26.5 | — | — | — | — | 4.5~5.5 | — | — | | 635 | 715 | 715~780 |
| B—Ag34CuZnIn | 33.0~35.0 | 34.0~36.0 | 28.5~31.5 | — | — | — | — | 0.8~1.2 | — | — | | 660 | 740 | 740~800 |
| B—Ag30CuZnIn | 29.0~31.0 | 37.0~39.0 | 25.5~28.5 | — | — | — | — | 4.5~5.5 | — | — | | 640 | 755 | 755~810 |

随着白银价格的高位运行，提高了银钎料用户的生产成本，低银钎料应运而生。低银钎料可以在控制成本的基础上，实现钎焊工艺性与加工性的双重要求。尤其适合于黄铜结构件、黄铜 – 钢接头等金属结构的钎焊连接。可供选用的一些低银钎料的成分及特性如表 8 – 13 所示。

表 8 – 13　低银钎料的成分及特性

| 牌号 | 化学成分（质量分数/%） | | | | | 熔化温度/℃ | | 钎焊温度 |
|---|---|---|---|---|---|---|---|---|
| | Ag | Cu | Zn | Cd | Sn | $T_S$ | $T_L$ | $T_B$/℃ |
| BAg9CuZnCd | 9 | 53 | 28 | 10 | — | 788 | 825 | 825 ~ 860 |
| CT719 | 19 | 40 | 26 | 15 | — | 620 | 770 | 770 ~ 810 |
| CT616 | 16 | 42 | 30 | 12 | — | 630 | 790 | 790 ~ 830 |
| CT611 | 11 | 48 | 33 | 8 | — | 630 | 810 | 810 ~ 850 |
| Degussa1203 | 12 | 50 | 31 | 7 | — | 620 | 825 | 825 ~ 860 |
| Degussa1779 | 17 | 41 | 25 | 17 | — | 590 | 760 | 760 ~ 830 |
| Degussa1876 | 18 | 47 | 33 | — | 2 | 780 | 810 | 810 ~ 850 |

（2）铜基钎料：常用的铜基钎料有铜锌系钎料和铜磷系钎料。

GB/T 6418—2008《铜基钎料》中所列的铜锌系钎料的化学成分及特性如表 8 – 14 所示。

表 8 – 14　铜锌系钎料的化学成分及特性

| 型号 | 化学成分（质量分数/%） | | | | | | | | 熔化温度范围/℃（参考值） | |
|---|---|---|---|---|---|---|---|---|---|---|
| | Cu | Zn | Sn | Si | Mn | Ni | Fe | Co | 固相线 | 液相线 |
| BCu18ZnNi(Si) | 46.0 ~ 50.0 | 余量 | | 0.15 ~ 0.20 | | 9.0 ~ 11.0 | — | — | 890 | 920 |
| BCu54Zn | 53.0 ~ 55.0 | 余量 | | — | — | — | — | — | 885 | 888 |
| BCu57ZnMnCo | 56.0 ~ 58.0 | 余量 | | — | 1.5 ~ 2.5 | — | — | 1.5 ~ 2.5 | 890 | 930 |
| BCu58ZnMn | 57.0 ~ 59.0 | 余量 | | — | 3.7 ~ 4.3 | — | — | — | 880 | 909 |
| BCu58ZnFeSn(Si)(Mn) | 57.0 ~ 59.0 | 余量 | 0.7 ~ 1.0 | 0.05 ~ 0.15 | 0.03 ~ 0.09 | — | 0.35 ~ 1.20 | — | 865 | 890 |
| BCu58ZnSn(Ni)(Mn)(Si) | 56.0 ~ 60.0 | 余量 | 0.8 ~ 1.1 | 0.1 ~ 0.2 | 0.2 ~ 0.5 | 0.2 ~ 0.8 | — | — | 870 | 890 |

| 型号 | 化学成分（质量分数/%） | | | | | | | | 熔化温度范围/℃（参考值） | |
|---|---|---|---|---|---|---|---|---|---|---|
| | Cu | Zn | Sn | Si | Mn | Ni | Fe | Co | 固相线 | 液相线 |
| BCu58Zn(Sn)(Si)(Mn) | 56.0 ~ 60.0 | 余量 | 0.2 ~ 0.5 | 0.15 ~ 0.20 | 0.05 ~ 0.25 | — | — | — | 870 | 900 |
| BCu59Zn(Sn) | 57.0 ~ 61.0 | 余量 | 0.2 ~ 0.5 | — | — | — | — | — | 875 | 895 |
| BCu60ZnSn(Si) | 59.0 ~ 61.0 | 余量 | 0.8 ~ 1.2 | 0.15 ~ 0.35 | — | — | — | — | 890 | 905 |
| BCu60Zn(Si) | 58.5 ~ 61.5 | 余量 | — | 0.2 ~ 0.4 | — | — | — | — | 875 | 895 |
| BCu60Zn(Si)(Mn) | 58.5 ~ 61.5 | 余量 | ≤0.2 | 0.15 ~ 0.40 | 0.05 ~ 0.25 | — | — | — | 870 | 900 |

注：表中钎料最大杂质含量（质量分数）：Al 为 0.01%，As 为 0.01%，Bi 为 0.01%，Cd 为 0.01%，Fe 为 0.25%，Pb 为 0.025%，Sb 为 0.01%；最大杂质总量（Fe 除外）为 0.2%。

铜磷系钎料是以 Cu – P 系和 Cu – P – Ag 系为主的钎料，在钎焊铜时可以不用钎剂，在电气、电机制造业和制冷行业得到了广泛应用。由于铜磷系钎料中含有较高的磷，因此不能钎焊钢、镍合金以及 $w$（Ni）超过 10% 的镍铜合金。GB/T 6418—2008《铜基钎料》中所列的铜磷系钎料的化学成分及特性如表 8 – 15 所示。

表 8 – 15　铜磷系钎料的化学成分及特性

| 型号 | 化学成分（质量分数/%） | | | | 熔化温度范围/℃（参考值） | | 最低钎焊温度/℃（指示性） |
|---|---|---|---|---|---|---|---|
| | Cu | P | Ag | 其他元素 | 固相线 | 液相线 | |
| BCu95P | 余量 | 4.8 ~ 5.3 | — | — | 710 | 925 | 790 |
| BCu94P | 余量 | 5.9 ~ 6.5 | — | — | 710 | 890 | 760 |
| BCu93P—A | 余量 | 7.0 ~ 7.5 | — | — | 710 | 793 | 730 |
| BCu93P—B | 余量 | 6.6 ~ 7.4 | — | — | 710 | 820 | 730 |
| BCu92P | 余量 | 7.5 ~ 8.1 | — | — | 710 | 770 | 720 |
| BCu92PAg | 余量 | 5.9 ~ 6.7 | 1.5 ~ 2.5 | — | 645 | 825 | 740 |

续表

| 型号 | 化学成分（质量分数/%） | | | | 熔化温度范围/℃（参考值） | | 最低钎焊温度/℃（指示性） |
|---|---|---|---|---|---|---|---|
| | Cu | P | Ag | 其他元素 | 固相线 | 液相线 | |
| BCu91PAg | 余量 | 6.8~7.2 | 1.8~2.2 | — | 643 | 788 | 740 |
| BCu89PAg | 余量 | 5.8~6.2 | 4.8~5.2 | | 645 | 815 | 710 |
| BCu88PAg | 余量 | 6.5~7.0 | 4.8~5.2 | — | 643 | 771 | 710 |
| BCu87PAg | 余量 | 7.0~7.5 | 5.8~6.2 | | 643 | 813 | 720 |
| BCu80AgP | 余量 | 4.8~5.2 | 14.5~15.5 | — | 645 | 800 | 700 |
| BCu76AgP | 余量 | 6.0~6.7 | 17.2~18.0 | | 643 | 666 | 670 |
| BCu75AgP | 余量 | 6.6~7.5 | 17.0~19.0 | — | 645 | 645 | 650 |
| BCu80SnPAg | 余量 | 4.8~5.8 | 4.5~5.5 | Sn 9.5~10.5 | 560 | 650 | 650 |
| BCu87PSn(Si) | 余量 | 6.0~7.0 | — | Sn 6.0~7.0 Si 0.01~0.04 | 635 | 675 | 645 |
| BCu86SnP | 余量 | 6.4~7.2 | — | Sn 6.5~7.5 | 650 | 700 | 700 |
| BCu86SnPNi | 余量 | 4.8~5.8 | — | Sn 7.0~8.0 Ni 0.4~1.2 | 620 | 670 | 670 |
| BCu92PSb | 余量 | 5.6~6.4 | — | Sb 1.8~2.2 | 690 | 825 | 740 |

注：表中钎料的最大杂质含量（质量分数）：Al 为 0.01%、Bi 为 0.030%、Cd 为 0.010%、Pb 为 0.025%、Zn 为 0.05%、（Zn + Cd）为 0.05%；最大杂质总量为 0.25%。多数钎料只有在高于液相线温度时才能获得满意的流动性，多数铜磷系钎料在低于液相线某一温度钎焊时就能充分流动。

（3）铝基钎料：铝基钎料主要用来钎焊铝及铝合金，用来钎焊其他金属时，钎料表面的氧化物不易去除；另外铝容易同其他金属形成脆性化合物，影响接头质量。铝基钎料的成分主要以铝硅共晶和铝铜硅共晶为基础，有时加入一些其他元素组成。GB/T 13815—2008《铝基钎料》中规定了一些铝基钎料的成分及特性。

表 8-16 铝基钎料的成分及特性

| 型号 | 化学成分（质量分数/%） | | | | | | | | 熔化温度范围/℃（参考值） | |
|------|------|------|------|------|------|------|------|------|------|------|
| | Al | Si | Fe | Cu | Mn | Mg | Zn | 其他元素 | 固相线 | 液相线 |
| Al-Si | | | | | | | | | | |
| BAl95Si | 余量 | 4.5~6.0 | ≤0.6 | ≤0.30 | ≤0.15 | ≤0.20 | ≤0.10 | Ti≤0.15 | 575 | 630 |
| BAl92Si | 余量 | 5.8~8.2 | ≤0.8 | ≤0.25 | ≤0.10 | — | ≤0.20 | — | 575 | 615 |
| BAl90Si | 余量 | 9.0~11.0 | ≤0.8 | ≤0.30 | ≤0.05 | ≤0.05 | ≤0.10 | Ti≤0.20 | 575 | 590 |
| BAl88Si | 余量 | 11.0~13.0 | ≤0.8 | ≤0.30 | ≤0.05 | ≤0.10 | ≤0.20 | — | 575 | 585 |
| Al-Si-Cu | | | | | | | | | | |
| BAl86SiCu | 余量 | 9.3~10.7 | ≤0.8 | 3.3~4.7 | ≤0.15 | ≤0.10 | ≤0.20 | Cr≤0.15 | 520 | 585 |
| Al-Si-Mg | | | | | | | | | | |
| BAl89SiMg | 余量 | 9.5~10.5 | ≤0.8 | ≤0.25 | ≤0.10 | 1.0~2.0 | ≤0.20 | — | 555 | 590 |
| BAl89SiMg (Bi) | 余量 | 9.5~10.5 | ≤0.8 | ≤0.25 | ≤0.10 | 1.0~2.0 | ≤0.20 | Bi 0.02~0.20 | 555 | 590 |
| BAl89Si (Mg) | 余量 | 9.5~11.0 | ≤0.8 | ≤0.25 | ≤0.10 | 0.20~1.0 | ≤0.20 | — | 559 | 591 |
| BAl88Si (Mg) | 余量 | 11.0~13.0 | ≤0.8 | ≤0.25 | ≤0.10 | 0.10~0.50 | ≤0.20 | — | 562 | 582 |
| BAl87SiMg | 余量 | 10.5~13.0 | ≤0.8 | ≤0.25 | ≤0.10 | 1.0~2.0 | ≤0.20 | — | 559 | 579 |
| Al-Si-Zn | | | | | | | | | | |
| BAl87SiZn | 余量 | 9.0~11.0 | ≤0.8 | ≤0.30 | ≤0.05 | ≤0.05 | 0.50~3.0 | — | 576 | 588 |
| BAl85SiZn | 余量 | 10.5~13.0 | ≤0.8 | ≤0.25 | ≤0.10 | — | 0.50~3.0 | — | 576 | 609 |

注: 1. 所有型号钎料中, Cd 元素的最大含量（质量分数）为0.01%, Pb 元素的最大含量（质量分数）为0.025%。
2. 其他每个未定义元素的最大含量（质量分数）为0.05%, 未定义元素总含量（质量分数）不应高于0.15%。

（4）锰基钎料：当接头工作温度高于 600 ℃时，银基和铜基钎料都不能满足要求，此时可采用能承受更高工作温度（600～700 ℃）的锰基钎料。锰的熔点为 1 235 ℃，为了降低其熔点可加入镍。所有锰基钎料都具有良好的塑性，可以制成各种形状。它们在不锈钢和高温合金上的润湿性和填充间隙的能力都很好。钎料对不锈钢没有强烈的溶蚀作用和晶间渗入作用，但是锰基钎料的蒸气压高，主要用于保护气体钎焊，要求气体纯度较高。它们不适于火焰钎焊和真空钎焊。由于锰的抗氧化性比较差，故锰基钎料的高温性能仍有限。GB/T 13679—1992《锰基钎料》中规定的一些锰基钎料的成分及特性如表 8-17 所示。

**表 8-17 锰基钎料的成分及特性**

| 牌号 | 化学成分（质量分数/%） | | | | | | | | | | | 熔化温度/℃ | |
| | Mn | Ni | Cu | Cr | Co | Fe | B | C | S | P | 其他元素总量 | 固相线 | 液相线 |
|---|---|---|---|---|---|---|---|---|---|---|---|---|---|
| BMn70NiCr | 余量 | 24.0 ~ 24.6 | | 4.5 ~ 5.5 | — | | | | | | | 1035 | 1080 |
| BMn40NiCrCoFe | | 40.0 ~ 42.0 | | 11.0 ~ 13.0 | 2.5 ~ 3.5 | 3.5 ~ 4.5 | — | ≤0.10 | ≤0.02 | ≤0.02 | ≤0.30 | 1065 | 1135 |
| BMn68NiCo | | 21.0 ~ 23.0 | — | | 9.0 ~ 11.0 | | | | | | | 1050 | 1070 |
| BMn65NiCoFeB | | 15.0 ~ 17.0 | | | 15.0 ~ 17.0 | 2.5 ~ 3.5 | 0.2 ~ 1.0 | | | | | 1010 | 1035 |
| BMn52NiCuCr | | 27.5 ~ 29.5 | 13.5 ~ 15.5 | 4.5 ~ 5.5 | — | | | | | | | 1000 | 1010 |
| BMn50NiCuCrCo | | 26.5 ~ 28.5 | 12.5 ~ 14.5 | 4.0 ~ 5.0 | 4.0 ~ 5.0 | | | | | | | 1010 | 1035 |
| BMn45NiCu | | 19.0 ~ 21.0 | 34.0 ~ 36.0 | | | | | | | | | 920 | 950 |

（5）镍基钎料：镍基钎料具有优良的抗腐蚀性和耐热性，用它钎焊的接头可以承受的工作温度高达 1 000 ℃。镍基钎料常用于钎焊奥氏体不锈钢、双相不锈钢、马氏体不锈钢、镍基合金和钴基合金等，也可以用于钎焊碳钢和低合金钢。镍基钎料的钎焊接头在液氧、液氮等低温介质内也有令人满意的性能。

由于镍基钎料中含有较多的 Si、B、P 等非金属元素，比较脆，所以一般都将其制成粉末使用，但是近年来已经采用预成形、黏结及非晶态等方法将其制成片状、环状以及黏带钎料来使用。GB/T 10859—2008《镍基钎料》中规定了常用镍基钎料的成分及特性。

表 8 – 18　常用镍基钎料的成分与特性

| 型号 | 化学成分（质量分数/%） | | | | | | | | | | | | | 熔化温度范围/℃（参考值） | |
| --- | --- | --- | --- | --- | --- | --- | --- | --- | --- | --- | --- | --- | --- | --- | --- |
| | Ni | Co | Cr | Si | B | Fe | C | P | W | Cu | Mn | Mo | Nb | 固相线 | 液相线 |
| BNi73CrFeSiB（C） | 余量 | ≤0.1 | 13.0～15.0 | 4.0～5.0 | 2.75～3.50 | 4.0～5.0 | 0.60～0.90 | ≤0.02 | — | — | — | — | — | 980 | 1060 |
| BNi74CrFeSiB | 余量 | ≤0.1 | 13.0～15.0 | 4.0～5.0 | 2.75～3.50 | 4.0～5.0 | ≤0.06 | ≤0.02 | — | — | — | — | — | 980 | 1070 |
| BNi81CrB | 余量 | ≤0.1 | 13.5～16.5 | — | 3.25～4.0 | ≤1.5 | ≤0.06 | ≤0.02 | — | — | — | — | — | 1055 | 1055 |
| BNi82CrSiBFe | 余量 | ≤0.1 | 6.0～8.0 | 4.0～5.0 | 2.75～3.50 | 2.5～3.5 | ≤0.06 | ≤0.02 | — | — | — | — | — | 970 | 1000 |
| BNi78CrSiBCuMoNb | 余量 | ≤0.1 | 7.0～9.0 | 3.8～4.8 | 2.75～3.50 | ≤0.4 | ≤0.06 | ≤0.02 | — | 2.0～3.0 | — | 1.5～2.5 | 1.5～2.5 | 970 | 1080 |
| BNi92SiB | 余量 | ≤0.1 | — | 4.0～5.0 | 2.75～3.50 | ≤0.5 | ≤0.06 | ≤0.02 | — | — | — | — | — | 980 | 1040 |
| BNi95SiB | 余量 | ≤0.1 | — | 3.0～4.0 | 1.50～2.20 | ≤1.5 | ≤0.06 | ≤.002 | — | — | — | — | — | 980 | 1070 |
| BNi71CrSi | 余量 | ≤0.1 | 18.5～19.5 | 9.75～10.50 | ≤0.03 | ≤0.5 | ≤0.06 | ≤0.02 | — | — | — | — | — | 1080 | 1135 |
| BNi73CrSiB | 余量 | ≤0.1 | 18.5～19.5 | 7.0～7.5 | 1.0～1.5 | ≤0.5 | ≤0.10 | ≤0.02 | — | — | — | — | — | 1065 | 1150 |

续表

| 型号 | 化学成分（质量分数/%） | | | | | | | | | | | | | 熔化温度范围/℃（参考值） | |
| --- | Ni | Co | Cr | Si | B | Fe | C | P | W | Cu | Mn | Mo | Nb | 固相线 | 液相线 |
| BNi77CrSiBFe | 余量 | ≤0.1 | 14.5~15.5 | 7.0~7.5 | 1.1~1.6 | ≤1.0 | ≤0.06 | ≤0.02 | — | — | — | — | — | 1030 | 1125 |
| BNi63WCrFeSiB | 余量 | ≤0.1 | 10.0~13.0 | 3.0~4.0 | 2.0~3.0 | 2.5~4.5 | 0.40~0.55 | ≤0.02 | 15.0~17.0 | — | — | — | — | 970 | 1105 |
| BNi67WCrSiFeB | 余量 | ≤0.1 | 9.0~11.75 | 3.35~4.25 | 2.2~3.1 | 2.5~4.0 | 0.30~0.50 | ≤0.02 | 11.5~12.75 | — | — | — | — | 970 | 1095 |
| BNi89P | 余量 | ≤0.1 | — | — | — | — | ≤0.06 | 10.0~12.0 | — | — | — | — | — | 875 | 875 |
| BNi76CrP | 余量 | ≤0.1 | 13.0~15.0 | ≤0.10 | ≤0.02 | ≤0.2 | ≤0.06 | 9.7~10.5 | — | — | — | — | — | 890 | 890 |
| BNi65CrP | 余量 | ≤0.1 | 24.0~26.0 | ≤0.10 | ≤0.02 | ≤0.2 | ≤0.06 | 9.0~11.0 | — | — | — | — | — | 880 | 950 |
| BNi66MnSiCu | 余量 | ≤0.1 | — | 6.0~8.0 | — | — | ≤0.06 | ≤0.02 | — | 4.0~5.0 | 21.5~24.5 | — | — | 980 | 1010 |

注：表中钎料最大杂质含量（质量分数）：Al 为 0.05%、Cd 为 0.010%、Pb 为 0.02%、S 为 0.025%、Se 为 0.005%、Ti 为 0.05%、Zr 为 0.05%，最大杂质总量为 0.50%。如果发现除表注中之外的其他元素存在时，应对其进行测定。

# 8.2　钎焊方法

钎焊方法通常是以所应用的热源来命名，其主要作用是依靠热源将焊件加热到必要的温度，以熔化钎料。随着新热源的发展和使用，近年来出现了不少新的钎焊方法，如图 8 - 4 所示。

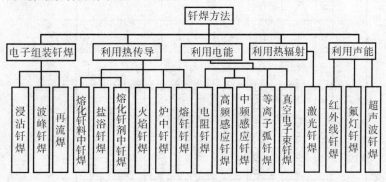

图 8 - 4　钎焊方法

## 8.2.1　几种常见的钎焊方法

1. **烙铁钎焊**　烙铁是一种软钎焊工具。烙铁钎焊就是利用烙铁工作部分（烙铁头）积聚的热量来熔化钎料，并加热钎焊处的母材而完成钎焊接头的。烙铁钎焊时，选用的烙铁大小（电功率）应与焊件的质量相适应，才能保证必要的加热速度和钎焊质量。由于手工操作，烙铁的重量不能太大，通常限制在 1 kg 以下，否则使用不便。但是，这就使烙铁所能积聚的热量受到限制。因此，烙铁钎焊只适用于以软钎料钎焊薄件和小件，故多应用于电子、仪表等工业部门。用于钎焊电子元器件的烙铁，还应满足漏电流小、静电和电磁作用弱的要求。

2. **火焰钎焊**　火焰钎焊应用很广。它通用性强，工艺过程较简单，又能保证必要的钎焊质量；所用设备简单轻便，又容易自制；燃气来源广，不依赖电力供应。火焰钎焊主要用于以铜基钎料、银基钎料钎焊碳钢、低合金钢、不锈钢、铜及铜合金的薄壁和小型焊件，也用于以铝基钎料钎焊铝及铝合金。这种钎焊方法是用可燃气体或液体燃料的气化产物与氧或空气混合燃烧所形成的火焰来进行钎焊加热，最常用的是氧乙炔焰，温度内焰区可达3 000 ℃以上。此外还可以采用压缩空气来代替纯氧，用其他可燃气体代替乙炔，如压缩空气雾化汽油火焰、空气丙烷火焰等。火焰钎焊时，除可用单焰钎焊外，还可用多焰焊炬，这样得到的火焰比较柔和、截面较大，温度比较适当，有利于保证均匀加热，图 8 - 5 为几种常见的多焰焊炬。

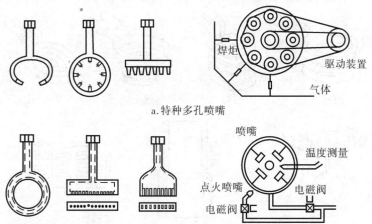

a.特种多孔喷嘴

b.多头固定式钎焊装置

图 8 - 5　特种火焰钎焊设备

**3. 感应钎焊**　感应钎焊是依靠焊件在交流电的交变磁场中产生感应电流的电阻热来加热焊件和熔化钎料的钎焊方法。这种方法中，钎焊所需热量不是由外界输入，而是由焊件本身产生，所以加热迅速，焊件表面的氧化比火焰钎焊或炉中钎焊的氧化少，并可防止母材的晶粒长大和再结晶的发展。此外，还可实现对焊件的局部加热。

感应加热的厚度与电流频率和磁导率的平方根成反比，与电阻率的平方根成正比。即电流频率愈高，加热的厚度愈小，表面加热愈迅速。磁导率愈小，加热的厚度愈大。而电阻率愈大，加热的厚度也愈大。

感应器的设计是否合理对钎焊质量和生产率都有很大的影响，其原则是加热迅速、均匀、效率高。感应器通常使用铜管，内部进行通水冷却，其形状和尺寸取决于加热条件、焊件形状和大小。钎焊用感应器有单圈和多圈、可拆卸和不可拆卸的区别，可以从外面或里面加热焊件。一般情况下，焊件应尽量靠近感应器。在钎焊形状简单焊件及薄壁焊件时，为了提高热效率，焊件与感应圈之间的间隙可选择小些；而钎焊形状复杂焊件或厚壁焊件时，为了均匀加热，间隙应选择大些。金属制造的夹具应尽量避免与感应器接近。感应器的各种形状如图 8 - 6 所示。

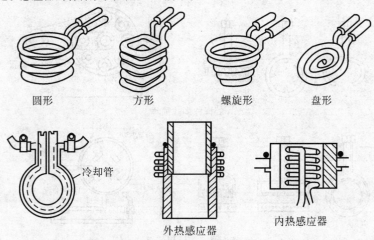

圆形　　　　方形　　　　螺旋形　　　　盘形

冷却管

外热感应器　　　　　　内热感应器

**图 8 - 6　各种感应器的形状**

4. **电阻钎焊**　电阻钎焊又称为接触钎焊，是利用电流通过焊件、钎料或钎料与焊件的接触面所产生的电阻热来加热焊件和熔化钎料的一种钎焊方法。由于此种钎焊方法加热快，生产效率高，所以在硬质合金刀具、电机导线及电气触头的钎焊中获得应用，但是也受钎焊接头的形状及大小所限制。

按加热方式的不同，电阻钎焊可分为直接加热法和间接加热法两种。

运用直接加热法钎焊时，钎焊处由通过的电流直接加热，加热很快，但要求钎焊面紧密贴合；只有焊件的钎焊区域被加热，加热迅速，但对焊件形状及接触面紧密接触要求高。

运用间接加热法钎焊时，电流可只通过一个焊件，而另一个焊件的加热和钎料的熔化是依靠被通电加热焊件的热传导来实现的；也可以将电流通过

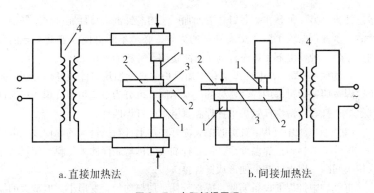

a. 直接加热法                b. 间接加热法

**图8-7 电阻钎焊原理**

1. 电极  2. 母材  3. 钎料  4. 变压器

一个较大的石墨板，焊件放在此板上，依靠由电流加热的石墨板的热量传递实现加热。间接加热法灵活性较大，对焊件接触面配合的要求相对降低，但由于整个焊件被加热，加热速度慢。

**5. 浸渍钎焊** 浸渍钎焊是把焊件局部或整体浸入盐混合物或液态钎料中，依靠这些液体介质的热量把焊件加热到钎焊温度来实现钎焊的过程。浸渍钎焊分为盐浴钎焊和熔化钎料中浸渍钎焊。其优点是加热迅速，生产率高，液态介质保护零件不受氧化，有时还能同时完成淬火等热处理过程，特别适用于大量生产。

（1）盐浴钎焊：盐浴钎焊所用的盐混合物的组成通常可分两类：一类是钎焊钢、合金钢、镍及镍合金、铜及铜合金用的，也就是通常热处理用的，其主要组成是氯化钡、氯化钠、氯化钙、氯化钾及一些氟化物；另一类是钎焊铝及铝合金用的，也就是铝钎焊专用的钎剂，盐浴槽中的盐既是导热的介质，又是钎焊过程中的钎剂，它们的组成为氯化物及氟化物。浸渍钎焊的主要设备是盐浴槽（盐浴电阻炉），按其加热方式分为内加热的电极式盐浴槽和外加热的坩埚式盐浴槽两种。

（2）熔化钎料中浸渍钎焊：熔化钎料中浸渍钎焊主要用于碳钢及合金钢、铝及铝合金、铜等的软钎焊。特别是钎焊缝多而又复杂的产品，如地热器、电机电枢、电缆接头等。这种钎焊方法生产效率高，质量容易保证。施加钎剂的方式有两种，一种是先将焊件浸入钎剂溶液中，取出干燥后再浸入熔态钎料；另一种是在熔态钎料表面加一层熔态钎剂，焊件通过熔态钎剂时就沾上了钎剂。为了防止熔态钎剂的失效，必须不断更换或者补充新的钎剂。在后一种情况下，熔态钎剂又可防止熔态钎料的氧化。

6. **炉中钎焊**　炉中钎焊是利用加热炉的热量加热焊件的钎焊方法。炉中钎焊按照钎焊过程中焊件所处的气氛不同，可分为空气炉中钎焊、还原性气氛炉中钎焊、惰性气氛炉中钎焊和真空炉中钎焊四种。

(1) 空气炉中钎焊：钎焊时把装配好并加上钎料及钎剂的焊件放入电炉中，焊件被加热到钎焊温度后，依靠钎剂去除母材表面的氧化膜，使钎料流入接头间隙，取出冷却后便形成钎焊接头。

空气炉中钎焊的设备简便，成本较低，加热均匀，变形小。但最大的缺点是钎焊过程中母材暴露在空气中，因此发生严重氧化，钎焊温度高时更显著，所以它的应用受到限制。目前只用在钎焊铝及铝合金，以及少量生产条件下钎焊铜及铜合金、钢及不锈钢制品等。

(2) 还原性气氛炉中钎焊：焊件放在充满还原性气体的钎焊炉中进行钎焊的方法称为还原性气氛炉中钎焊。还原性气氛（表8-19）除防止空气侵入之外，还能还原焊件母材表面原有的氧化膜和新形成的氧化产物。

表8-19　钎焊还原性气氛

| 气氛名称 | 最高露点/℃ | 化学组成/% | | | | 用途 | | 备注 |
| | | $H_2$ | CO | $N_2$ | $CO_2$ | 钎料 | 母材 | |
|---|---|---|---|---|---|---|---|---|
| 氢气 | 室温 | 97~100 | — | — | — | 铜、银基[①]、黄铜[①]、铜磷[①] | 铜[②]、黄铜[①]、低碳钢、中碳钢[④]、镍、蒙乃尔 | 有脱碳性 |
| 干燥氢气 | -60 | 100 | — | — | — | 铜、银基[①]、黄铜[①]、铜磷[①] | 铜[②]、黄铜[①]、低碳钢、中碳钢[④]、镍、蒙乃尔，以及含Co、Cr、W合金[③] | — |
| 分解氨气 | -54 | 75 | — | 25 | — | 铜、银基[①]、黄铜[①]、铜磷[①]，以及镍基 | 铜[②]、黄铜[①]、低碳钢、中碳钢[④]、镍、蒙乃尔，以及含Co、Cr、W合金[③] | — |

续表

| 气氛名称 | 最高露点/℃ | 化学组成/% | | | | 用途 | | 备注 |
|---|---|---|---|---|---|---|---|---|
| | | $H_2$ | CO | $N_2$ | $CO_2$ | 钎料 | 母材 | |
| 可燃气体（低氢） | 室温 | 5~1 | 5~1 | 87 | 11~12 | 银基①、黄铜①、铜磷 | 铜、黄铜① | — |
| 可燃气体 | 室温 | 14~15 | 9~10 | 70~71 | 5~6 | 铜、银基①、黄铜①、铜磷 | 铜②、黄铜①、低碳钢、中碳钢④、镍、蒙乃尔 | 有脱碳性 |
| 可燃气体（干燥） | -40 | 15~16 | 10~11 | 73~75 | — | 铜、银基①、黄铜①、铜磷 | 铜②、黄铜①、低碳钢、中碳钢④、镍、蒙乃尔，以及高碳钢和镍合金 | — |
| 可燃气体（干燥） | -40 | 38~40 | 17~19 | 41~45 | — | 铜、银基①、黄铜①、铜磷 | 铜②、黄铜①、低碳钢、中碳钢④、镍、蒙乃尔，以及高碳钢和镍合金 | 有渗碳性 |

①含挥发成分，在气氛中间时加入钎剂。

②铜必须完全脱氧。

③含相当量的 Al、Ti、Si、Be 时，还原气氛与钎剂一起使用。

④加热不适当会造成脱碳，故尽量缩短加热时间。

（3）惰性气氛炉中钎焊：惰性气氛炉中钎焊通常采用的惰性气体是氩气，国外有的用氦气，它们的作用是降低氧分压。钎焊通常在容器内进行。实际上，在惰性气氛炉中钎焊时，由于惰性气体的纯度限制，一般情况下氧分压不可能小于 $10^{-6}$ mmHg（1 mmHg = 0.133 kPa），因此在通常钎焊温度下，大部分氧化物不会自动分解。显然，惰性气氛炉中钎焊的主要作用是降低氧分压以减少钎焊过程中金属的氧化。所以，对于含某些易氧化（氧化物稳定性强）合金元素的材料在钎焊时，需采用自钎剂钎料或通入少量活性气体，有时也可同时使用钎剂，才能获得满意的结果。

（4）真空炉中钎焊：真空炉中钎焊即在抽出空气的炉中或焊接室中进行的硬钎焊，它是连接许多同种或异种金属接头的一种经济的方法，在此过程中不使用钎剂。真空钎焊特别适合于钎焊面积很大而连续的接头，这种接头特点是：①在钎焊时难以彻底清除钎焊界面固态的或者液态的钎剂。②保护气体不完全有效，因为气氛不能排尽藏在紧贴钎焊界面中的气体。

真空炉中钎焊也适用于连接许多同种和异种金属，包括钛、锆、铌、钼和钽。这些金属的特点是：甚至很少量的大气气体也会使其脆化，有时在钎焊温度下就会脆裂。如果惰性气体有足够高的纯度，能防止金属的污染及性能的降低，那么这些金属及其合金也可以采用惰性气体做保护气体而进行钎焊。

### 8.2.2　各种钎焊方法的比较

钎焊方法有很多种，合理选择钎焊方法的依据是焊件的材料和尺寸、钎料和钎剂、生产批量、成本、各种钎焊方法的特点等。表 8 - 20 综合了各种钎焊方法的优缺点及适用范围。

表 8 - 20　各种钎焊方法的优缺点及适用范围

| 钎焊方法 | 主要特点 | | 用途 |
|---|---|---|---|
| 烙铁钎焊 | 设备简单、灵活性好，适用于微细钎焊 | 需使用钎剂 | 只能用于软钎焊，钎焊小件 |
| 火焰钎焊 | 设备简单，灵活性好 | 控制温度困难，操作技术要求较高 | 钎焊小件 |
| 金属浴钎焊 | 加热快，能精确控制温度 | 钎料消耗大，焊后处理复杂 | 用于软钎焊及其批量生产 |
| 盐浴钎焊 | 加热快，能精确控制温度 | 设备费用高，焊后需仔细清洗 | 用于批量生产，不能钎焊密闭焊件 |
| 气相钎焊 | 能精确控制温度，加热均匀，钎焊质量高 | 成本高 | 只用于软钎焊及其批量生产 |
| 波峰钎焊 | 生产率高 | 钎料损耗大 | — |
| 电阻钎焊 | 加热快，生产率高，成本较低 | 控制温度难，焊件形状、尺寸受限 | 钎焊小件 |
| 感应钎焊 | 加热快，钎焊质量好 | 温度不能精确控制，焊件形状受限制 | 批量钎焊小件 |

续表

| 钎焊方法 | 主要特点 | | 用途 |
|---|---|---|---|
| 惰性气氛炉中钎焊 | 能精确控制温度，加热均匀，变形小，一般不用钎剂，钎焊质量好 | 设备费用较高，加热慢，钎料和焊件不宜含大量易挥发元素 | 大、小件的批量生产，多钎缝焊件的钎焊 |
| 真空炉中钎焊 | 能精确控制温度，加热均匀，变形小，一般不用钎剂，钎焊质量好 | 设备费用高，钎料和焊件不宜含较多挥发性元素 | 重要焊件 |
| 超声波钎焊 | 不用钎剂，温度低 | 设备投资大 | 用于软钎焊 |

# 8.3　钎焊生产工艺

## 8.3.1　工件表面准备

通常前期处理包括清除母材及钎料表面的油污及氧化膜，有的在钎焊前还须将工件预先镀覆金属。

**1. 清除油污的方法**　油脂不溶解于水，但能够用有机溶剂的化学处理或电化学处理来清除油脂。常用的有机溶剂包括酒精、四氯化碳、汽油、三氯乙烯、二氯乙烷及三氯乙烷等。对于形状复杂而数量很大的小零件，也可在专门的槽子里用超声波法除油，超声波洗涤的零件表面的粗糙度比一般溶剂中洗涤的要低。

**2. 消除氧化膜的方法**　钎焊前，零件表面氧化膜的清除可用机械方法、化学浸泡、电化学浸蚀方法进行。机械清除方法包括用锉刀、砂纸、金属刷、砂轮及砂喷装置等清理表面上的氧化膜及锈蚀。机械清理方法主要用于钢、铜及铜合金、镍及镍合金等，对于铝及铝合金，用浸蚀方法清除氧化膜更可靠。化学浸蚀是以酸和碱能够溶解某些金属氧化物的原理为基础，通常使用硝酸、硫酸、盐酸、氢氟酸及其混合物的水溶液、苛性钠水溶液等作清洗液。在批量生产中，浸蚀法比机械法清理的生产效率高，但是它的缺点是表面可能浸蚀过度，操作方法一般也比机械法复杂。

**3. 母材表面镀覆金属**　对于某些钎焊性较差的母材，为了改善钎焊性能，常在母材表面镀覆钎焊性良好的材料，这样可改善钎焊性和降低钎焊操作的要求，甚至把原来不能钎焊的材料钎焊上。例如，常用的有在不锈钢或耐热合金表面镀铜或镍，在铝及铝合金表面镀铜或锌，在钨或钼表面镀镍，在石墨表面镀铜，在陶瓷表面镀银或烧结钼后镀镍等。又如，某些母材与钎料相互作用，对接头质量产生不良的影响，则可在母材表面镀另一金属作过渡层，来防止这些作用的发生，如为防止可伐合金开裂而预镀铜，为减少钛与钎料生成脆性金属间化合物而预镀银等。

### 8.3.2 典型钎焊接头

钎焊接头的典型形状如图 8-8 所示。

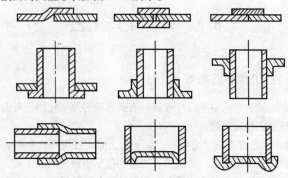

**图 8-8　钎焊接头的典型形状**

设计要求气密性、水密性优良的钎焊接头时，常采用搭接接头，这样可适当增大搭接长度，能提高钎缝强度及减少渗漏的可能性。这种钎焊接头要特别设计排气孔，保证空气排出，才能让钎料完全填满钎缝，最后再封闭排气孔。图 8-9 为带排气孔的接头设计实例。

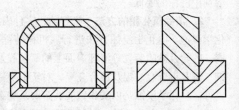

**图 8-9　带排气孔的接头设计实例**

### 8.3.3 接头的固定和钎料的安置

钎焊接头在钎焊过程中，特别是钎料开始流动时，必须保持设计时的正确位置，并保证其要求的间隙。为此，在钎焊接头装配时要用各种方法固定钎焊接头，加紧配合、点焊、铆接及夹具定位等。图 8 - 10 为典型的钎焊接头固定形式。

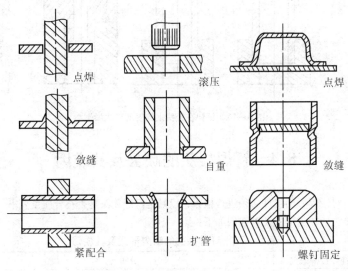

图 8 - 10　典型的钎焊接头固定形式

钎料可被做成各种形状以备选用。通常为丝状、箔片状及粉末状等，有时还被做成双金属钎焊板。对于粉末状钎料，可用树胶或聚乙烯醇溶液作黏结剂，黏附在钎缝上。图 8 - 11 为钎料在接头上的安放形式举例。

钎焊过程中，有时熔化的钎料会流失，为此，可在接头旁加工一圆槽以破坏毛细现象，也可在钎缝周围涂上某种对钎料不润湿的涂料作阻流剂，如水玻璃、石灰液、石墨液等，钎焊后再把它们清除。

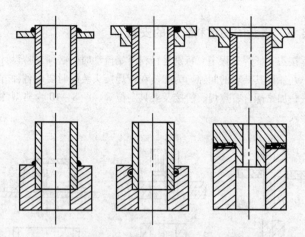

图 8 – 11　钎料在接头上的安放形式举例

# 8.4　钎焊接头的缺欠及其成因

对钎焊后的工件必须进行检验，以判定钎焊接头是否符合质量要求。钎焊接头的缺欠形式及其成因如下：

表 8 – 21　钎焊接头的缺欠形式及其成因

| 钎焊接头缺欠 | 分析 |
|---|---|
| 填缝不良，部分间隙未被填满 | （1）接头设计不合理，装配间隙过大或过小，装配时零件歪斜<br>（2）钎剂不合适，如活性差、钎剂填缝能力差等；或者是气体保护钎焊时，气体纯度低，真空钎焊时，真空度低<br>（3）钎料选用不当，如钎料的润湿作用差，钎料量不足<br>（4）钎料安置不当<br>（5）钎焊工件表面未清理洁净，如表面残存油污等<br>（6）钎焊温度过低或加热不均匀 |
| 钎缝气孔 | （1）接头间隙选择不当<br>（2）钎焊前零件清理不净<br>（3）钎剂去膜作用和保护气体去氧化物作用弱<br>（4）钎料在钎焊时析出气体或钎料过热 |

续表

| 钎焊接头缺陷 | 分析 |
|---|---|
| 钎缝夹渣 | (1) 钎剂用量过多或过少<br>(2) 接头间隙选择不当<br>(3) 钎料从接头两面填缝 |
| 钎缝开裂 | (1) 由于异种母材的热膨胀系数不同,冷却过程中产生的热应力过大<br>(2) 同种材料钎焊加热不均匀,导致冷却过程中收缩率不一致<br>(3) 钎料凝固阶段零件发生错动<br>(4) 钎料结晶温度区间过大<br>(5) 钎缝脆性过大 |
| 母材开裂 | (1) 钎料向母材晶间渗透形成脆性相<br>(2) 母材过烧或者过热<br>(3) 加热不均匀或由于刚性夹持工件而引起的内应力过大 |
| 钎料流失 | (1) 钎焊温度过高,保温时间过长<br>(2) 母材和钎料之间的作用太剧烈<br>(3) 钎料用量过大 |

# 8.5 钎焊实例

## 8.5.1 硬质合金刀具的钎焊

硬质合金刀具的刀头材料为硬质合金 YG8,刀柄材料是 45 号钢。由于硬质合金与钢基体的线膨胀系数差别较大,冷却过程中收缩量的差异导致残余应力产生,如果残余应力大于硬质合金的抗拉强度时,就会导致硬质合金产生裂纹。

(1) 焊前准备:为了防止裂纹产生,必须设计合理的刀头与刀柄的接头形式,可以参考图 8 – 12。焊接面打磨平整,清除表面锈迹。

(2) 钎料选择 HL801 (890~935 ℃):规格可以参照刀头形状;钎剂选

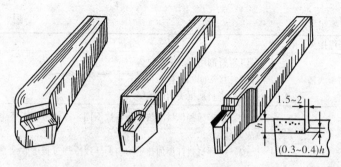

图 8-12　刀头与刀柄的接头形式（单位：mm）

择 FB301，用水调和成膏状。焊前用丙酮或者酒精去除硬质合金、钎料与待焊部位表面的油脂。

（3）将硬质合金、钎料与刀柄组装：其中钎剂涂抹在钎料与待焊部位表面；采用感应钎焊加热至 950 ℃，当钎料熔化时轻轻错动刀头，以起到排渣、排气的作用；当钎料完全填满焊缝并形成饱满的圆角时，停止加热；钎料凝固后，立即埋入石棉或者石灰中保温、缓冷，以减少或者防止裂纹产生。图 8-13 为钎焊后的车刀实例。

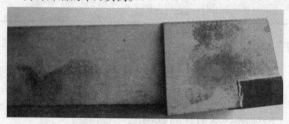

图 8-13　钎焊式车刀实例

## 8.5.2　铜管的火焰钎焊

（1）将铜管接头处外表面及管件接头处内表面的氧化膜清理干净。

（2）采用铜磷钎料或低银铜磷钎料钎焊铜管与紫铜管件时，可不涂钎剂，但有时为了保证钎焊的外观质量，常采用硼酸三甲酯等气体钎剂。

（3）将铜管插入管件中，插到底并适当旋转，以保持均匀的间隙。

（4）气体火焰对接头处实施均匀加热，直至加热到钎焊温度，用钎料接触被加热到高温的接头处，以判定接头处的温度。若钎料不熔化，表示接头处温度尚未达到钎焊温度，需继续对接头进行加热；若钎料能迅速熔化，表示接头处温度已达到钎焊温度，即可边继续对接头加热（以保持接头处的温度在钎焊温度以上），边向接头的缝隙处添加钎料，利用接头处的热量将钎料熔入缝隙，直至将钎缝填满，切忌用火焰直接熔化钎料涂于缝隙表面。

（5）移去热源，停止加热，使接头在静止状态下冷却结晶，防止熔化钎料冷却结晶时受到振动而影响钎焊质量，并将钎焊接头处的残渣清理干净，必需时可刷涂清漆保护。

### 8.5.3　铝合金框架的火焰钎焊

钎焊的铝合金框架在建筑、灯箱、汽车等行业应用广泛，其优点在于外形美观，无须后续打磨处理。铝合金传统钎焊通常采用 BAl88Si 钎料，配合 FS201 钎剂使用，但是 BAl88Si 熔点高（577 ℃），接近铝及铝合金的熔化温度，极易导致铝合金过烧；FS201 钎剂腐蚀性强，焊后必须清洗，造成工作强度的提高与水资源的浪费。

本例采用郑州机械研究所开发的无腐蚀自钎剂铝钎料钎焊 6063 铝合金材质的灯箱箱体，钎料主要成分为锌铝，熔化温度为 460 ℃，远低于铝合金熔化温度（615 ℃）。本例还采用氧气—天然气作为气源，将铝合金加热至熔化温度，添加自钎剂铝钎料，钎料熔化后填满焊缝，并沿加热途径自主漫流。该钎料对焊缝间隙要求不严，焊缝间隙可以为 0.1～1.0 mm（图 8－14）。

**图 8－14　铝合金钎焊试样**

### 8.5.4　动车油泵涡轮的炉中钎焊

（1）对焊件表面进行清洗，用丙酮去除油脂等污物，清理焊件表面毛刺。

（2）选用 BAg612 银钎料与 FB102 钎剂，将钎料与焊件组装在一起，并对其固定。

（3）将组装好的焊件在厌氧环境下（燃烧甲醇）炉中钎焊：在 800 ℃入炉，待温度稳定在 725 ℃后，保温 20 min。

（4）停止加热，温度降低到 300 ℃时将焊件取出加热炉，并在空气中冷却至常温。动车油泵涡轮钎焊试样如图 8 – 15 所示。

图 8 – 15　动车油泵涡轮钎焊试样

# 第9章 焊接缺欠及检验

## 9.1 焊接缺欠种类及表示符号

### 9.1.1 焊接缺欠的概念

焊接过程中,在焊接接头处产生的不符合设计或工艺文件标准要求的金属不连续、不致密或连接不良的现象叫做焊接缺欠。

在焊接结构中要获得无"缺欠"的焊接接头,技术上是相当困难的,有时也是不经济和不必要的。焊接工程质量始终与"缺欠"有联系。在满足使用性能的前提下,可以把"缺欠"限制在一定范围之内。如果超出了允许范围,偏离了技术要求,危害了焊接结构的运行,破坏了其使用性能,就是所谓的焊接工程质量缺欠。

### 9.1.2 焊接缺欠的代号和分类

1. 金属熔焊接头缺欠的代号和分类 金属熔焊接头缺欠的代号和分类说明如表9-1所示。

表9-1 金属熔焊接头缺欠的代号和分类说明

| 代号 | 名称及说明 | 示意 |
|---|---|---|
| 第1类 裂纹 | | |
| 100 | 裂纹:一种在固态下由局部断裂产生的缺欠,它可能源于冷却或应力效果 | — |
| 1001 | 微观裂纹:在显微镜下才能观察到的裂纹 | |

| 代号 | 名称及说明 | 示意 |
|---|---|---|
| 101 | 纵向裂纹：基本与焊缝轴线相平行的裂纹。它可能位于：<br>——焊缝金属（1011）<br>——熔合线（1012）<br>——热影响区（1013）<br>——母材（1014） | |
| 102 | 横向裂纹：基本上与焊缝轴线相垂直的裂纹。它可能位于：<br>——焊缝金属（1021）<br>——热影响区（1023）<br>——母材（1024） | |
| 103 | 放射状裂纹：具有某一公共点的放射状裂纹。它可能位于：<br>——焊缝金属（1031）<br>——热影响区（1033）<br>——母材（1034）<br>注：这种类型的小裂纹被称为"星形裂纹" | |
| 104 | 弧坑裂纹：在焊缝弧坑处的裂纹，可能是：<br>——纵向的（1045）<br>——横向的（1046）<br>——放射状的（星形裂纹）（1047） | |
| 105 | 间断裂纹群：一群在任意方向间断分布的裂纹，可能位于：<br>——焊缝金属（1051）<br>——热影响区（1053）<br>——母材（1054） | |

| 代号 | 名称及说明 | 示意 |
|---|---|---|
| 106 | 枝状裂纹：源于同一裂纹并连在一起的裂纹群，它和间断裂纹群（105）及放射状裂纹（103）明显不同。枝状裂纹可能位于：<br>——焊缝金属（1061）<br>——热影响区（1063）<br>——母材（1064） | |
| | **第2类 孔穴** | |
| 200 | 孔穴 | |
| 201 | 气孔：残留气体形成的孔穴 | |
| 2011 | 球形气孔：近似球形的孔穴 | |
| 2012 | 均布气孔：均匀分布在整个焊缝金属中的一些气孔；有别于链状气孔（2014）和局部密集气孔（2013） | |
| 2013 | 局部密集气孔：呈任意几何分布的一群气孔 | |
| 2014 | 链状气孔：与焊缝轴线平行的一串气孔 | |

| 代号 | 名称及说明 | 示意 |
|------|-----------|------|
| 2015 | 条形气孔：长度与焊缝轴线平行的非球形长气孔 | |
| 2016 | 虫形气孔：因气体逸出而在焊缝金属中产生的一种管状气孔穴。其形状和位置由凝固方式和气体的来源所决定。通常这种气孔成串聚集并呈腓骨形状。有些虫形气孔可能暴露在焊缝表面上 | |
| 2017 | 表面气孔：暴露在焊缝表面的气孔 | |
| 202 | 缩孔：由于凝固时收缩造成的孔穴 | |
| 2021 | 结晶缩孔：冷却过程中在树枝晶之间形成的长形收缩孔，可能残留有气体。这种缺欠通常可在焊缝表面的垂直处发现 | |
| 2024 | 弧坑缩孔：焊道末端的凹陷孔穴，未被后续焊道消除 | |
| 2025 | 末端弧坑缩孔：减少焊缝横截面的外露缩孔 | |
| 203 | 微型缩孔：仅在显微镜下可以观察到的缩孔 | |

续表

| 代号 | 名称及说明 | 示意 |
|------|-----------|------|
| 2031 | 微型结晶缩孔：冷却过程中沿晶界在树枝晶之间形成的长形缩孔 | |
| 2032 | 微型穿晶缩孔：凝固时穿过晶界形成的长形缩孔 | |
| 第3类 固体夹杂 | | |
| 300 | 固体夹杂：在焊缝金属中残留的固体杂物 | |
| 301 | 夹渣：残留在焊缝金属中的熔渣。根据其形成的情况，这些夹渣可能是：<br>——线状的（3011）<br>——弧立的（3012）<br>——成簇的（3014） | |
| 302 | 焊剂夹渣：残留在焊缝金属中的焊剂夹渣。根据其形成的情况，这些夹渣可能是：<br>——线状的（3021）<br>——弧立的（3022）<br>——成簇的（3024） | 参见 3011～3014 |
| 303 | 氧化物夹杂：凝固时残留在焊缝金属中的金属氧化物。这种夹杂可能是：<br>——线状的（3031）<br>——弧立的（3032）<br>——成簇的（3033） | 参见 3011～3014 |
| 3034 | 皱褶：在某些情况下，特别是铝合金焊接时，因焊接熔池保护不善和紊流的双重影响而产生大量的氧化膜 | |

| 代号 | 名称及说明 | 示意 |
|------|-----------|------|
| 304 | 金属夹杂：残留在焊缝金属中的外来金属颗粒。其可能是：<br>——钨（3041）<br>——铜（3042）<br>——其他金属（3043） | |
| | 第4类　未熔合及未焊透 | |
| 401 | 未熔合：焊缝金属和母材或焊缝金属各焊层之间未结合的部分，可能是如下某种形式：<br>——侧壁未熔合（4011）<br>——焊道间未熔合（4012）<br>——根部未熔合（4013） | |
| 402 | 未焊透：实际熔深与公称熔深之间的差异 | <br>a——实际熔深，b——公称熔深 |

续表

| 代号 | 名称及说明 | 示意 |
|------|-----------|------|
| 4021 | 根部未焊透：根部的一个或两个熔合面未熔化 | |
| 403 | 钉尖：电子束或激光焊接时产生的极不均匀的熔透，呈锯齿状。这种缺欠可能包括孔穴、裂纹、缩孔等 | |
| 第 5 类　形状和尺寸不良 | | |
| 500 | 形状不良：焊缝的外表面形状或接头的几何形状不良 | |
| 501 | 咬边：母材（或前一道熔敷金属）在焊趾处因焊接而产生的不规则缺口 | |
| 5011 | 连续咬边：具有一定长度且无间断的咬边 | |

| 代号 | 名称及说明 | 示意 |
|------|-----------|------|
| 5012 | 间断咬边：沿着焊缝间断、长度较短的咬边 | |
| 5013 | 缩沟：在根部焊道的每侧都可观察到的沟槽 | |
| 5014 | 焊道间咬边：焊道之间纵向的咬边 | |
| 5015 | 局部交错咬边：在焊道侧边或表面上，呈不规则间断的、长度较短的咬边 | |
| 502 | 焊缝超高：对接焊缝表面上焊缝金属过高 | 　a——公称尺寸 |
| 503 | 凸度过大：角焊缝表面上焊缝金属过高 | 　a——公称尺寸 |
| 504 | 下塌：过多的焊缝金属伸出到了焊缝的根部。下塌可能是<br>——局部下塌（5041）<br>——连续下塌（5042）<br>——熔穿（5043） | |

| 代号 | 名称及说明 | 示意 |
|---|---|---|
| 505 | 焊缝成形面不良：母材金属表面与靠近焊趾处焊缝表面的切面之间的夹角 α 过小 | <br>505<br>a——公称尺寸 |
| 506 | 焊瘤：覆盖在母材金属表面，但未与其熔合的过多焊缝金属。焊瘤可能是：<br>——焊趾焊瘤，在焊趾处的焊瘤（5061）<br>——根部焊瘤，在焊缝根部的焊瘤（5062） | <br>5061<br>5062 |
| 507 | 错边：两个焊件表面应平行对齐时，未达到规定的平行对齐要求而产生的偏差。错边可能是：<br>——板材的错边，焊件为板材（5071）<br>——管材错边，焊件为管子（5072） | <br>5071<br>5072 |
| 508 | 角度偏差：两个焊件未平行（或未按规定角度对齐）而产生的偏差 | <br>508 |
| 509 | 下垂：由于重力而导致焊缝金属塌落。下垂可能是：<br>——水平下垂（5091）<br>——在平面位置或过热位置下垂（5092）<br>——角焊缝下垂（5093）<br>——焊缝边缘熔化下垂（5094） | <br>5091　5093<br>5094<br>5092 |

| 代号 | 名称及说明 | 示意 |
|------|-----------|------|
| 510 | 烧穿：焊接熔池塌落导致焊缝内的孔洞 | <br>510 |
| 511 | 未焊满：因焊接填充金属堆敷不充分，在焊缝表面产生纵向连续或间断的沟槽 | <br>511　　511 |
| 512 | 焊脚不对称 | <br>a<br>512<br>b<br>a——正常形状　b——实际形状 |
| 513 | 焊缝宽度不齐：焊缝宽度变化过大 | |
| 514 | 表面不规则：表面粗糙过度 | |
| 515 | 根部收缩：由于对接焊缝根部收缩产生的浅沟槽（也可参见5013） | <br>515 |
| 516 | 根部气孔：在凝固瞬间焊缝金属析出气体而在焊缝根部形成的多孔状孔穴 | |
| 517 | 焊缝接头不良：焊缝再引弧处局部表面不规则。它可能发生在：<br>——盖面焊道（5171）<br>——打底焊道（5172） | <br>5171　　5172 |
| 520 | 变形过大：由于焊接收缩和变形导致尺寸偏差超标 | |

续表

| 代号 | 名称及说明 | 示意 |
|------|-----------|------|
| 521 | 焊缝尺寸不正确：与预先规定的焊缝尺寸产生偏差 | |
| 5211 | 焊缝厚度过大：焊缝厚度超过规定尺寸 | |
| 5212 | 焊缝宽度过大：焊缝宽度超过规定尺寸 | 5212<br>b<br>5211<br>a<br>a——公称厚度　b——公称宽度 |
| 5213 | 焊缝有效厚度不足：角焊缝的实际有效厚度过小 | a<br>b<br>5213<br>a——公称厚度　b——实际厚度 |
| 5214 | 焊缝有效厚度过大：角焊缝的实际有效厚度过大 | b<br>a<br>5214<br>a——公称厚度　b——实际厚度 |
| 第6类　其他缺欠 | | |
| 600 | 其他缺欠：从第1类～第5类未包含的所有其他缺欠 | |
| 601 | 电弧擦伤：由于在坡口外引弧或起弧而造成焊缝邻近母材表面处局部损伤 | |
| 602 | 飞溅：焊接（或焊缝金属凝固）时，焊缝金属或填充材料飞溅出的颗粒 | |

| 代号 | 名称及说明 | 示意 |
|---|---|---|
| 6021 | 钨飞溅：从钨电极过渡到母材表面或凝固焊缝金属的钨颗粒 | |
| 603 | 表面撕裂：拆除临时焊接附件时造成的表面损坏 | |
| 604 | 磨痕：研磨造成的局部损坏 | |
| 605 | 凿痕：使用扁铲或其他工具造成的局部损坏 | |
| 606 | 打磨过量：过度打磨造成工件厚度不足 | |
| 607 | 定位焊缺欠：定位焊不当造成的缺欠，如<br>——焊道破裂或未熔合（6071）<br>——定位未达到要求就施焊（6072） | |
| 608 | 双面焊道错开：在接头两面施焊的焊道中心线错开 | |
| 610 | 回火色（可观察到氧化膜）：在不锈钢焊接区产生的轻微氧化表面 | |
| 613 | 表面鳞片：焊接区严重的氧化表面 | |
| 614 | 焊剂残留物：焊剂残留物未从表面完全消除 | |
| 615 | 残渣：残渣未从焊缝表面完全消除 | |
| 617 | 角焊缝的根部间隙不良：被焊工件之间的间隙过大或不足 | |
| 618 | 膨胀：凝固阶段保温时间加长使轻金属接头发热而造成的缺欠 | |

**2. 金属压焊接头缺欠的代号和分类** 金属压焊接头缺欠的代号和分类说明如表 9 - 2 所示。

表 9 - 2 金属压焊接头缺欠的代号和分类说明

| 代号 | 名称及说明 | 示意 |
|---|---|---|
| 第 1 类　裂纹 | | |
| P100 | 裂纹：一种在固态下由局部断裂产生的缺欠，通常源于冷却或应力 | |
| P1001 | 微观裂纹：在显微镜下才能观察到的裂纹 | |
| P101 | 纵向裂纹：基本与焊缝轴线相平行的裂纹。它可能位于：<br>——焊缝（P1011）<br>——热影响区（P1013）<br>——未受影响的母材（P1014） | |
| P102 | 横向裂纹：基本与焊缝轴线相垂直的裂纹。它可能位于：<br>——焊缝（P1021）<br>——热影响区（P1023）<br>——未受影响的母材（P1024） | |
| P1100 | 星形裂纹：从某一公共中心点辐射的多个裂纹，通常位于熔核内 | |
| P1200 | 熔核边缘裂纹：通常呈逗号形状并延伸至热影响区内 | |

| 代号 | 名称及说明 | 示意 |
|---|---|---|
| P1300 | 结合面裂纹：通常指向熔核边缘的裂纹 | |
| P1400 | 热影响区裂纹 | |
| P1500 | （未受影响的）母材裂纹 | |
| P1600 | 表面裂纹：在焊缝区表面裂开的裂纹 | |
| P1700 | "钩状"裂纹：飞边区域内的裂纹，通常始于夹杂物 | |
| 第2类　孔穴 | | |
| P200 | 孔穴 | |
| P201 | 气孔：熔核、焊缝或热影响区残留气体形成的孔穴 | |
| P2011 | 球形气孔：近似球形的孔穴 | |

续表

| 代号 | 名称及说明 | 示意 |
|---|---|---|
| P2012 | 均布气孔：均匀分布在整个焊缝金属中的一些气孔 | |
| P2013 | 局部密集气孔：均匀分布的一群气孔 | |
| P2016 | 虫形气孔：因气体逸出而在焊缝金属中产生的一种管状气孔穴。通常这种气孔成串聚集并呈腓骨形状 | |
| P202 | 缩孔：凝固时在焊缝金属中产生的孔穴 | |
| P203 | 锻孔：在结合面上环口未封闭形成的孔穴，主要是由于收缩的原因 | |
| 第 3 类　固体夹杂 | | |
| P300 | 固体夹杂：在焊缝金属中残留的固体外来物 | |
| P301 | 夹渣：残留在焊缝中的非金属夹杂物（孤立的或成簇的） | |
| P303 | 氧化物夹杂：焊缝中细小的金属氧化物夹杂（孤立的或成簇的） | |

续表

| 代号 | 名称及说明 | 示意 |
|------|-----------|------|
| P304 | 金属夹杂：卷入焊缝金属中的外来金属颗粒 | <br>P304 |
| P306 | 铸造金属夹杂：残留在接头中的固体金属，包括杂质 | <br>P306 |
| 第4类　未熔合 | | |
| P400 | 未熔合：接头未完全熔合 | |
| P401 | 未焊上：贴合面未连接上 | |
| P403 | 熔合不足：贴合面仅部分连接或连接不足 | <br>P403 |
| P404 | 箔片未焊合：工件和箔片之间熔合不足 | <br>P404 |
| 第5类　形状和尺寸不良 | | |
| P500 | 形状缺欠：与要求的接头形状有偏差 | |
| P501 | 咬边：焊接在表面形成的沟槽 | <br>P501 |
| P502 | 飞边超限：飞边超过了规定值 | <br>P502 |
| P503 | 组对不良：在压平缝焊时因组对不良而使焊缝处的厚度超标 | <br>P503 |

续表

| 代号 | 名称及说明 | 示意 |
|------|-----------|------|
| P507 | 错边：两个工件表面应平行时，未达到平行要求而产生的偏差 | P507 |
| P508 | 角度偏差：两个工件未平行（或未按规定角度对齐）而产生的偏差 | P508 |
| P520 | 变形：焊接工件偏离了要求的尺寸和形状 | |
| P521 | 熔核或焊缝尺寸缺欠：熔核或焊缝尺寸偏离要求的限值 | |
| P5211 | 熔核或飞边厚度不足：熔核熔深或焊接飞边太小 | P5211 公称尺寸 P5211 |
| P5212 | 熔核厚度过大：熔核比要求的限值大 | P5212 公称尺寸 |
| P5213 | 熔核直径太小：熔核直径小于要求的限值 | P5213 公称尺寸 |
| P5214 | 熔核直径太大：熔核直径大于要求的限值 | P5214 公称尺寸 |

| 代号 | 名称及说明 | 示意 |
|------|-----------|------|
| P5215 | 熔核或焊缝飞边不对称：熔核或飞边量的形状和/或位置不对称 | |
| P5216 | 熔核熔深不足：从被焊工件的连接面测得的熔深不足 | |
| P522 | 单面烧穿：熔化金属飞迸导致在焊点处的盲点 | |
| P523 | 熔核或焊缝烧穿：熔化金属飞迸导致在焊点处的完全穿透的孔 | |
| P524 | 热影响区过大：热影响区大于要求的范围 | |
| P525 | 薄板间隙过大：被焊工件之间的间隙大于允许的上限值 | |
| P526 | 表面缺欠：被焊工件表面在焊后状态呈现不合要求的偏差 | |
| P5261 | 凹坑：在电极实压区焊件表面的局部塌坑 | |

续表

| 代号 | 名称及说明 | 示意 |
|------|-----------|------|
| P5263 | 黏附电极材料：电极材料黏附在焊件表面 | |
| P5264 | 电极压痕不良：电极压痕尺寸偏离规定要求 | |
| P52641 | 压痕过大：压痕直径或宽度大于规定值 | |
| P52642 | 压痕深度过大：压痕深度超过规定值 | |
| P52643 | 压痕不均匀：压痕深度和（或）直径或宽度不规则 | |
| P5265 | 箔片表面熔化 | |
| P5266 | 夹具导致的局部熔化：工件表面导电接触区熔化 | |
| P5267 | 夹痕：夹具导致工件表面的机械损伤 | |
| P5268 | 涂层损坏 | |
| P527 | 熔核不连续：焊点未充分搭接形成连续的缝焊缝 | |
| P528 | 焊缝错位 | |
| P529 | 箔片错位：两侧箔片相互错开 | |
| P530 | 弯曲接头（"钟形"）：焊管在焊缝区产生变形 | |

续表

| 代号 | 名称及说明 | 示意 |
|------|-----------|------|
| 第6类　其他缺欠 | | |
| P600 | 其他缺欠：所有上述5类未包含的缺欠 | |
| P602 | 飞溅：附着在被焊工件表面的金属颗粒 | |
| P6011 | 回火色（可观察到氧化膜）：点焊或缝焊区域的氧化表面 | |
| P612 | 材料挤出物（焊接喷溅）：从焊接区域挤出的熔化金属（包括飞溅或焊接喷溅） | |

**3. 金属钎焊接头缺欠的代号和分类**　金属钎焊接头缺欠的代号和分类说明如表9-3所示。

表9-3　金属钎焊接头缺陷的代号和分类说明

| 代号 | 名称及说明 | 示意 |
|------|-----------|------|
| Ⅰ 裂纹 | | |
| 1AAAA[①] | 裂纹：材料的有限分离，主要是二维扩展。裂纹可以是纵向的或横向的。它存在于下列的一个或多个区域。<br>——在钎缝金属（1AAAB[①]）<br>——在界面和扩散区（1AAAC[①]）<br>——在热影响区（1AAAD[①]）<br>——在未受影响的母材区（1AAAE[①]） | |
| Ⅱ 气孔 | | |
| 2AAAA | 空穴 | |
| 2BAAA | 气穴：充气的空穴 | |

续表

| 代号 | 名称及说明 | 示意 |
|---|---|---|
| 2BGAA | 气孔：球状气孔夹杂。它可以下列形式发生：<br>——均匀分布的气孔（2BGGA）<br>——局部（群集）气孔（2BGMA）<br>——线条状气孔（2BGHA） | |
| 2LIAA | 大气孔：大气孔可以是狭长形接头的宽度 | |
| 2BALF② | 表面气孔：切断表面的气孔 | |
| 2MGAF② | 表面气泡：近表面气孔引起膨胀 | |
| 4JAAA | 填充缺欠：填充缝隙不完全 | 4JAAA |
| 4GAAA | 未焊透：钎焊金属未能流过要求的接头长度 | 箭头指示的是流过接头的方向 |
| Ⅲ 固体夹杂物 | | |
| 3AAAA | 固体夹杂：钎焊金属中的外部金属或非金属颗粒大体可分成：<br>——氧化物夹杂（3DAAA）<br>——金属夹杂（3FAAA）<br>——钎剂夹杂（3CAAA） | 3AAAA |
| Ⅳ 熔合缺欠 | | |
| 4BAAA | 熔合缺欠：钎缝金属与母材之间未熔合或未足够熔合 | |

| 代号 | 名称及说明 | 示意 |
|---|---|---|
| V缺欠的性状和尺寸 | | |
| 6BAAA | 钎焊金属过多：钎焊金属溢出到母材表面，以焊珠或致密层的形式凝固 | <br>6BAAA |
| 5AAAA | 形状缺欠：与钎焊接头规定形状的偏差 | |
| 5EIAA | 线性偏差（线性偏移）：试件是平行的，但有偏移 | |
| 5EJAA | 角偏差：试件与预期值偏离了一个角度 | |
| 5BAAA | 变形：在钎焊装配形状中不希望的改变 | |
| 5FABA | 局部熔化（或熔穿）：钎焊接头处或相邻位置出现熔孔 | <br>5FABA |
| 7NABD | 母材表面熔化：接头区域钎焊装配件表面的熔化 | |
| 70ABP | 填充金属溶蚀：钎焊装配件表面的溶蚀破坏 | |
| 6GAAA | 凹形钎焊金属（凹形钎角）：钎焊接头处的钎焊金属表面低于要求的尺寸<br>钎焊金属表面已经凹陷，低于母材表面 | <br>6GAAA<br>6GAAA |
| 5HAAA | 粗糙表面：不规则的凝固、熔析等 | |

续表

| 代号 | 名称及说明 | 示意 |
|---|---|---|
| 6FAAA | 钎角不足：钎角形状低于额定尺寸 | |
| 5GAAA | 钎角不规则：出现多样钎角 | |
| | Ⅵ其他缺欠 | |
| 7AAAA | 其他缺欠：不能归类到本表Ⅰ组~Ⅴ组的缺欠 | |
| 4VAAA | 钎剂渗漏：在表面气孔中出现的钎剂残余物 | |
| 7CAAA | 飞溅：钎焊金属熔滴黏附在钎焊装配件的表面上 | |
| 7SAAA | 变色/氧化：挥发性钎料或母材表面发生氧化或钎剂沉积 | |
| 7UAAC | 母材和填充材料过合金化：与过热、超时和/或填充金属有关 | |
| 9FAAA | 钎剂残余物：未能去除的钎剂 | |
| 7QAAA | 过多钎焊金属流动：过多的钎焊金属流动 | |
| 9KAAA | 蚀刻：钎剂在母材表面的反应 | |

①对于晶间裂纹，将第二个符号"A"改为"F"。
②这些缺欠经常一起出现。

# 9.2 不同焊接方法易产生的各种焊接缺欠

## 9.2.1 不同熔焊方法易产生的各种焊接缺欠

不同熔焊方法易产生的各种焊接缺欠如表 9 - 4 所示。

表 9 - 4 不同熔焊方法易产生的各种焊接缺欠

| 焊接缺欠代号 | 焊接方法 | | | | | | | | |
|---|---|---|---|---|---|---|---|---|---|
| | 焊条电弧焊 | TIG 焊 | MIG 焊 | 埋弧焊 | 等离子弧焊 | 电子束焊 | 激光焊 | 电渣焊 | 水下焊接 |
| 100 | | | | | | | | | |
| 1001 | | × | × | × | × | × | × | × | |
| 101 | × | × | × | | | | | × | × |
| 1011 | × | | × | | | | | × | × |
| 1012 | × | × | × | | | | × | × | × |
| 1013 | × | × | × | | | | | × | × |
| 1014 | | × | × | | | | | | |
| 102 | × | × | × | | | | | × | × |
| 1021 | × | × | × | | | | | × | × |
| 1023 | × | × | × | | | | | × | × |
| 1024 | | × | | | | | | | |
| 103 | × | | | | | | | × | × |
| 1031 | × | | × | | | | | × | × |
| 1033 | × | | × | | | | | × | × |
| 1034 | | × | × | | | | | | |
| 104 | × | × | × | × | | | | | |
| 1045 | × | × | × | × | | | | | × |
| 1046 | × | × | × | × | | | | | × |
| 1047 | × | × | × | × | | | | | × |
| 105 | × | | | | | | | | |
| 1051 | × | | | | | | | | × |

| 焊接缺欠代号 | 焊接方法 | | | | | | | | |
|---|---|---|---|---|---|---|---|---|---|
| | 焊条电弧焊 | TIG 焊 | MIG 焊 | 埋弧焊 | 等离子弧焊 | 电子束焊 | 激光焊 | 电渣焊 | 水下焊接 |
| 1053 | × | | | | | | | | × |
| 1054 | | | | | | | | | |
| 106 | × | × | | | | | | | × |
| 1061 | × | × | | | | | | | × |
| 1063 | × | × | | | | | | | × |
| 1064 | | × | | | | | | | |
| 200 | | | | | | | | | |
| 201 | × | × | × | × | × | × | | × | × |
| 2011 | × | × | × | × | | | | × | × |
| 2012 | × | | | | | | | | |
| 2013 | × | × | × | | × | | | × | |
| 2014 | | × | | | × | | | | |
| 2015 | × | × | × | | | | | × | × |
| 2016 | × | | × | | | | | × | × |
| 2017 | × | | × | | | × | | | |
| 202 | | | | | | | | | |
| 2021 | | | | | | | | | |
| 2024 | × | × | | | | | × | | |
| 2025 | × | | × | | | | | | |
| 203 | | | | | | | | | |
| 2031 | | | | | | | | | |
| 2032 | | | | | | | | | |
| 300 | | | | | | | | | |
| 301 | × | | × | × | | | | × | |
| 3011 | × | | × | × | | | | × | |
| 3012 | × | | × | × | | | | × | |
| 3014 | × | | × | × | | | | × | |
| 302 | | | | × | | | | | |

| 焊接缺欠代号 | 焊接方法 | | | | | | | | |
|---|---|---|---|---|---|---|---|---|---|
| | 焊条电弧焊 | TIG 焊 | MIG 焊 | 埋弧焊 | 等离子弧焊 | 电子束焊 | 激光焊 | 电渣焊 | 水下焊接 |
| 3021 | | | | × | | | | | |
| 3022 | | | | × | | | | | |
| 3024 | | | | × | | | | | |
| 303 | | × | | | | | | | |
| 3031 | | × | | | | | | | |
| 3032 | | × | | | | | | | |
| 3033 | | × | | | | | | | |
| 3034 | | | | | | | | | |
| 304 | | × | | | | | | | |
| 3041 | | × | | | | | | | |
| 3042 | | | | | | | | | |
| 3043 | | | | | | | | | |
| 401 | × | | × | × | | × | | × | × |
| 4011 | × | | × | × | | × | | × | × |
| 4012 | × | | × | × | | × | | × | × |
| 4013 | × | | × | × | | × | | × | × |
| 402 | × | × | × | × | | | | × | |
| 4021 | × | × | × | × | | | | × | × |
| 403 | | | | | | | | | |
| 500 | | | | | | | | | |
| 501 | × | × | | | × | × | × | | × |
| 5011 | × | × | | | × | × | × | | |
| 5012 | | × | | | × | × | × | | |
| 5013 | | | | | | | | | |
| 5014 | × | × | | | | | | | |
| 5015 | | | | | | | | | |
| 502 | × | | × | | | | | × | × |
| 503 | × | | | | | | | × | |

续表

| 焊接缺欠代号 | 焊接方法 | | | | | | | | |
|:---:|:---:|:---:|:---:|:---:|:---:|:---:|:---:|:---:|:---:|
| | 焊条电弧焊 | TIG 焊 | MIG 焊 | 埋弧焊 | 等离子弧焊 | 电子束焊 | 激光焊 | 电渣焊 | 水下焊接 |
| 504 | × | | | | | | | | × |
| 5041 | × | | | | | | | | × |
| 5042 | × | | | | | | | | × |
| 5043 | × | | | | | | | | × |
| 505 | × | | | | | | | | × |
| 506 | × | | × | | | | | | × |
| 5061 | × | | × | | | | | | × |
| 5062 | × | | × | | | | | | × |
| 507 | × | | | | | | | | |
| 5071 | × | | | | | | | | |
| 5072 | × | | | | | | | | |
| 508 | × | | | | | | | | |
| 509 | × | | | | | | | | |
| 5091 | × | | | | | | | | |
| 5092 | × | | | | | | | | |
| 5093 | × | | | | | | | | |
| 5094 | × | | | | | | | | |
| 510 | | | × | × | | | | | × |
| 511 | | | | | | | | × | × |
| 512 | | | | | | | | | × |
| 513 | × | | | | | | | × | × |
| 514 | × | | | | | | | × | × |
| 515 | | | | | | | | | |
| 516 | | | | | | | | | |
| 517 | | × | | | | | | | |
| 5171 | | | | | | | | | × |
| 5172 | | × | | | | | | | × |
| 520 | | | | | | | | | × |

续表

| 焊接缺欠代号 | 焊接方法 | | | | | | | | |
|---|---|---|---|---|---|---|---|---|---|
| | 焊条电弧焊 | TIG 焊 | MIG 焊 | 埋弧焊 | 等离子弧焊 | 电子束焊 | 激光焊 | 电渣焊 | 水下焊接 |
| 521 | | | | | | | | | × |
| 5211 | | | | | | | | | × |
| 5212 | | | | | | | | | × |
| 5213 | | | | | | | | × | × |
| 5214 | | | | | | | | | × |
| 600 | | | | | | | | | |
| 601 | × | × | × | | | | | | |
| 602 | × | | × | | | | × | | |
| 6021 | | × | | | | | | | |
| 603 | | | | | | | | | |
| 604 | | | | | | | | | |
| 605 | | | | | | | | | |
| 606 | | | | | | | | | |
| 607 | | | | | | | | | |
| 6071 | | | | | | | | | |
| 6072 | | | | | | | | | |
| 608 | | | | | | | | | |
| 610 | | | | | | | | | |
| 613 | | | | | | | | | |
| 614 | | | | × | | | | | |
| 615 | × | | | × | | | | | |
| 617 | | | | | | | | | |
| 618 | | | | | | | | | |

注:"×"表示某种焊接方法易出现的焊接缺欠。

## 9.2.2 不同压焊方法易产生的各种焊接缺欠

不同压焊方法易产生的各种焊接缺欠如表 9-5 所示。

表 9-5 不同压焊方法易产生的各种焊接缺欠

| 焊接缺欠代号 | 焊接方法 | | | | | | | | | | | | | | | | | |
|---|---|---|---|---|---|---|---|---|---|---|---|---|---|---|---|---|---|---|
| | 点焊 | 搭接缝焊 | 压平缝焊 | 薄膜对接缝焊 | 凸焊 | 闪光焊 | 电阻对焊 | 高频电阻焊 | 超声波焊 | 摩擦焊 | 锻焊 | 爆炸焊 | 扩散焊 | 气压焊 | 冷压焊 | 电弧螺柱焊 | 电阻螺柱焊 | 感应焊 |
| P100 | | | | | | | | | | | | | | | | | | |
| P1001 | × | × | × | × | × | × | × | × | × | × | × | × | × | × | × | × | × | × |
| P101 | | | | | | | | | | | | | | | | | | |
| P1011 | | × | × | × | | × | × | × | | | | × | × | | | × | | × |
| P1013 | | × | × | × | | × | × | × | × | | | × | × | | | | | × |
| P1014 | | | | | | | | | | × | × | | | | | | | × |
| P102 | | | | | | | | | | | | | | | | | | |
| P1021 | | × | × | × | | × | × | | × | | | × | | | | × | | × |
| P1023 | | × | × | × | | × | × | × | × | | | × | | | | × | | |
| P1024 | | | × | | | | | | | | | | | | | | | |
| P1100 | × | × | | | × | | | | | | | | | | | × | × | |
| P1200 | × | | | | × | | | | | | | | | | | | × | |
| P1300 | × | × | | | × | | | × | | | | | | | | | | |
| P1400 | × | × | × | | × | × | | | | × | | | | | | × | | × |
| P1500 | × | × | × | × | × | × | × | | | | | | | × | | | | |
| P1600 | × | × | | × | × | × | | | × | × | × | | | | | × | × | |
| P1700 | | | | | × | × | × | | | | × | | | | | | | |
| P200 | | | | | | | | | | | | | | | | | | |
| P201 | | | | | | | | | | | | | | | | | | |
| P2011 | × | × | | × | | | | × | | × | | | | × | | × | × | × |
| P2012 | × | × | | × | × | | | × | × | × | × | | | × | | × | × | × |
| P2013 | × | × | | × | × | | | × | × | × | | | | | | | | |
| P2016 | | × | | × | | | | | | | | | | | | | | × |
| P202 | × | × | × | × | × | × | | | | | | | | × | | | × | |

| 焊接缺欠代号 | 点焊 | 搭接缝焊 | 压平缝焊 | 薄膜对接缝焊 | 凸焊 | 闪光焊 | 电阻对焊 | 高频电阻焊 | 超声波焊 | 摩擦焊 | 锻焊 | 爆炸焊 | 扩散焊 | 气压焊 | 冷压焊 | 电弧螺柱焊 | 电阻螺柱焊 | 感应焊 |
|---|---|---|---|---|---|---|---|---|---|---|---|---|---|---|---|---|---|---|
| P203 | × | × | | | | | | | | | | | | | | | | |
| P300 | | | | | | | | | | | | | | | | | | |
| P301 | | | | | | × | × | × | | | × | | | | | × | × | × |
| P303 | × | × | × | × | × | × | | × | | × | × | | × | × | | × | × | × |
| P304 | × | × | × | × | × | × | × | × | × | × | × | | | | | × | × | × |
| P306 | | | | | | × | | | | | | | | | | | | |
| P400 | | | | | | | | | | | | | | | | | | |
| P401 | × | × | × | × | × | × | × | × | × | × | × | × | × | × | × | × | | × |
| P403 | × | × | × | × | × | × | × | × | | | | | × | × | | × | × | × |
| P404 | | | | × | | | | | | | | | | | | | | |
| P500 | | | | | | | | | | | | | | | | | | |
| P501 | × | × | × | × | | × | × | × | | | | | | | | × | × | × |
| P502 | | | | | | × | × | × | | × | × | | | × | × | | | |
| P503 | | | × | | | | | | | | | | | | | | | |
| P507 | | | × | | | × | × | × | | × | × | | | × | × | | | × |
| P508 | | | × | | | × | × | × | | × | × | | | × | × | | | × |
| P520 | × | × | × | × | | × | × | × | | × | × | | | × | × | | × | × |
| P521 | | | | | | | | | | | | | | | | | | |
| P5211 | × | × | | | | × | × | × | | × | × | | | × | × | × | × | × |
| P5212 | × | | | | × | | | | | | | | | | | | | |
| P5213 | × | | | | × | | | | | | | | | | | | | |
| P5214 | | | | | × | | | | | | | | | | | | | |
| P5215 | × | × | × | × | × | × | × | × | | × | × | × | × | × | × | | × | × |
| P5216 | × | | | | × | | | | | | | | | | | | | |
| P522 | × | × | | × | | × | × | × | | | | | | | | × | | |
| P523 | × | × | | | | | | | | | | | | | | | × | × |
| P524 | × | × | × | × | × | × | × | × | | × | × | | | × | | × | × | × |
| P525 | × | × | | × | × | | | | | | | | | | | × | | |

| 焊接缺欠代号 | 焊接方法 | | | | | | | | | | | | | | | | | |
|---|---|---|---|---|---|---|---|---|---|---|---|---|---|---|---|---|---|---|
| | 点焊 | 搭接缝焊 | 压平缝焊 | 薄膜对接缝焊 | 凸焊 | 闪光焊 | 电阻对焊 | 高频电阻焊 | 超声波焊 | 摩擦焊 | 锻焊 | 爆炸焊 | 扩散焊 | 气压焊 | 冷压焊 | 电弧螺柱焊 | 电阻螺柱焊 | 感应焊 |
| P526 | | | | | | | | | | | | | | | | | × | × |
| P5261 | × | × | | × | × | | | | × | | | | | | | | | |
| P5262 | × | × | × | | | | | | × | | | | | | | | | × |
| P5263 | × | × | | | | | | | × | | | | | | | | | |
| P5264 | | | | | | | | | | | | | | | | | | |
| P52611 | × | × | | × | × | | | | | | | | | | | | | |
| P52642 | × | × | | | | | | | | | | | | | | | | |
| P52643 | × | × | | | | | | | | | | | | | | | | |
| P5265 | | | | | × | | | | | | | | | | | | | |
| P5266 | × | × | × | × | × | × | × | × | | | | | | | | × | × | × |
| P5267 | | | | | | × | × | × | | | | | | × | × | | × | |
| P5268 | | | | | | | | | × | | | | | | | | | |
| P527 | | × | | | | | | | | | | | | | | | | × |
| P528 | | | × | | | × | × | × | | × | × | | | | | × | | |
| P529 | | | | × | | | | | | | | | | | | | | |
| P530 | | | | | | × | × | × | | | | | × | | | × | | × |
| P600 | | | | | | | | | | | | | | | | | | |
| P602 | × | × | | | × | | | | | | | | | | | | × | × |
| P6011 | × | × | × | × | × | | | | | | | | | × | × | | | |
| P6012 | × | × | | | × | | | | | | | | | | | | | |

注:"×"表示某种焊接方法易出现的焊接缺欠。

## 9.2.3 不同钎焊方法易产生的各种焊接缺欠

不同钎焊方法易产生的各种焊接缺欠如表9-6所示。

表9-6 不同钎焊方法易产生的各种焊接缺欠

| 焊接缺欠代号 | 焊接方法 | | | | | | |
|---|---|---|---|---|---|---|---|
| | 火焰钎焊 | 感应钎焊 | 炉中钎焊 | 电阻钎焊 | 烙铁钎焊 | 波峰钎焊 | 载流钎焊 |
| 1AAAA | × | | × | | | | |
| 1AAAB | × | | × | | | | |
| 1AAAC | | | | | | | |

| 焊接缺欠代号 | 焊接方法 | | | | | | |
|---|---|---|---|---|---|---|---|
| | 火焰钎焊 | 感应钎焊 | 炉中钎焊 | 电阻钎焊 | 烙铁钎焊 | 波峰钎焊 | 载流钎焊 |
| 1AAAD | X | | | | | | |
| 1AAAE | | | × | | | | |
| 2AAAA | × | | | × | | | |
| 2BAAA | × | × | × | × | | | |
| 2BGAA | × | × | | × | | | |
| 2BGMA | × | × | | × | | | |
| 2BGHA | × | × | | × | | | |
| 2LIAA | × | | × | | | | |
| 2BALF | × | | | × | | | |
| 2MGAF | × | | | × | | | |
| 3AAAA | | | | | | | |
| 3DAAA | | × | × | × | | | |
| 3FAAA | × | | × | × | | | |
| 3CAAA | | × | × | × | | | |
| 4BAAA | × | × | × | | × | × | × |
| 4JAAA | × | × | × | | | | |
| 4CAAA | × | × | × | | × | × | × |
| 6BAAA | × | × | | | | | |
| 5AAA | | | × | | | | |
| 5EJAA | | | × | | | | |
| 5BAAA | | | × | | | | |
| 5FABA | × | | | | | | |
| 7NABD | × | | | | | | |
| 7OABP | × | | × | | | | |
| 6GAAA | | | | | | | |
| 5HAAA | | | | | | | |
| 6FAAA | | | | | × | × | × |
| 5GAAA | | | | | | | |

续表

| 焊接缺 | 焊接方法 | | | | | | |
|---|---|---|---|---|---|---|---|
| 欠代号 | 火焰钎焊 | 感应钎焊 | 炉中钎焊 | 电阻钎焊 | 烙铁钎焊 | 波峰钎焊 | 载流钎焊 |
| 7AAAA | | | | | | | |
| 4VAAA | | | | | | | |
| 7CAAA | × | | | | | | |
| 7SAAA | × | | | | × | × | × |
| 7UAAC | | | | | | | |
| 9FAAA | | | | | | | |
| 7QAAA | × | | | | | | |
| 9KAAA | | | | | | | |

注："×"表示某种焊接方法易出现的焊接缺欠。

# 9.3　焊接缺欠对接头质量的影响

焊接缺欠对接头质量的影响如表 9 - 7 所示。

表 9 - 7　焊接缺欠对接头质量的影响

| 焊接缺欠 | | 接头力学性能 | | | | 接头的环境 | | |
|---|---|---|---|---|---|---|---|---|
| | | 静载强度 | 延性 | 疲劳强度 | 脆断 | 腐蚀 | 应力腐蚀开裂 | 腐蚀疲劳 |
| 形状缺欠 | 变形 | ○ | ◎ | ◎ | ◎ | △ | ◎ | ◎ |
| | 余高过大 | △ | △ | △ | △ | ○ | △ | ◎ |
| | 焊缝尺寸过小 | ◎ | ◎ | ◎ | ◎ | ○ | ◎ | ◎ |
| | 形状不连续 | ○ | ○ | ◎ | ○ | ○ | ○ | ○ |
| 表面缺欠 | 气孔 | △ | △ | △ | △ | △ | △ | △ |
| | 咬边 | △ | ○ | ◎ | ○ | △ | △ | ○ |
| | 焊瘤 | △ | △ | △ | ○ | △ | ○ | ○ |
| | 裂纹 | ◎ | ◎ | ◎ | ◎ | △ | ○ | ○ |
| 内部缺欠 | 气孔 | △ | △ | △ | ○ | △ | △ | △ |
| | 孤立夹渣 | △ | ○ | ○ | ○ | △ | △ | △ |
| | 条状夹渣 | ○ | ○ | ○ | ○ | △ | △ | △ |
| | 未熔合 | ◎ | ◎ | ◎ | ○ | ○ | ○ | ○ |
| | 未焊透 | ◎ | ◎ | ◎ | ◎ | ○ | ○ | ○ |
| | 裂纹 | ◎ | ◎ | ◎ | ◎ | ○ | ○ | ○ |

| 焊接缺欠 | | 接头力学性能 | | | | 接头的环境 | | |
|---|---|---|---|---|---|---|---|---|
| | | 静载强度 | 延性 | 疲劳强度 | 脆断 | 腐蚀 | 应力腐蚀开裂 | 腐蚀疲劳 |
| 性能缺欠 | 硬化 | △ | △ | ○ | ○ | ○ | △ | ○ |
| | 软化 | ○ | ◎ | ○ | ○ | ○ | △ | △ |
| | 脆化 | △ | ◎ | △ | ○ | △ | △ | △ |
| | 剩余应力 | ○ | ◎ | ○ | ○ | ○ | ◎ | ○ |

注: ◎——有明显影响; ○——在一定条件下有影响; △——关系很小。

# 9.4 焊接缺欠的常用检验方法

## 9.4.1 外观检验

外观检验是由焊接检查员通过个人目视（或借助量具等）检查焊缝的外形尺寸和外观缺欠的一种焊接质量检验方法，它是一种简单而应用广泛的检验手段。

焊缝外观检验工具有专用工具箱、焊接检验尺、数显式焊缝测量工具（如数显焊缝规），此外还有基于激光视觉的焊后检测系统等。

1. **专用工具箱** 专用工具箱主要包括咬边测量器，焊缝内凹测量器，焊缝宽度和高度测量器，焊缝放大镜，以及手锤、平锉、划针、尖形钢针、小扁铲、游标卡尺等。

咬边测量器有百分表型和测量尺型两种，均能快速准确地测量焊缝的咬边尺寸。

焊缝内凹测量器也叫做深度测量器，使用时把钢板尺伸向焊接结构内，将钩形针探头对准凹陷处，掀动钩针的另一端，使钩形针探头伸向凹陷的根部，然后用游标卡尺测量出探头伸出的长度，便可获得内凹深度的数值。

焊缝宽度和高度测量器用于测量焊缝的高度和宽度，也可用于焊后焊件变形的测量。

外观检验时，一般采用 4 倍或 10 倍的放大镜观测焊缝表面。手锤规格为 1/4 lb（1 lb = 0.454 kg），用来剔除焊渣。平锉规格一般为 6 in（1 in = 2.54 cm），用来清理试件表面。划针用来剔抠焊缝边缘死角的药皮。尖形钢针用来挑、钻少量的表面沙眼。小扁铲用来清除焊件表面的飞溅物。

**2. 焊接检验尺**　焊接检验尺是利用线纹和游标测量等原理，检验焊件的焊缝宽度、高度、焊接间隙、坡口角度和咬边深度等的计量器具，如图 9 - 1 所示。根据国家质量监督检验检疫总局标准 JJG 704—2005《焊接检验尺检定规程》的划分，焊接检验尺的主要结构形式分为 I 型、II 型、III 型、IV 型四个类型。

图 9 - 1　焊接检验尺

（1）测量坡口角度：用焊接检验尺测量坡口角度的方法如图 9 - 2 所示。

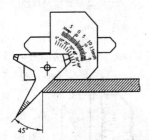

a.测量型钢或板材坡口

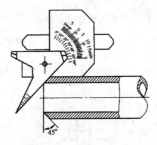

b.测量管道坡口

图 9 - 2　测量坡口角度

（2）测量错边量：用焊接检验尺测量错边量的方法如图 9 - 3 所示。

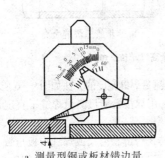

a.测量型钢或板材错边量

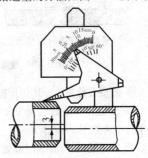

b.测量管道错边量

图 9 - 3　测量错边量（单位：mm）

（3）测量对口间隙：用焊接检验尺测量对口间隙的方法如图9-4所示。

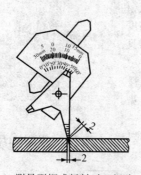 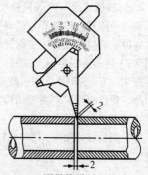

a. 测量型钢或板材对口间隙　　　　　　b. 测量管道对口间隙

**图9-4　测量对口间隙（单位：mm）**

（4）测量焊缝余高：用焊接检验尺测量焊缝余高的方法如图9-5所示。

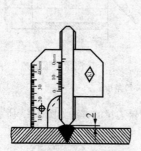 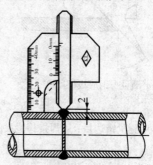

a. 测量型钢或板材焊缝余高　　　　　　b. 测量管道焊缝余高

**图9-5　测量焊缝余高（单位：mm）**

（5）测量焊缝宽度：用焊接检验尺测量焊缝宽度的方法如图9-6所示。

（6）测量焊缝平直度及焊角尺寸：用焊接检验尺测量焊缝平直度及焊角尺寸的方法如图9-7所示。

**3. 数显焊缝规**　　数显焊缝规是将传统焊缝检验尺或焊缝卡板与数字显示部件相结合的一种焊缝测量工具。数显焊缝规具有读数直观、使用方便、

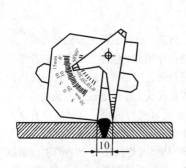

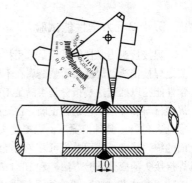

a. 测量型钢或板材焊缝宽度　　　　　b. 测量管道焊缝宽度

**图 9 – 6　测量焊缝宽度（单位：mm）**

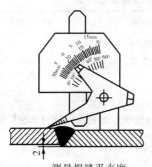

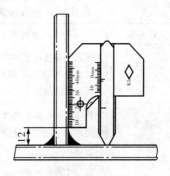

a. 测量焊缝平直度　　　　　b. 测量焊角尺寸

**图 9 – 7　测量焊缝平直度及焊角尺寸（单位：mm）**

功能多样的特点。图 9 – 8 为一种数显焊缝规，它由角度样板、高度尺、传感器、控制运算部分和数字显示部分组成。该焊缝规有四种角度样板，可用于坡口角度、焊缝尺寸的测量。它可实现任意位置清零，任意位置公英制转换，并带有数据输出功能。

**图 9 – 8　一种数显焊缝规**

### 9.4.2 力学性能试验

焊接接头力学性能试验是采用拉伸、弯曲、冲击、硬度等试验方法，来测定焊接接头、焊缝及熔敷金属在不同载荷作用下的强度、塑性和韧性等力学性能，以确定这些指标是否满足工程设计和使用要求，同时验证所采用的焊接材料和焊接工艺是否正确。常见的焊接接头力学性能试验方法的国家标准见表9-8。特殊情况下，焊接接头还要进行疲劳试验，目前还没有这方面的统一标准。使用单位可参考已经废止的GB/T 2656—1981《焊缝金属和焊接接头的疲劳试验方法》和JB/T 7716—1995《焊接接头 四点弯曲疲劳试验》进行疲劳试验，试验结果仅供内部参考，不能作为正式的检测报告，也不能作为生产验收的依据。

表9-8 焊接接头力学性能试验方法

| 试验名称 | 主要内容及适用范围 | 标准代号 |
|---|---|---|
| 焊接接头冲击试验方法 | 规定了对接接头冲击试验取样、缺口方向和试验报告的要求，适用于金属材料熔化焊和压焊接头的冲击试验 | GB/T 2650—2008 |
| 焊接接头拉伸试验方法 | 规定了焊接接头拉伸试验的程序及试样尺寸要求，适用于金属材料熔化焊和压焊接头拉伸试验 | GB/T 2651—2008 |
| 焊缝及熔敷金属拉伸试验方法 | 规定了焊缝及熔敷金属拉伸试验的程序及试样尺寸要求，适用于金属材料熔化焊焊缝及熔敷金属的拉伸试验 | GB/T 2652—2008 |
| 焊接接头弯曲试验方法 | 规定了焊接接头弯曲试验方法，适用于金属材料熔化焊接头的弯曲试验 | GB/T 2653—2008 |
| 焊接接头硬度试验方法 | 规定了焊接接头的硬度试验方法，适用于金属材料的电弧焊接头，如压焊接头及堆焊金属的硬度测试，不适用于奥氏体不锈钢焊缝的硬度试验 | GB/T 2654—2008 |

### 9.4.3 焊缝金属化学成分分析

　　焊缝金属的化学分析试样，应从焊缝中获取，取样部分的焊缝内应避免有熔渣和氧化物存在。试样可用钻、刨或铣加工等方法制取，取样时还应注意取样部位在焊缝中所处的位置和层次。为了更好地确定焊缝界限，可在焊缝的截面进行腐蚀，找出熔合线。一般以多层焊或多层堆焊的第三层以上的成分作为熔敷金属的成分。试样的样屑粒度应适当，太厚和太长的样屑应粉碎并混合均匀，样屑量应根据分析元素的类型和多少而定。具体的化学成分分析方法如表9-9所示。

**表9-9　焊缝金属化学成分分析方法**

| | |
|---|---|
| 试样取样 | 取样区应远离起弧或终弧处15 mm，与基本金属距离5 mm以上；试样可用钻、刨或铣加工等方法制取；试样所用的细屑厚度不应超过1.5 mm；取出的试样要用乙醚清洗 |
| 试样用量 | 在做碳、硅、锰、磷、硫等元素分析时，取细屑30 g；若要对镍、铬、钼、钛、钒、铜等做补充分析，细屑应不少于50 g；如果要分析其他元素时，则依分析元素的多少，增加细屑量 |
| 标准 | 可参照GB/T 222—2006《钢的成品化学成分允许偏差》、GB/T 223—2006《钢铁及合金化学分析方法》条例标准 |
| 试验结果 | 按标准分析计算。任何一项试验的结果不符合要求，则该试验应重复两次，所重复的两次试验结果都应符合要求 |
| 试验结果评定 | 原材料、焊接材料、工艺评定等分析，均按有关国家标准进行评定 |
| 新技术 | 新技术如光谱法、磁法、热电法等，可提高检测效率和化学分析的准确性 |

# 第 10 章　焊接与切割安全技术

## 10.1　焊接与切割作业特点

　　焊接与切割作业在现代工业生产和科学技术中，作为一种重要的金属加工工艺，被广泛应用于造船、建筑、汽车、飞机、机械、冶金、化工、电子、核能及宇航等行业，但是焊接与切割作业的危险性较大，其作业条件和作业环境更具有特殊性，具体内容如下：

　　**1. 高温作业**　焊接与切割时，焊接电弧和气焊、气割火焰均是高温热源。焊条电弧中心部分的温度可达 4200 K 以上；二氧化碳气体保护焊的电弧温度高达 6000 ~ 10000 K。

　　**2. 接触易燃易爆气体**　在气焊和气割时，普遍使用乙炔气、液化石油气；氢原子焊使用 14.7 MPa（150 个大气压）的瓶装工业用纯氢，其性质与乙炔相似。因此，在焊接与切割作业时常接触易燃易爆、有毒有害气体，存在着火灾、爆炸等危险。

　　**3. 接触带电体**　在电弧焊时，如更换焊条，移动、调节焊接设备、焊钳、电缆等，大多数情况下作业人员要接触带电体。有的作业所用电压更高，如等离子弧切割的空载电压达 150 ~ 400 V。

　　**4. 接触承压设备**　氧气瓶、乙炔气瓶、液化石油气瓶、二氧化碳瓶、氩气瓶、氢气瓶等本身就是压力容器。在焊接与切割作业时，有时还需要对承压设备施焊，如带压不置换动火作业等。

　　**5. 特殊环境下作业**　焊接与切割作业常在特殊环境下进行，如化工容器的施焊，造船、建筑业的登高焊接与切割，船体及水下设施的焊接与切割，拆船气割，以及在受限空间内的焊接与切割作业等。

**6. 产生有毒有害的烟尘**　在焊接及切割的高温作用下，会产生一些对人体有害的烟尘。

**7. 产生电弧光辐射**　电弧焊可见光的光照度比肉眼所能承受的光照度要强 1 万倍左右，红外线热辐射和紫外线会强烈地刺激和损害眼睛、皮肤。特别是在氩弧焊和等离子弧焊接与切割过程中会产生更强的紫外线。

**8. 产生噪声**　等离子焊接与切割的噪声比较高，可高达 100 dB 以上。

常见的焊接主要危险因素及其易引起的工伤事故如表 10 - 1 所示。

表 10 - 1　焊接的主要危险因素及其易引起的工伤事故

| 主要危险因素 | 常见工伤事故 |
|---|---|
| 接触化学危险品：如乙炔、电石、压缩纯氧 | 爆炸 |
| 接触带电体：如焊接电源、焊钳、焊条、焊件 | 火灾 |
| 明火：气焊火焰、电弧、熔渣或铁液飞溅 | 灼烫 |
| 水下作业 | 触电 |
| 登高作业 | 高处坠落 |
| 燃料或有毒物质的容器与管道检修焊补 | 急性中毒 |
| 狭小作业空间：锅炉、船舱或地沟里（金属系数大、潮湿泥泞等） | 溺水 |

# 10.2　焊接的有害因素及对应的安全生产措施

## 10.2.1　触电

**1. 触电的危害程度**　实测表明，流过人体的电流大小不同时，对人体的伤害程度也不同。当人体流过的电流值为 0.05 A 时，人的生命就有危险；当电流值为 0.1 A 时，就会致命。

**2. 预防触电的安全生产措施**　焊工在操作时，应采取下列措施防止触电：

（1）推拉焊机电源和网络电源开关时，必须戴好干燥的皮手套，同时面部不能直对电源开关（刀开关），以免产生电弧火花灼伤眼睛或面部。焊机发生故障，应立即拉下电源开关。

（2）所有焊接设备和切割设备（除氧 - 燃气切割外）的外壳必须接地，

埋弧焊小车轮应有良好绝缘。焊接设备的安装、修理和检查必须由电工进行，焊工不得自行处理。

（3）焊接或切割使用的电缆线必须有完整的绝缘，不可将电缆线放在焊接电弧的附近或炽热的金属上，避免高温烧坏绝缘层，同时也要避免碰撞磨损。严禁将角钢、钢管或其他金属构件搭连起来，作为电缆线使用。

（4）电焊钳手把、割枪手把和气体保护枪的手把应可靠绝缘。防止它们与焊件之间发生短路烧损焊机。焊接或切割工作结束时，应先将手把放置在绝缘的地方，再关掉电源开关。

（5）手提工作行灯的电压，要控制在安全电压额定值内，通常选用安全电压值不应超过 36 V。

（6）在带电的情况下，不要将焊钳夹在腋下去搬弄被焊工件，或将电缆软线挂在脖颈上。更换焊条一定要戴皮手套，不能赤手操作。身体出汗衣服潮湿时，切勿靠在带电的钢板或工件上操作。在潮湿处焊接时，地面应铺上橡胶板或其他绝缘材料。

（7）遇到焊工触电时，不可直接用手拉触电者，应务必先将电源切断。如果触电者呈现昏迷状态，要立即对其进行人工呼吸，直至将其送到医院进行抢救。

## 10.2.2　焊接弧光辐射

**1. 焊接弧光的危害**　焊接时电弧温度高达 4 000 ℃以上，并产生弧光辐射。焊接弧光辐射主要包括紫外线辐射、红外线辐射和可见光线辐射。

焊接弧光辐射的危害如表 10－2 所示。

表 10－2　焊接弧光辐射的危害

| 光线种类 | 危害性 |
| --- | --- |
| 紫外线 | （1）对眼睛的伤害：紫外线过度照射会引起眼睛的急性角膜结膜炎，称为电光性眼炎。这是明弧焊直接操作工人和辅助工人的一种特殊职业性眼病。波长很短的紫外线，能损害结膜和角膜，有时甚至侵及虹膜和视网膜<br>（2）对皮肤的伤害：皮肤受强烈紫外线作用时，可引起皮炎、弥漫性红斑，有时出现小水泡、渗出液和水肿，有烧灼感，发痒<br>（3）对纤维的破坏：焊接电弧的紫外线辐射对纤维的破坏能力很强，其中以棉织品为最甚。由于光化学作用的结果，可致棉布工作服氧化变质而破碎 |

续表

| 光线种类 | 危害性 |
|---|---|
| 红外线 | 红外线对人体的危害主要是引起组织的热作用。眼部受到强烈的红外线辐射,立即感到强烈的灼伤和灼痛,长期接触可能造成红外线白内障,视力减退,严重时能导致失明。此外还会造成视网膜灼伤 |
| 可见光 | 被照射后眼睛疼痛,看不清东西,通常叫做电焊"晃眼",短时间内失去劳动能力 |

**2. 焊接弧光的预防措施** 对弧光辐射所采取的措施主要是保护好眼睛、耳朵、鼻子,皮肤尽量不暴露在外。常用的劳动保护用品有工作服、手套、眼镜、鞋、口罩及面罩等。

(1)工作服:为了防止紫外线对人身的辐射,焊条电弧焊焊工应穿白色帆布工作服。工作服要保持干燥,袖口、领口要扎紧,以防弧光、火花灼伤皮肤。氩弧焊焊工或等离子弧焊焊工和切割工要穿耐酸呢、柞丝绢等非棉纤维材料的工作服,防止工作服产生老化破碎。

(2)面罩、护目镜:焊工从事明弧焊时,必须使用镶有特制护目镜片的面罩(或头盔),其规格如表10-3所示。

**表10-3 焊接用面罩的尺寸** (单位:mm)

| 形式 | 长度 | 幅宽 | 深度 | 观察窗 | 滤光镜到眼距 |
|---|---|---|---|---|---|
| 头戴式 | >350 | >210 | >140 | 40×90 | 38 |
| 手持式 | >320 | >210 | >120 | 40×90 | — |

护目镜有吸收式、反射式和变色玻璃三种。吸收式(遮光)镜片要按焊接电流大小来选用,如表10-4所示。反射式镜片是在吸收式镜片表面镀制高反射膜,对强光具有吸收反射的双重作用,尤其对红外线反射效果好,有利于消除眼睛发热和疼痛的感觉。变色玻璃护目镜就是采用光电式镜片,是利用光电转换原理制成的新型护目镜。起弧前镜片是透明的,起弧后迅速变黑,起到滤光作用,因此可观察起弧到焊接完成的整个过程,消除了盲目引弧而带来的焊接缺欠。这种镜片从透明到变黑的时间小于$0.02\ s$,不会对眼睛有伤害。

表10-4　焊工护目遮光镜片选用表

| 焊接切割种类 | 镜片遮光号 | | | |
| --- | --- | --- | --- | --- |
| | 焊接电流/A | | | |
| | ≤30 | >30~75 | >75~200 | >200~400 |
| 电弧焊 | 5~6 | 7~8 | 8~10 | 11~12 |
| 碳弧切割 | | 10~11 | 12~14 | |
| 焊接辅助工用 | 3~4 | | | |

（3）手套：为了防电弧高温和防止触电，要求焊工戴帆布或皮革的手套，才能保证安全使用。使用时手套要干燥，戴湿手套有触电的可能。

（4）鞋和鞋盖：焊工应穿绝缘底皮鞋。鞋上要套上鞋盖，鞋盖材料为帆布或皮革，以免金属飞溅或熔渣烫伤脚面。

（5）屏障板：在焊接车间的每个焊接工位之间，都要备有屏障板或护板，避免各工位之间弧光相互影响。屏障板高度为1.8~2 mm，屏障板下部距地面留有0.2~0.3 mm的间隙，以供流通空气。

焊接位置应安排使弧光离墙至少0.5 mm，距离越大，其弧光辐射的危害越小。粉刷墙壁的涂料，颜色要鲜明又不反光。

（6）口罩：等离子弧切割和碳弧气刨时，操作人员一定要戴静电或氯纶布的口罩，也可使用送风口罩，作为防尘防毒的保护用品。

（7）耳塞：在焊接工对焊接构件进行矫形时，或者等离子弧切割和碳弧气刨时，噪声很大。为了降低噪声，可采用低熔点蜡处理的棉花、超细玻璃棉（防声棉）、软聚氯乙烯作为耳塞的材料，也可以用硅橡胶耳塞。

**3. 弧光辐射后的补救措施**　焊工一旦发生电光性眼炎，除到医院治疗外，还可以在现场采用下列方法治疗：

（1）奶汁滴治法：用空眼药瓶放点奶汁（牛奶、人奶均可），每隔1~2 min向眼内滴一次，连续4~5次就可止泪，30 min内就能治愈。

（2）凉物敷盖法：把土豆或黄瓜洗净，切成薄片，盖在眼睛上，闭目休息20 min即可。若未愈，可再换一片。用豆腐片敷盖在眼上也可。

（3）凉水浸敷法：眼睛浸入凉水内，睁开几次。再用凉水浸湿毛巾，敷在眼睛上，8~10 min更换一次，在短时间内就可治愈。

采用上述现场治疗法时，一定要注意防止眼部受到新的污染。

### 10.2.3　有害气体和烟尘

**1. 有害气体和烟尘简介**　焊接时产生的有害气体主要有臭氧、氮氧化物、一氧化碳及氟化氢等，均对人体的呼吸系统、神经系统及消化系统有强烈的影响，严重时会引起支气管炎、肺气肿甚至中毒而窒息。

几种电弧焊的发尘量如表 10-5 所示。

表 10-5　几种焊接方法的发尘量

| 焊接方法 | | 施焊时每分钟的发尘量/（mg/min） | 每千克焊接材料的发尘量/（g/kg） |
|---|---|---|---|
| 焊条电弧焊 | 低氢型焊条（E5015，φ4 mm） | 350~450 | 11~16 |
| | 钛钙型焊条（E4303，φ4 mm） | 200~280 | 6~8 |
| 自保护焊 | 药芯焊丝（φ3.2 mm） | 2000~3500 | 20~25 |
| $CO_2$ 保护焊 | 实心焊丝（φ1.6 mm） | 450~650 | 5~8 |
| | 药芯焊丝（φ1.6 mm） | 700~900 | 7~10 |
| 氩弧焊 | 实心焊丝（φ1.6 mm） | 100~200 | 2~5 |
| 埋弧焊 | 实心焊丝（φ5 mm） | 10~40 | 0.1~0.3 |

焊接产生的有害气体的来源和危害如表 10-6 所示。

表 10-6　焊接产生的有害气体的来源和危害

| 气体名称 | 来源 | 危害 |
|---|---|---|
| 臭氧 | 空气中的氧在焊接电弧辐射短波紫外线的激发下，大量地被破坏，生成臭氧（$O_2 \rightarrow 2O$；$2O_2 + 2O \rightarrow 2O_3$）。臭氧是一种刺激性有毒气体，呈淡蓝色，我国卫生标准规定，臭氧最高允许浓度为 $0.3 mg/m^3$ | 臭氧对人体的危害主要是对呼吸道及肺有强烈刺激作用。臭氧浓度超过一定限度时，会对呼吸系统造成伤害 |
| 氮氧化物 | 是由于焊接电弧的高温作用，引起空气中氮、氧分子离解，重新结合而形成的。明弧焊中常见的氮氧化物为二氧化氮。氮氧化物也是具有刺激性的有毒气体。二氧化氮是红褐色气体。我国卫生标准规定，氮氧化物（换算为 $NO_2$）的允许最高浓度为 $5 mg/m^3$ | 主要是对肺有刺激作用。会对呼吸系统造成伤害 |

续表

| 气体名称 | 来源 | 危害 |
|---|---|---|
| 一氧化碳 | 各种明弧焊都产生一氧化碳有害气体，但其中以 $CO_2$ 保护焊产生的 CO 浓度最高。CO 的主要来源是由于 $CO_2$ 气体在电弧高温作用下发生分解而形成：$CO_2 \rightarrow CO + O$ | CO 对人体的毒性作用是使氧在体内的运输，或组织利用氧的功能发生障碍，造成缺氧，表现出缺氧的一系列症状和体征 |
| 氟化氢 | 氟化氢主要产生于焊条电弧焊。在低氢型焊条的药皮内通常都含有萤石（$CaF_2$）和石英（$SiO_2$），在电弧高温作用下与氢气形成氟化氢气体<br>氟化氢是属于具有刺激性的有毒气体。目前我国的卫生标准规定，其允许最高浓度为 1 $mg/m^3$ | 对呼吸道和肺组织有刺激作用，引起黏膜溃疡等 |

**2. 焊接通风除尘** 为了使有害气体和金属粉尘等有害因素降低到最小限度或完全排除，焊接时必须采用通风除尘措施。通风除尘方式有全面通风除尘和局部通风除尘两种，其中局部通风除尘使用较多。

焊接通风除尘是预防电焊烟尘和焊接有毒气体对人体危害的最主要防护措施。在车间内、室内、罐体内、船舱内及各种结构的局部空间内进行焊条电弧焊和气体保护焊时，都应采用适宜的通风除尘方式，以保护焊工的健康。

另外，还可通过革新焊接材料和焊接工艺措施来减少电焊烟尘和有害气体。

## 10.2.4 放射性物质

钨棒是钨极氩弧焊的电极，常用的钨极是由氧化钨制成的，其牌号、性能及放射量如表 10-7 所示。

表 10-7 钨极牌号、性能及放射量

| 牌号 | 氧化物（质量分数/%） | $\alpha$ 射线剂量/（Ci/kg[①]） | 电子逸出功 | 使用寿命 | 反复引弧能力/% |
|---|---|---|---|---|---|
| WCe20 | 1.8~2.2 | $2.42 \times 10^{-8}$ | 低 | 高 | 100 |
| WTh15 | 1.5~2.0 | $3.64 \times 10^{-5}$ | 中 | 中 | 65 |

①1 Ci = $3.7 \times 10^{10}$ Bq。

　　从表中可以看出，铈钨极含有的放射性元素 α 射线剂量最小，相当于泥土中的放射剂量，而钍钨极是含有放射性元素的，其 α 射线剂量最高。钍钨极的使用寿命不如铈钨极，焊接时反复引弧的能力也不及铈钨极的，所以铈钨极是钨极氩弧焊首选的电极。钍钨极作为氩弧焊电极，其端部要进行磨削，钍钨尘不可避免地要飘浮于空间；而且施焊时钍钨极肯定要蒸发、烧损。人长时间接触钍钨极会降低血液中白细胞的数量，会感到疲劳乏力和记忆力减退。为了防止钍钨极的危害，应采取下列措施：

　　（1）焊接或切割时尽量不选用钍钨极，应选用无钍的电极。

　　（2）钍钨极要有专用储存设备，藏于铁质或铅质的箱子里。

　　（3）磨尖钍钨极时一定要戴防护口罩，并要用专用砂轮，要求砂轮机上设置吸风除尘装置。

　　（4）焊接时避免钍钨极过量烧损，要求正确地选用焊接参数。在不影响焊接质量的前提下，可采用小的焊接电流。

　　（5）经常清洗手套和工作服，采用流动水和肥皂洗手，将残留的钍钨尘冲洗干净。

## 10.2.5　噪声

### 1. 噪声的来源和危害

　　（1）在等离子弧喷焊、喷涂和切割等工艺过程中，由于工作气体与保护气体以一定的速度流动经压缩的等离子焰流，以 10 000 m/min 的流速从喷枪口高速喷出，使工作气体与保护性气体不同流速的流层之间、气流与静止的固体介质面之间、气流与空气之间等，都在互相作用。这种作用可以产生周期性的压力起伏、振动及摩擦，就产生了噪声。

　　（2）噪声还来自旋转式直流弧焊机、风铲铲边及锤击钢板等。

　　（3）噪声的危害主要是影响人的神经系统，以及对人听觉的伤害。

### 2. 噪声防护

　　（1）等离子弧焊接工艺产生的噪声强度与工作气体的种类、流量等有关，因此应在保证工艺正常进行、符合质量要求的前提下，选择一种低噪声的工艺参数。

　　（2）研制和采用适合于焊枪喷出口部位的小型消声器。考虑到这类噪声的高频性，采用消声器对降低噪声有较好效果。

（3）操作者佩戴隔音罩或隔音耳塞等个人防护器。耳罩的隔音效能优于耳塞，但体积较大，使用稍有不便。耳塞种类很多，常用的为橡胶耳塞，具有携带方便、经济耐用、隔音较好等优点。

（4）在房屋结构、设备上多采用吸声或隔音材料，均很有效。采用密闭罩施焊时，可在屏蔽上衬以石棉等消声材料，也有一定隔音效果。

（5）隔离噪声源，如等离子弧焊及喷涂时，应隔离在专门的工作室内操作，将旋转式电弧焊机放在车间隔墙外；改进工艺，如用矫直机代替手工敲击校正钢板。

## 10.2.6 高频电磁场

高频电磁辐射是伴随着氩弧焊和等离子焊的扩大应用而产生的。当等离子焊和氩弧焊采用高频振荡器引弧时，振荡器要产生强烈的高频振荡，击穿钍钨极与喷嘴之间的空气隙，引燃等离子弧。另外，又有一部分能量以电磁波的形式向空间辐射，形成了高频电磁场，对局部环境造成污染。高频电磁辐射强度取决于高频设备的输出功率、高频设备的工作频率、高频振荡器的距离、设备以及传输线路有无屏蔽。

高频电磁辐射防护措施如下：

（1）减少高频电的作用时间，若使用振荡器旨在引弧，则可于引弧后立即切断振荡器线路。

（2）工件良好接地：施焊工件的地线做到良好接地，能大大降低高频电流，接地点距工件越近，情况越能得到改善。

（3）在不影响使用的情况下，降低振荡器频率。

## 10.2.7 燃烧与爆炸

焊接与切割的工艺是一种明火作业，由于作业经常接触可燃、易燃物质并且同压力容器和管道打交道，存在较大的火灾危险性。

焊接和切割过程中，电弧和气体火焰会产生很高的温度，且有大量的金属火花飞溅，这都是引起火灾和爆炸事故发生的重要因素。应采取下列措施防范：

（1）焊接或切割工作场所不应有木屑、油脂及其他易燃易爆物。如有易燃易爆物，应将它们放置在距离焊接处或切割处 10 m 以外的地方，且要用防火材料盖严，同时还要准备消防用品，以防万一。乙炔瓶的安置也按此规定。

（2）氧气瓶应集中堆放，不允许明火作业和吸烟，更不允许焊机的导线从氧气瓶上通过。

氧气瓶未装减压器前，检查氧气瓶出口是否清洁，操作者应站在出气口侧面把瓶阀稍微开启一下，吹掉出气口灰粒，以免灰尘垃圾进入减压器使其堵塞而造成事故。严禁用有油脂的扳手和戴有油污的手套去拧氧气瓶阀和减压器连接螺钉，以防爆炸。冬季在室外作业时，若发现氧气瓶阀或减压器冻结，可用热水及热水蒸气解冻，严禁用火焰加热、火烤或用铁器猛击气瓶。

（3）严禁焊工将刚焊完的焊条头随便乱扔，不许焊后把炽热的焊件乱放，以免发生火灾或灼伤他人。

（4）在室内装修需要焊接时，要求采用绝缘板将易燃物隔离，清除周围的易燃物质，避免火灾的发生。

# 10.3　常用焊接方法的安全技术

## 10.3.1　焊条电弧焊

焊条电弧焊的安全与卫生防护要点如表 10 - 8 所示。

表 10 - 8　焊条电弧焊的安全与卫生防护要点

| 危害因素 | 防护要点 |
| --- | --- |
| 电击 | （1）按工作要求对每台焊机实行正确的接地和接零<br>（2）每台焊机均需安装防电击节能装置<br>（3）焊工穿戴绝缘性好的电焊手套和工作鞋<br>（4）遵守安全操作规程 |
| 电焊弧光 | （1）采用性能合格的护目滤光片<br>（2）穿工作服，佩戴面罩、手套等防护用品<br>（3）设置弧光防护屏，避免交叉影响 |
| 电焊烟尘 | （1）采取全面通风、局部通风或排烟机组通风等除尘措施<br>（2）定期监测施焊现场的电焊烟尘的浓度，如超过国家标准规定的 $6 \text{ mg/m}^3$，应改进通风除尘措施或佩戴防尘口罩<br>（3）作为辅助措施，可选用其他性能优良而发生量较少的焊条 |

### 10.3.2 气焊与气割

防火防爆是气焊、气割安全技术的主要内容,气焊、气割的安全与卫生防护要点如表 10 – 9 所示。

表 10 – 9 气焊、气割的安全与卫生防护要点

| 危害因素 | 防护要点 |
| --- | --- |
| 乙炔发生器燃烧爆炸 | (1) 禁止使用浮筒式乙炔发生器<br>(2) 尽快淘汰各种类型的移动式乙炔发生器,改用溶解乙炔气瓶 |
| 气瓶燃烧爆炸 | 执行各项安全技术要点 |
| 烟尘与有害气体 | 进行铜、铝等有色金属气焊时,应采取局部通风除尘措施 |
| 火焰强光 | 戴气焊护目镜 |

### 10.3.3 $CO_2$ 气体保护焊

$CO_2$ 气体保护焊中的主要有害物质是有害气体、烟尘及较焊条电弧焊强的弧光。$CO_2$ 气体保护焊的安全与卫生防护要点如表 10 – 10 所示。

表 10 – 10 $CO_2$ 气体保护焊的安全与卫生防护要点

| 危害因素 | 防护要点 |
| --- | --- |
| 有害气体和烟尘 | (1) 采取全面通风、局部通风、排烟机组或其他排烟通风除尘措施<br>(2) 在密闭或半密闭空间施焊,必须采取有效的通风和换气措施 |
| 电焊弧光 | (1) 采用性能合格的护目滤光片<br>(2) 佩戴面罩、工作服、手套等防护用品 |
| 电击 | (1) 焊机外壳接地或接零<br>(2) 如采用水冷焊枪时,注意防止因漏水引起的触电<br>(3) 穿戴绝缘性好的电焊手套和工作鞋 |

### 10.3.4 氩弧焊、等离子弧焊及等离子弧切割

氩弧焊、等离子弧焊及等离子弧切割的主要危险因素是电击,主要有害因素是臭氧、氮氧化物等有害气体、烟尘与强烈的弧光,如表 10 – 11 所示。

表 10 – 11　**氩弧焊、等离子弧焊及等离子弧切割的安全与卫生防护要点**

| 危害因素 | 防护要点 |
|---|---|
| 电击 | （1）当所用电源空载电压较高时，应尽量采用自动焊及自动切割工艺，并采取焊机接地、工作前检查焊机和焊枪绝缘状态等防触电措施<br>（2）对水冷焊枪和割炬，要经常检查水路，防止因漏水引起触电 |
| 有害气体和烟尘 | （1）采取全面通风、局部通风及排烟机组等通风除尘措施，并重点监测臭氧和烟尘的浓度<br>（2）尽量采用在密闭罩内工作（人在罩外操纵）或机械手操作、遥控操作等<br>（3）在通风不好的场所工作时，佩戴送风式面罩 |
| 弧光 | （1）采用遮光号和透过率符合要求的护目滤光片<br>（2）佩戴面罩和穿戴耐紫外线的工作服、手套等防护用品 |

# 附　录

## 附录 A　常用焊接材料中外牌号对照表

中外焊条牌号对照如附表 A-1 所示，中外实心焊丝对照如附表 A-2 所示，中外药芯焊丝对照如附表 A-3 所示，中外焊剂对照如附表 A-4 所示，中外钎料牌号对照如附表 A-5 所示。

附表 A-1　中外焊条牌号对照表

| 牌号 | 中国 | 国际标准 | 日本 | | 美国 | 德国 | 英国 |
| --- | --- | --- | --- | --- | --- | --- | --- |
| | GB/T | ISO | JIS | 神钢 | AWS | DIN | BS |
| J420G | E4300 | E433R15 | D4313 | TB-35 | E6012 | E4332R3 | E4332R15 |
| J421 | E4313 | E433RR15 | D4313 | RB-26 | E6013 | E4333RR8 | E4332RR15 |
| J421X | E4313 | E435AR25 | D4324 | TB-62 | | E4354AR7 | E433AR25 |
| J421Fe | E4324 | E432R12 | | TB-24SP | E6024 | | |
| J421Fe13 | | E432RR32 | | | | | |
| J421Fe18 | | | | | | | |
| J421Z | | | | | | | |

| 牌号 | 中国 GB/T | 国际标准 ISO | 日本 JIS | 日本 神钢 | 美国 AWS | 德国 DIN | 英国 BS |
|---|---|---|---|---|---|---|---|
| J422<br>J422GM<br>J422Fe<br>J422Fe13 | E4303<br>E4303<br>E4323 | | D4303 | TB—24<br>TB—25<br>TB—32<br>TB—44 | | | E316 |
| J423<br><br>J423Fe | E4301 | | D4301 | B—14<br>B—15<br>B—17<br>B1—14<br>B1—15 | E6019 | | |
| J424<br>J424Fe14 | E4320<br>E4327 | E435A15035<br>E432AR22 | D4320<br>D4327 | B—27<br>IB—20<br>IB—25 | E6020<br>E6027 | E4354AR—11160 | E4354A15035 |
| J425<br>J425G | E4311<br>E4310 | E432C52 | D4311 | HC—24<br>KOBE—6011<br>KOBE—6010 | E6011<br>E6010 | E4332C4 | E4322C16 |
| J426<br>J426X | E4316 | E434B24(H) | D4316 | LB—26<br>LB—26V<br>LB—26VU<br>LB—47<br>LBM—26<br>LB—52U<br>ZERODE—6V | — | E4343B10 | E4343B10(H) |

续表

| 牌号 | 中国 GB/T | 国际标准 ISO | JIS | 日本 神钢 | 美国 AWS | 德国 DIN | 英国 BS |
|---|---|---|---|---|---|---|---|
| J427<br>J427Ni | E4315 | E434B20 (H) | | | | | |
| J501Fe15 | E5024 | E514RR16035 | D5003 | FB—24<br>RB—24 | E7024 | E5142RR—11160 | E5142RR16035 |
| J501Fe18 | E5024 | E515AR19035 | | FB—43 | E7024 | E2122R11180 | E5154AR19035 |
| J502<br>J506Fe16 | E5003<br>E5023 | | D5003 | LTB—50<br>TB—52 | — | | |
| J506 | E5016 | E514B24 (H)<br>E515B46 (H) | D5016<br>D5316 | LB—24<br>LB—50A<br>LB—52 | E7016 | E5143B10<br>E5155B10 | E5143B24 (H)<br>E5154B24 (H) |
| J507 | E5015 | E515B20 (H) | | LB—52A<br>LB—52AS<br>LBO—52 | E7015 | E5155B10 | E5154B20 (H) |
| J506Fe<br>J507Fe | E5018 | E515B12016 (H) | D5026 | LTB—52A<br>LB—52—18<br>LTB—52N | E7018 | E5155B10 | E5154B12016(H) |

续表

| 牌号 | 中国 | | 国际标准 | 日本 | | 美国 | 德国 | 英国 |
|---|---|---|---|---|---|---|---|---|
| | | GB/T | ISO | JIS | 神钢 | AWS | DIN | BS |
| J505 | | E5011 | | | | E7011 | | |
| J505MD | | | | | | | | |
| J506Fe16 | | | E515B16036（H） | | LTB—50A | | E5155B<br>（R）12160 | E5154B16036（H） |
| J506Fe18 | | E5028 | E515B20046（H） | D5026 | LB—52—28 | E7048 | | E5154B20046（H） |
| J507Fe16 | | | E514B18036（H） | | LBF—52A<br>LBI—52H | | E5155B<br>（R）12200<br>E5143B12—180 | E5143B18036（H） |
| J506RH | | E5016G | E514B24（H） | D5016 | LB—52N<br>LB—52NS | E7016—G | E5143B10 | E5143B24（H） |
| J506H | | E5016—1 | E515B46（H）<br>E515B42（H） | | NBA—52F<br>LB—52UL<br>LBF—52N | E7016—1 | E5155B10 | E5154B24（H） |
| J506X | | E5016 | E514B24（H）<br>E515B46（H） | D5016 | NBA—52V<br>LB—52 | E7016 | E5143B10<br>E5155B10 | E5154B94（H） |
| J507X | | E5015 | E515B42（H） | | LB—52A | E7015 | E5154B9 | |
| J506DF | | E5016 | | D5016 | LBM—52<br>ZERODE—52 | E7016 | | |
| J506D | | | | | LB—52U | | | |

续表

| 牌号 | 中国 GB/T | 国际标准 ISO | 日本 JIS | 日本 神钢 | 美国 AWS | 德国 DIN | 英国 BS |
|---|---|---|---|---|---|---|---|
| J556 | E5516—G | | D5316 | LB—57 | E8016—G | EY50661—NiMoBH5 | |
| J556RH | | | D5818 | LB—76 | E8018—G | | |
| J557 | E5515—G | | D5816 | LB—86VS | | | |
| J557Mo | E5515—D3 | | | | E8015—D3 | | |
| J606 | E6016—D1 | | D5816 D6216 | LB—62 LBM—62 | E9016—D1 | EY5554B ××H5 | E619H |
| J607 | E6015—D1 | | | LB—62V | E9015—D1 | | E614 |
| J606RH | E6016—G | | | LB—62N | E9016—G | | |
| J607Ni | E6015—G | | | LB—62U LB—62UL | E9015—G | | |
| J607RH | E6015—G | | | LB—62F LBF—62A | E9018—G | | |
| J707 | E7015—D2 | | D7016 | LB—106 | E10015—D2 | EY6242B ××H5 | Fortrex B |
| J707Ni | E7015—G | | D7018 | | E10016—G | | |
| J707RH | E7015—G | | | | E10018—G | | |
| J757 | E7515—G | | D7618 | | E11015—G | EY6942B ××H5 | |
| J757Ni | E7515—G | | | | E11016—G E11018—G | | |

续表

| 牌号 | 中国 GB/T | 国际标准 ISO | 日本 JIS | 日本 神钢 | 美国 AWS | 德国 DIN | 英国 BS |
|---|---|---|---|---|---|---|---|
| J807RH | E8015—G | | D8015 | LB—116 | | EY7953B | (18) |
| J807 | | | | LB—80UL | | ××H5 | |
| J857 | | | | LB—88LT | | | |
| J907Cr | E8515—G | | | | E12015—G | | |
| J107Cr | E9015—G<br>E10015—G | | | | E12016—G | | |
| 钼和铬钼耐热钢 | | | | | | | |
| R106Fe | E5018—A1 | EMpB20 | DT1216 | CMA—76 | E7016—A1 | EMoB10⁺ | EMoB |
| R107 | E5015—A1 | | | CMB—76 | E7018—A | EMoB20⁺ | |
| R202 | E5503—B1 | | CMB—83 | | Э—MX | | E217 |
| R207 | E5513—B1 | | CMB—86 | E8016—B1 | Э09XM | | E614 |
| R302 | E5503—B2 | E1CrMoLB20 | DT2315 | CMB—95 | E8015—B2 | ECrMo1B10⁺ | E1CrMoB |
| R307 | E5515—B2 | | | | B8016—B2 | | |
| R306Fe | E5518—B2 | | DT2316 | | E8018—B2 | | |
| R310 | E5500—B2V | | DT2313 | CMB—93 | E502—16 | | |
| R317 | E5515—B2V | | DT2315 | CMA—96<br>CMB—96<br>CMB—98<br>CMA—96MB | E8015—B2V | | |

续表

| 焊号 | 中国 GB/T | 国际标准 ISO | 日本 JIS | 日本 神钢 | 美国 AWS | 德国 DIN | 英国 BS |
|---|---|---|---|---|---|---|---|
| R402 | E6000—B3 | E2CrMoLB20 | DT2415 | CMA—106 | E9015—B3L | ECrMo2B10$^{+}$ | E2CrMoB |
| R407 | E6015—B3 | | | CMA—106N | E9016—B3L | | E610 |
| R406Fe | E6018—B3 | | DT2416 | CMB—105 | E9018—B3L | | E614 |
| | | | | CMB—106 | | | |
| | | | | CMB—106N | | | |
| | | | | CMB—108 | | | |
| R507 | E1—5MoV—15 | E5CrMoLB29 | DT2515 | CM—5 | E502—15 | ECrMo5B10$^{+}$ | E5CrMoB |
| R517A | E1—5MoV—16 | | DT2516 | | E502—16 | | E615 |
| R707 | E1—9Mo—15 | E9CrMoB20 | | CM—9 | E505—16 | ECrMo9B10$^{+}$ | E9CrMoB |
| R807 | E11Mo—VNi15 | | | | E505—15 | | |
| 低温钢焊条 | | | | | | | |
| W707 | E5515—C$_1$ | | DL5016—C—0 | NB—2 | | | |
| W707Ni | | | DL5016—C—1 | NB—2N | E8015—C1 | | |
| W807 | E5515—G | | DL5016—C—2 | NB—3A | E8015—C2 | | |
| W907Ni | E5515—C$_2$ | | | NB—3S | E8018—C2 | | |
| W107Ni | E5015—C$_2$L | | DL5016—D3 | NB—3N | E7015—C2L | | |

续表

| 牌号 | 中国 | | 国际标准 | 日本 | | | 美国 | 德国 | 英国 |
| | GB/T | | ISO | JIS | 神钢 | | AWS | DIN | BS |
| 铸铁焊条 | | | | | | | | | |
| Z308 | EZNi—1 | | ENi/G25 | DFCNi | CIA—1 | | ENi—C1 | ENiG3 | (Cinex) |
| Z408 | EZNiFe—1 | | ENiFe/G25 | DFCNiFe | CIA—2 | | ENiFe—C1 | ENiFeG3 | (Ferroloid3) |
| Z408A | EZNiFeCu | | | | | | | | |
| Z508 | EZNiCu—1 | | ENiCu—2/G36 | DFCNiCu | CIA—3 | | ENiCu—B | ENiCuG3 | (Ferroloid1) |
| 铬不锈钢焊条 | | | | | | | | | |
| G202 | E410—16 | | | D410—16 | CR—40 | | E410—16 | E13B20$^+$ | |
| G207 | E410—15 | | | D410—15 | CR—40Cb | | E410—15 | | |
| G302 | E430—16 | | | D430 | CR—43 | | E430—16 | E17B20$^+$ | |
| G307 | E430—15 | | | | CR—43Cb | | E430—15 | | |
| 铬镍不锈钢焊条 | | | | | | | | | |
| A002 | E308L—16 | | E19.9L | D308L | NC—28L NC—38EL NCA—308L NCA—308UL NC—38LT | | E308L—16 E308LC—16 | E19.9LR | E19.9LR |

续表

| 牌号 | 中国 GB/T | 国际标准 ISO | 日本 JIS | 日本 神钢 | 美国 AWS | 德国 DIN | 英国 BS |
|---|---|---|---|---|---|---|---|
| A022 | E316L—16 | E23.12.2R | D316L | NC—36L | E316L—16 | E19.12.3nL—R26 | E19.123LR |
| | | | | NCA—316L | E316LC—16 | E19123nC36 | |
| A032 | E317Mo—CuL—16 | | | NCA—316UL | | E19123nC23 | |
| | | | | NC—36EL | | | |
| A101 | E308—16 | E19.9R26 | D308 | NC—38 | E308—16 | E19.9R26 | E19.9R |
| A102 | E308—15 | | | NCA—38 | E308—15 | E19.9B | E19.9B |
| A107 | E308—17 | | | HIMELT—308 | | | |
| A102A | | | | | | | |
| A132 | E347—16 | E199NbR26 | D347 | NC—37 | E347—16 | E19.9NbR26 | E19.9NbR |
| A137 | E347—15 | E199NbB26 | | NC—37L | E347—15 | E19.9NbB26 | E19.9NbB |
| A132A | E347—17 | | | HIMELT—347 | | | |
| A202 | E316—16 | E19.12.3R | D316 | NC—36 | E316—16 | E19123R26 | E19.12.3R |
| A207 | E316—15 | | | NCA—316 | E316—15 | E19.12.3B | E19.12.3B |
| | | | | HIMELT—316 | | | |
| A232 | E318V—16 | E19.13.4R | D317 | NC—317 | E317—16 | E19134R26 | E19.13.4R |
| A242 | E317—16 | | | NC—317L | | | |

续表

| 牌号 | 中国 GB/T | 国际标准 ISO | 日本 JIS | 日本 神钢 | 美国 AWS | 德国 DIN | 英国 BS |
|---|---|---|---|---|---|---|---|
| A062 | E309L—16 | E23.12R26 | D309L | HIMELT—309L NC—39 NCS—39UL | E309L—16 | E2312nCR26 | E23.12R |
| A301 | | | | HIMELT—309 | | | |
| A302 | E309—16 | E23.12R26 | D309 | NC—39 NCA—309 | E309—16 | E2312nR26 | E23.12R |
| A312 | E309Mo—16 | E23.12.2R | D309Mo | NC—39Mo NC—39MoL | E309Mo—16 | E23.12.2R | E23.12.2R |
| A317 | E309Mo—15 | | | NCS—39MoL | E309Mo—15 | | |
| A402 | E310—16 | E25.20R26 | D310 | NC—30 | E310—16 | E25.20R26 | E25.20R |
| A407 | E310—15 | E25.20B26 | D310 | | E310—15 | E25.20B26 | E25.20B |
| A412 | E310Mo—16 | | D310Mo | NC—310MF | E310Mo—16 | | |
| 低碳低合金钢 | | | | | | | |
| D107 | EDPMn2—15 | | | HF—260 HF—280 | | | |
| D126 | EDPMn3—15 | | DF2A—300B | HF—330 HF—350 | | | |
| D112 | EDPCrMo—Al—03 | | | LM—1 LM—2 | | | |

续表

| 牌号 | 中国 GB/T | 国际标准 ISO | 日本 JIS | 神钢 | 美国 AWS | 德国 DIN | 英国 BS |
|---|---|---|---|---|---|---|---|
| 中碳低合金钢 | | | | | | | |
| D132 | EDPCrMo—A₂—03 | | DF2B | HF—500 | | | |
| D172 | EDPCrMo—A₃—3 | | DF2B | HF—600 | | | |
| D146 | EDPMn4—16 | | DF2A | HF—650 | | | |
| D167 | EDPMn6—15 | | DF2B | | | | |
| D212 | EDPCrMo—A₄—03 | | DF2B | | | | |
| 高碳低合金钢 | | | | | | | |
| D207 | EDPCrMnSi—15 | | DF2B—600—B | HF—600 | | | |
| 铬镍铬钼热稳定钢 | | | | | | | |
| D397 | EDPCrMn—Mo—15 | | | | | E7—200K E3—50t | |
| D337 | EDRCrW—15 | | DF2B | | | | |
| D322 | EDRCrMo—WVAl—03 | | | | | | |
| D327 | EDRCrMoW—V—Al—15 | | | | | | |

续表

| 中国 牌号 | GB/T | 国际标准 ISO | 日本 JIS | 日本 神钢 | 美国 AWS | 德国 DIN | 英国 BS |
|---|---|---|---|---|---|---|---|
| 高速钢 | | | | | | | |
| D307 | EDD—D—15 | | DF5B | | EFe5A（W6Mo5Cr—4V2） | | |
| 高铬钢 | | | | | | | |
| D502 | EDCr—A1—03 | | | | | | |
| D507 | EDCr—A1—15 | | DF—4A | CR—40Cb | E410—16 | | |
| D507Mo | EDCr—A2—15 | | DF—4A | CF—13 | | | |
| D507MoNb | EDCr—A1—15 | | | CR—132 | | | |
| D512 | EDCr—B—03 | | DF—4A | CR—134 | | | |
| D517 | EDCr—B—15 | | DF—4A | | | | |
| 高锰钢、铬锰钢 | | | | | | | |
| D256 | EDMn—A—16 | | DF—MA | HF—11 | EFeMn—A | | |
| D266 | EDMn—B—16 | | DF—MA | HF—11 | EFeMn—B | | |
| D276 | EDCrMn—B—16 | | DF—ME | CRM—2 | | E7—UM—250K | |
| D277 | EDCrMn—B—15 | | DF—ME | CRM—3 | | | |

336 焊接速查手册

续表

| 牌号 | 中国 GB/T | 国际标准 ISO | 日本 JIS | 日本 神钢 | 美国 AWS | 德国 DIN | 英国 BS |
|---|---|---|---|---|---|---|---|
| 奥氏体铬镍钢 | | | | | | | |
| D547 | EDCrNi—A—15 | | | | | | |
| D547Mo | EDCrNi—B—15 | | | | | | |
| D557 | EDCrNi—C—15 | | | | | | |
| 马氏体合金铸铁 | | | | | | | |
| D608 | EDZ—A1—08 | | DFCrA | | EFeMoC | | |
| D678 | EDZ—B1—08 | | | | | | |
| 高铬合金铸铁 | | | | | | | |
| D642 | EDZCr—B—03 | | DFCrA—700—B | HF—30 | EFeCr—A (Cr29Mn6Si) | | |
| D646 | EDZCr—B—16 | | | | EFeCy—A1 (Cr29Ni—3SiMn) | | |
| D667 | EDZCr—C—15 | | | | | | |
| D687 | EDZCr—D—15 | | | | | | |
| 碳化钨合金 | | | | | | | |
| D707 | EDW—A—15 | | DFWA | HF—950 | Electric | | |
| D717 | EDW—B—15 | | | HF—950 | Borod | | |
| D717A | EDW—B—15 | | | HF—1000 | Electric Tube Borod | | |

续表

| 牌号 | 中国 GB/T | 国际标准 ISO | 日本 JIS | 日本 神钢 | 美国 AWS | 德国 DIN | 英国 BS |
|---|---|---|---|---|---|---|---|
| 钴基合金 | | | | | | | |
| D802 | EDCoCr—A—03 | | DF—CoCrA | HF—6 | ECoCr—A | E20—uM—452CT | |
| D812 | EDCoCr—B—03 | | DF—CoCrB | HF—3 | ECoCr—B | E20—uM—502CT | |
| D822 | EDCoCr—C—03 | | DF—CoCrC | HF—1 | ECoCr—C | E20—uM—552CT | |
| D842 | EDCoCr—D—03 | | DF—CoCrD | | | | |
| T107 | ECu | | DCu | | ECu | | |
| T207 | ECuSi—B | | DCuSiB | CS—30 | ECuSn—A | EL—CuSn—7 | |
| T227 | ECuSn—B | | DCuSnB | CP—33 | ECuSn—B | | |
| T237 | ECuAl—C | | DCuAl DCuAlNi | CAN—60 | ECuAl—A2 | | |
| Ni102 | ENi—0 | | DNi—1 | NIC—70A | ENi—1 | EL—NiCr15—FeMn | |
| Ni112 | ENi—0 | | | NIC—625 | | | |
| Ni307 | ENiCrMo—0 | | | | | | |
| Ni307B | ENiCrFe—3 | | DNiCrFe—3 | NIC—703D | ENiCrFe—1 ENiCrFe—3 | | |
| Ni337 | | | | | | | |
| Ni347 | ENiCrFe—0 | | | | ENiCrFe—2 | | |
| Ni357 | ENiCrFe—2 | | | | ENiCu—7 | | |
| Ni202 | ENiCu—7 | | | | | | |
| L109 | E1100 | | | | E1100 | | |
| L209 | E4043 | | | | E4043 | | |
| L309 | E3003 | | | | E3003 | | |

附表 A-2　中外实心焊丝对照表

| 类别 | 中国 GB/T | 美国 AWC | 俄罗斯 ГОСТ | 德国 DIN | 英国 BS | 法国 NF | 日本 JIS |
|---|---|---|---|---|---|---|---|
| 低碳钢及低合金钢用埋弧焊焊丝 | H08A | EL12 | CB-08A | S1 | S1 | SA1 | YS-S1 |
| | H15Mn | EM12 | CB-15Г | S2 | S2 | SA2 | YS-S3 |
| | H08MnA | EM12 | CB-08ГА | S2 | S2 | SA2 | YS-S2 |
| | H10Mn2 | EH14 | CB-08Г2 | S4 | S4 | SA4 | YS-S4 |
| | H08MnMoA | EA2 | CB-08ГМА | S2Mo | S2Mo | SA2Mo | YS-M3 |
| | H08Mn2MoA | EA3 | CB-08Г2МА | S4Mo | S4Mo | SA4Mo | YS-M4 |
| | H10CrMoA | EB1 | CB-10XMA | — | — | — | YS-CM1 |
| | H13CrMoA | EB2 | CB-13XMA | UPS2CrMo1 | — | — | YS-CM2 |
| | H08CrNi2MoA | — | CB-08XH2MA | — | S2-NiCrMo | — | — |
| 低碳钢及低合金钢用气体保护焊焊丝 | ER49-1 (H08Mn2SiA) | | CB08Г2C | | | | |
| | ER50-2 | ER70S-2 | | | | | |
| | ER50-3 | ER70S-3 | | SG-1 | A15 | | YGT50 |
| | ER50-4 | ER70S-4 | CB-12ГC | SG2 | A18 | | YGT50 |
| | ER50-5 | ER70S-5 | | | | | |
| | ER50-6 | ER70S-6 | | SG2 | A18 | | YGG50 |
| | ER50-G | ER70-G | CB-08Г2C | | | | |
| | ER55-D2 | ER70S-A1 ER80S-D2 | | SGMo | A30、A31 | | YGTM YGM-C YGM-A、G YGCM-A、C、G |

续表

| 类别 | 中国 GB/T | 美国 AWC | 俄罗斯 ГОСТ | 德国 DIN | 英国 BS | 法国 NF | 日本 JIS |
|---|---|---|---|---|---|---|---|
| 低碳钢及低合金钢用气体保护焊焊丝 | ER55—B2 | ER80S—B2<br>E80C—B2 | | SGCrMo1 | A32 | | YG1GM—C、A<br>YGT1CM |
| | ER55—B2L | ER80S—B2L<br>ER70C—B2L | | | | | YG1CM—C<br>YG1CM—A<br>YGT1CML |
| | ER55—B3 | ER80S—B3<br>E90C—B3 | | | | | YG2CM—C |
| | ER55—B3L | ER80S—B3L<br>E90C—B3L | | | | | YG2CM—C |
| | ER62—B3 | ER90S—B3<br>E90C—B3 | | SGCrMo2 | A33 | | YGT2CM<br>YG2CM—A |
| | ER62—B3L | ER90S—B3L<br>E90C—B3L | | | | | YGT2CML<br>YG2CM—A |
| | ER69—1 | ER100S—1 | | | | | YGT70 |
| | ER76—1 | ER110S—1 | | | | | YGT80 |
| 不锈钢用焊丝 | H0Cr21Ni10 | ER308 | CB—06X19H9 | ×5CrNi19.9 | 308S96 | SA19.9 | Y308<br>YS308 |
| | H00Cr21Ni10 | ER308L | CB—04X19H9 | ×2CrNi19.9 | 308S92 | SA19.9L | Y308L<br>YS308L |
| | H1Cr24Ni13 | ER309 | CB—07X25H13 | ×12CrNi22.12 | 309S94 | SA23.12 | Y309<br>YS309 |

续表

| 类别 | 中国 GB/T | 美国 AWC | 俄罗斯 ГОСТ | 德国 DIN | 英国 BS | 法国 NF | 日本 JIS |
|---|---|---|---|---|---|---|---|
| 不锈钢用焊丝 | H1Cr24Ni13Mo2 | ER309Mo<br>ER309MoL | — | — | 309S95 | SA23.12Nb | Y309Mo<br>YS309Mo |
| | H1Cr26Ni21 | ER310 | CB—13X25H18 | ×12CrNi25.20 | 310S94 | SA25.20 | Y310<br>YS310 |
| | H0Cr26Ni21 | | | | | | Y310S |
| | H0Cr19Ni12Mo2 | ER316 | CB—08X19H10M3 | ×5CrNiMo1911 | 316S96 | SA19.12.2 | Y316<br>YS316 |
| | H00Cr19Ni12Mo2 | ER316L | | ×2CrNiMo1912 | 316S92 | SA19.12.2L | Y316L<br>YS316L |
| | H00Cr19Ni12Mo2Cu2 | — | | | | | Y316J1L<br>YS316J1L |
| | H0Cr19Ni14Mo3 | ER317 | — | — | 317S96 | — | Y317<br>YS317 |
| | H0Cr20Ni10Ti | ER321 | CB—06X19H9T | | | | Y321 |
| | H0Cr20Ni10Nb | ER347 | CB—07X19H9B | ×5CrNiNb199 | 347S96<br>347S97 | SA19.9Nb | YS347<br>Y347 |
| | H1Cr13 | ER410 | CB—12X13 | ×8Cr14 | 410S94 | SA13 | Y410<br>YS410 |
| | H1Cr17 | ER430 | CB—10X17 | | 430S94 | | Y430<br>YS430 |
| | H0Cr17Ni4Cu4Nb | ER630 | | | | | |

续表

| 类别 | 中国 GB/T | 美国 AWC | 俄罗斯 ГОСТ | 德国 DIN | 英国 BS | 法国 NF | 日本 JIS |
|---|---|---|---|---|---|---|---|
| | ERNi—1 | ERNi—1 | | SGNiTi4 | NA32 | | YNi—1 |
| | ERNiCu9 | ERNiCu—7 | | SGNiCu30—MnTi | NA33 | | YNiCu—7 |
| | ERNiCr—3 | ERNiCr—3 | | SGNiCr20Nb | NA35 | | YNiCr—3 |
| | ERNiCrFe—5 | ERNiCrFe—5 | | — | — | | YNiCrFe—5 |
| | ERNiCrFe—6 | ERNiCrFe—6 | | | NA39 | | YNiCrFe—6 |
| | ERNiMo—1 | ERNiMo—1 | | — | — | | YNiMo—1 |
| | ERNiMo—2 | ERNiMo—2 | | — | — | | — |
| | ERNiMo—3 | ERNiMo—3 | | — | — | | YNiMo—3 |
| 镍及镍合金焊丝（或焊棒） | ERNiMo—7 | ERNiMo—7 | | SGNiMo27 | NA44 | | YNiMo—7 |
| | ERNiCrMo—1 | ERNiCrMo—1 | | | | | YNiCrMo—1 |
| | ERNiCrMo—2 | ERNiCrMo—2 | | — | NA40 | | YNiCrMo—2 |
| | ERNiCrMo—3 | ERNiCrMo—3 | | SG—NiCr21—Mo9Nb | NA43 | | YNiCrMo—3 |
| | ERNiCrMo—4 | ERNiCrMo—4 | | SG—NiMo16—Cr16W | — | | YNiCrMo—4 |
| | ERNiCrMo—7 | ERNiCrMo—7 | | SG—NiMo16—Cr16Ti | NA45 | | — |
| | ERNiCrMo—8 | ERNiCrMo—8 | | — | — | | YNiCrMo—8 |
| | ERNiCrMo—9 | ERNiCrMo—9 | | — | — | | — |
| | ERNiFeCr—1 | ERNiFeCr—1 | | — | NA41 | | YNiFeCr—1 |
| | ERNiFeCr—2 | ERNiFeCr—2 | | — | — | | — |

| 类别 | 中国 GB/T | 美国 AWC | 俄罗斯 ГOCT | 德国 DIN | 英国 BS | 法国 NF | 日本 JIS |
|---|---|---|---|---|---|---|---|
| 铜及铜合金焊丝（或焊棒） | HSCu | ERCu | | SG—CuSn | C7 | | YCu |
| | HSCuSi | ERCuSi—A | | SG—CuSi3 | C9 | | YCuSiA |
| | HSCuSn | — | | SG—CuSn6 | C11 | | YCuSnB |
| | HSCuAl | ERCuAl—A2 | | SG—CuAl8 | C13 | | YCuAl |
| | HSCuAlNi | ERCuNiAl | | SG—CuAl8Ni2 | | | YCuAlNiB |
| | HSCuNi | ERCuNi | | SG—CuNi30Fe | C18 | | YCuNi-3 |
| 铝及铝合金焊丝（或焊棒） | SAl—2 | R1188<br>ER1188 | | EL—Al99.8<br>SG—Al99.8 | 1080A | | A1070—BY<br>A1070—WY |
| | SAl—1 | R1100<br>ER1100 | | | | | A1100—BY<br>A1100—WY |
| | SAl-3 | | | EL—Al99.5<br>SG—Al99.5 | 1050A | | A1200—BY<br>A1200—WY |
| | SAlCu | R2319<br>ER2319 | | — | — | | A2319—BY<br>A2319—WY |
| | SAlSi—1 | R4043<br>ER4043 | | EL—AlSi5<br>SG—AlSi5 | 4043A | | A4043—BY<br>A4043—WY |
| | SAlSi—2 | R4047<br>ER4047 | | EL—AlSi12<br>SG—AlSi12 | 4047A | | A4047—BY<br>A4047—WY |
| | SAlMg—1 | R5554<br>ER5554 | | SG—AlMg2.7Mn<br>SG—AlMg3<br>SG—AlMg2.7Zr | 5554 | | A5554—BY<br>A5554—WY |

续表

| 类别 | 中国 GB/T | 美国 AWC | 俄罗斯 ГОСТ | 德国 DIN | 英国 BS | 法国 NF | 日本 JIS |
|---|---|---|---|---|---|---|---|
| 铝及铝合金焊丝（或焊棒） | SAlMg—2 | R5654<br>ER5654 | | | 5154A | | A5654—BY<br>A5654—WY |
| | SAlMg—4 | R5556<br>ER5556 | | SG—AlMg5 | 5556A | | A5556—BY<br>A5556—WY |
| | SAlMg—3 | R5183<br>ER5183 | | — | 5183 | | A5183—BY |

注：括号内的牌号为焊条牌号。"—"表示近似牌号。

附表 A–3　中外药芯焊丝对照表

| 类别 | 中国 | | 美国 | | 日本 | | 瑞典 ESAB | 法国 SAF |
|---|---|---|---|---|---|---|---|---|
| | GB/T 型号 | 统一牌号 | AWS 型号 | LINCOLN | JIS 型号 | KOBE 牌号 | | |
| 碳钢、低合金钢药芯焊丝 | E501T—1 | YJ502—1 | E70T—1 | OS70<br>OSHD—70 | | DW—200<br>MX—55<br>MX—100/Z100 | DS111A<br>R—70Ultra<br>DS Arc 70 | SD127<br>SD105<br>Primer |
| | E501T—1 | YJ501—1 | E71T—1 | OS71/71H<br>OS71C—H<br>OS71M/<br>71M—H | YFW—C500 | DW—Z100/<br>—100<br>DE—Z110/<br>—110<br>DW—100V | DS7000<br>DSFC—717<br>DS7100<br>Ultra<br>DS1171Ultra | SD100<br>SD116A<br>SD122<br>SD100Nic |
| | E501T—1 | YJ501Ni—1 | E71T—5 | OS75H | YFW—C50 | DWA—51B | DST—5 | SD31<br>SD400 |

| 类别 | 中国 | | 美国 | | 日本 | | 瑞典 ESAB | 法国 SAF |
|---|---|---|---|---|---|---|---|---|
| | GB/T型号 | 统一牌号 | AWS型号 | LINCOLN | JIS型号 | KOBE牌号 | | |
| 碳钢、低合金钢药芯焊丝 | E501T—5 | YJ507—1 YJ507TiB—1 | E70T—5 | | | | DST—75 | |
| | E551T5—B2 | YR307—1 | E80T5—B2 | | YF1CM—C | | | SD212 |
| | E700T5—Ni1 | YJ707—1 | E80T5—Ni1 | | | | DS85—Ni1 | SD202 |
| | E501T—4 | YJ507—2 | E70T—4 | NS—3M | YFW—S50 | | CS40 | |
| 碳钢、低合金钢自保护药芯焊丝 | E501T—8 | YJ507G—2 YJ507R—2 | E71T—8 | NR—202/203M NR—232/203MP | YFW—S50 YFW14 | | CS8 | |
| | E500T—GS | YJ507D—2 | E71T—GS | NR—151/152 NR—157/204 —H | | | CS15 | |
| 不锈钢气保护型药芯焊丝 | E307T1—G | YA102—1 | | | | | — | SD657 |
| | E308T1—4 | YA002—1 | E308T—1 | 以下为 MCKAY 牌号 I.F308T1 | YF308C | 以下为 TASETO 的牌号 GFW308 | S. B308H | |
| | E308LT1—4 | YA002—1 | E308LT1—1 | I.F308LT1 | YF308LC | GFW308L | S. B308L | SD650P |
| | E309LT1—4 | YA062—1 | E309LT1—1 | I.F309LT1 | YF309LC | GFW309L | S. B309L | SD654P |
| | E309LMoT1—4 | | — | I.F309MoLT1 | YF309MoLC | GFW309MoL | S. B309MoL | SD654Mo |

续表

| 类别 | 中国 | | 美国 | | 日本 | | 瑞典 ESAB | 法国 SAF |
|---|---|---|---|---|---|---|---|---|
| | GB/T 型号 | 统一牌号 | AWS 型号 | LINCOLN | JIS 型号 | KOBE 牌号 | | |
| | E316LT1—4 | YA022—1 | E316LT1—1 | I.F316LT1 | YF316LC | GFW316L | S.B316L | SD652P |
| | E347T1—4 | YA132—1 | E347T1—1 | I.F347T1 | YF347C | GFW347 | S.B347 | |
| | E347T0—4 | | | | | | | SD653 |
| | E310T1—G | | | | | GFW310 | | |
| 不锈钢气保护型药芯焊丝 | E410NiMOT1—4 | | E410NiMoT—1 | I.F410 NiMoTi | YF410C | | | |
| | E2209T1—4 | | E2209T—1 | I.F2209T1 | | GFW329J3L GFW329J4L | S.B2209 | |
| | E308LT0—3 | YA002—2 | E308LT—3 | I.F308L—0 | YF308LS | | C.B308L | |
| | E309LT0—3 | | | I.F309L—0 | YF309LS | | C.B309L | |
| | E316LT0—3 | | | I.F316L—0 | YF316LS | | C.B316L | |
| | E410NiMoT0—3 | | | I.F410NiMo—0 | | | | |

注：本表中牌号缩写：OS——Outer Shield; I.F——IN FLUX; SD——SAFDUAL; F——FLUXOFIL; C——CITOFLUX; DS——Dual-shield; CS——Covershield; S.B——Shield Bright; C.B——Core Bright。

附表 A-4 中外焊剂对照表

| 类别 | 中国 牌号 | 中国 GB/T 型号 | 日本 JIS | 日本 日铁 | 日本 神钢 | 美国 AWS | 瑞典 ESAB | 瑞士 OERLIKON | 俄罗斯 |
|---|---|---|---|---|---|---|---|---|---|
| 烧结焊剂 | SJ101 | F4A4—H08MnA | YSF43—YS—S2 | YB—100 | PFH—42 | F6A4—EM12<br>F7A0—EA2—A2 | OK10.70 | OP122 | AHK—35 |
| | SJ103 | | | YB—150 | PFH60A | | | OP41TT<br>OP42TT | |
| | SJ104 | | | | | | OK10.62 | OP40TT | AHK—30 |
| | SJ107 | F5A4—H10Mn2 | YSF53—YS—S4 | | | F7A4—EH—14<br>F8A4—EA2—A2 | | | |
| | SJ201 | F5A4—H10Mn2 | YSF53—YS—S4 | | | F6A4—EM12 | | | |
| | SJ301 | F4A2—H08MnA | YSF43—YS—S2 | | | F6A0—EL12<br>F7A0—EM12K | OK10.81 | OP144FB | |
| | SJ302 | F4A2—H08A<br>F4A2—H08MnA | YSF43—YS—S1 | | | F6A0—EL8<br>F6A0—EM12 | OK10.80 | OP123<br>OP100 | |
| | SJ303 | F308L—H00Cr21-Ni10 | | | | | | | |
| | SJ401 | F4A0—H08A | YSF42—YS—S1 | | | | | OP163<br>OP155 | |
| | SJ403 | F4A0—H08A | YSF42—YS—S1 | | | | | | AHK—18,40 |
| | SJ501 | F4A0—H08A | YSF42—YS—S1 | | | F7A2—EL12<br>F7A0—EM12 | | OP185 | AHK—44 |

续表

| 类别 | 牌号 | 中国 GB/T 型号 | JIS | 日本 日铁 | 日本 神钢 | 美国 AWS | 瑞典 ESAB | 瑞士 OERLIKON | 俄罗斯 |
|---|---|---|---|---|---|---|---|---|---|
| 烧结焊剂 | SJ502 | F5A0—H08A | YSF52—YS—S1 | | | | | | |
| | SJ503 | F5A3—H08MnA | YSF53—YS—S2 | | | F7A2—EM12K | | | |
| | SJ524 | F308L—H00Cr21Ni10 | | | | | | | |
| | SJ601 | F308—H0Cr21Ni10 | | BF—300M | | | OK10.91 OK10.92 | | ФЦК |
| | SJ605 | F6126—H10MnNiMoA | | | | | | | |
| | SJ606 | F308L—H00Cr21Ni10 | | | | | | | |
| | SJ608 | F308—H0Cr21Ni10 | | | | | | | |
| | SJ608A | F308L—H00Cr21Ni10 | | | | | | | |
| | SJ701 | F308—H0Cr21Ni10 | | | | | | | |
| 熔炼焊剂 | HJ130 | | | YF—12 | | F6AZ—EH14 | | | |
| | HJ151 | F308L—H00Cr21Ni10 | | | | | | | |
| | HJ211 | F5A4—H10Mn2 F5042—H10Mn2 | YSF53—YS—S4 | | | F7A4—EH14 | | | |
| | HJ230 | | | YF—15 | MF—38A | F6AZ—EM12 | | | ФЦ—3 |
| | HJ250 | | | YJ—200 | | | | | ФЦ—21 |
| | HJ260 | F308—H0Cr21Ni10 | | | | | | | ФЦ—7 |

续表

| 类别 | 中国 | | 日本 | | | 美国 AWS | 瑞典 ESAB | 瑞士 OERLIKON | 俄罗斯 |
|---|---|---|---|---|---|---|---|---|---|
| | 牌号 | GB/T 型号 | JIS | 日铁 | 神钢 | | | | |
| 熔炼焊剂 | HJ330 | F4A0—H10Mn2 | YSF42—YS—S4 | | | | | | |
| | HJ331 | F4A2—H08A<br>F5A2—H10Mn2G<br>F5024—H10Mn2G | YSF53—YS—S4 | | | F6A2—EH12<br>F7A2—EH14 | | | |
| | HJ350 | F4A2—H10Mn2 | YSF43—YS—S4 | | | F6A0—EH14 | | | ФЦ—42 |
| | HJ351 | F4A2—H10Mn2 | YSF43—YS—S4 | | MF38 | F6A0—EH14 | | | |
| | HJ380 | F5121—H10MnNiA | | | | | | | |
| | HJ430 | F4A0—H08A | YSF42—YS—S1 | | | F6A2—EL12 | | | ФЦ—9<br>AH—348A |
| | HJ431 | F4A0—H08A | YSF42—YS—S1 | | | F6A2—EL12 | | | |
| | HJ433 | F4A0—H08A | YSF41—YS—S1 | | | F6A2—EL12 | | QS150 | ФЦ—6 |
| | HJ434 | F4A0—H08A | YSF42—YS—S1 | | | F6A2—EL12 | | | AH—60 |

附表 A–5  中外钎料牌号对照表

| 类别 | 中国 | | 日本 JIS | 美国 AWS | 英国 BS | 德国 DIN | 苏联 ГОСТ |
|---|---|---|---|---|---|---|---|
| | GB/T 型号 | 统一牌号 | | | | | |
| 铜基钎料 | BCU | | BCu—1 | BCu—1 | CU2 | L—Cu | |
| | | | BCu—1A | BCu—1A | CU5 | | |
| | | | BCu—2 | BCu—2 | | | |
| | BCu54Zn | HL103 | | | | | ЛМц54 |

续表

| 类别 | 中国 | | 日本 JIS | 美国 AWS | 英国 BS | 德国 DIN | 苏联 ГОСТ |
|---|---|---|---|---|---|---|---|
| | GB/T 型号 | 统一牌号 | | | | | |
| | BCu58ZnMn | HL105 | | | | | |
| | BCu60ZnSn—R | 丝221（HS221） | BCuZn—2 | RBCuZn—A | CZ5 | | |
| | BCu58ZnFe—R | 丝222（HS222） | BCuZn—3 | RBCuZn—C | CZ7A | L—CUZn39Sn | |
| | BCu48ZnNi—R | | BCuZn—6 | RBCuZn—D | CZ8 | L—CuNi10Zn42 | |
| | BCu57ZnMnCo | HL106 | | | | | |
| | BCu62ZnNiMnSi—R | HL104 | | | | | |
| | | | BCuZn—1 | | CZ6 | L—CuZn40 | |
| 铜基钎料 | BCu93P | HL201 | BCuP—2 | BCuP—2 | CP3 | L—CuP7 | |
| | BCu92PSb | HL203 | | | | | |
| | BCu86SnP | | | | | | |
| | BCu91PAg | HL209 | BCuP—6 | BCuP—6 | | L—Ag2P | |
| | BCu89PAg | HL205 | BCuP—3 | BCuP—3 | CP4 | L—Ag5P | |
| | BCu80AgP | HL204 | BCuP—5 | BCuP—5 | CP1 | L—Ag15P | |
| | BCu80SnPAg | HL207 | | | | | |
| | BCu36Zn | HL101 | | | CZ1 | | ЛМЦ36 |
| | BCu48Zn | HL102 | | BCuP—4 | BCuP—4 | | ЛМЦ48 |
| 镍基钎料 | BNi74CrSiB | HL701 | BNi—1 | BNi—1 | HTN1 | L—Ni1 | |
| | BNi75CrSiB | | BNi—1A | BNi—1a | HTN1A | L—Ni1a | |

续表

| 类别 | 中国 | | 日本 JIS | 美国 AWS | 英国 BS | 德国 DIN | 苏联 ГОСТ |
|---|---|---|---|---|---|---|---|
| | GB/T 型号 | 统一牌号 | | | | | |
| 镍基钎料 | BN82CrSiB | HL702 | BNi—2 | BNi—2 | HTN2 | L—Ni2 | |
| | BN92SiB | | BNi—3 | BNi—3 | HTN—3 | L—Ni3 | |
| | BN93SiB | | BNi—4 | BNi—4 | HTN—4 | L—Ni4 | |
| | BNi71CrSi | | BNi—5 | BNi—5 | HTN—5 | L—Ni5 | |
| | BNi89P | | BNi—6 | BNi—6 | HTN—6 | L—Ni6 | |
| | BNi76CrP | | BNi—7 | BNi—7 | HTN—7 | L—Ni7 | |
| | BNi66MnSiCu | | | BNi—8 | | | |
| 铝基钎料 | BAl92Si | | BA4343 | BAlSi—2 | 4343 | L—AlSi7.5 | |
| | BAl90Si | | BA4045 | BAlSi—5 | 4045 | L—AlSi10 | |
| | BAl88SiMg | | 4004 (片) | BAlSi—7 | 4004 | | |
| | BAl89SiMg | | 4005 (片) | (BAlSi—9) | | | |
| | | | 4104 (片) | BAlSi—11 | 4104 | | |
| | BAl86SiCu | HL402 | BA4145 | BAlSi—3 | 4145A | | |
| | BAl88Si | HL400 | BA4047 | BAlSi—4 | 4047A | L—AlSi12 | |
| | BAl67CuSi | HL401 | | | | | |
| | BAl86SiMg | | | | | | |
| | BAl90SiMg | | | | | | |

续表

| 类别 | 中国 | | 日本 JIS | 美国 AWS | 英国 BS | 德国 DIN | 苏联 ГОСТ |
|---|---|---|---|---|---|---|---|
| | GB/T 型号 | 统一牌号 | | | | | |
| 银钎料 | B—Ag45CuZnCd | | BAg—1 | BAg—1 | AG2 | L—Ag45Cd | |
| | B—Ag50CuZnCd | HL313 | BAg—1A | BAg—1a | AG1 | L—Ag50Cd | ПСР50—КД |
| | B—Ag35CuZnCd | HL314 | BAg—2 | BAg—2 | AG11 | | |
| | B—Ag40CuZnCdNi | HL312 | | | | | ПСР40 |
| | B—Ag50CuZnCdNi | HL315 | BAg—3 | BAg—3 | AG9 | L—Ag50CdNi | |
| | | | BAg—4 | BAg—4 | | | |
| | B—Ag25CuZn | HL302 | | | | | ПСР25 |
| | B—Ag45CuZn | HL303 | BAg—5 | BAg—5 | | L—Ag44 | ПСР45 |
| | B—Ag50CuZn | HL304 | BAg—6 | BAg—6 | | | |
| | B—Ag60CuZn | | BAg—18 | BAg—18 | AG6 | | ПСР62 |
| | B—Ag56CuZnSn | HL316 | BAg—7 | BAg—7 | | L—Ag55Sn | |
| | | | BAg—7A | BAg—36 | | L—Ag45Sn | |
| | | | BAg—7B | — | | L—Ag24Sn | |
| | B—Ag34CuZnSn | | | | | | |
| | B—Ag72Cu | HL308 | BAg—8 | BAg—8 | AG7 | L—Ag72 | ПСР72 |
| | B—Ag72CuLi | | BAg—8A | BAg—8a | | | |
| | B—Ag72CuNiLi | | | | | | |
| | | | BAg—20 | BAg—20 | | L—Ag30 | |
| | | | BAg—20A | | | L—Ag25 | |
| | | | BAg—21 | BAg—21 | | | |

续表

| 类别 | 中国 | | 日本 JIS | 美国 AWS | 英国 BS | 德国 DIN | 苏联 ГОСТ |
|---|---|---|---|---|---|---|---|
| | GB/T 型号 | 统一牌号 | | | | | |
| 银钎料 | B—Ag49CuMnNi | H321 | BAg—22 | BAg—22 | AG18 | L—Ag49 | |
| | B—Ag40CuZnIn | | BAg—24 | BAg—24 | | | |
| | B—Ag34CuZnIn | | | | | | |
| | B—Ag30CuZnIn | | | | | | |
| 金基钎料 | BAu37Cu | HLAuCu60 | BAu—1 | BAu—1 | | | |
| | BAu80Cu | HLAuCu20 | BAu—2 | BAu—2 | Au1 | | |
| | BAu35CuNi | HLAuCu62—3 | BAu—3 | BAu—3 | | | |
| | BAu82Ni | HLAuNi17.5 | BAu—4 | BAu—4 | Au5 | | |
| | BAu30PbNi | | BAu—5 | BAu—5 | | | |
| | BAu50Cu | HLAuCu50 | BAu—11 | BAu—11 | | | |
| 钯基钎料 | BAg69CuPd | Ag—27Cu5Pd | BPd—1 | | PD1 | | |
| | BAg58CuPd | Ag—31.5Cu10Pd | BPd—2 | | PD2 | | |
| | BAg65CuPd | Ag—20Cu15Pd | BPd—4 | | PD4 | | |
| | BAg52CuPd | Ag—28Cu20Pd | BPd—5 | | PD5 | | |
| | BAg54CuPd | Ag—21Cu25Pd | BPd—6 | | PD6 | | |
| | BAg75PdMn | Ag—20Pd5Mn | BPd—9 | | PD9 | | |
| | BAg64PdMn | Ag—33Pd3Mn | BPd—10 | | PD10 | | |
| | BNi48MnPd | Ni—31Mn21Pd | BPd—11 | | PD11 | | |

续表

| 类别 | 中国 GB/T型号 | 中国 统一牌号 | 日本 JIS | 美国 AWS | 英国 BS | 德国 DIN | 苏联 ГОСТ |
|---|---|---|---|---|---|---|---|
| 锰基钎料 | BMn70NiCr | QMn1 | | | | | |
| | BMn40NiCrCoFe | QMn2 | | | | | |
| | BMn68NiCo | QMn3 | | | | | |
| | BMn65NiCoFeB | | | | | | |
| | BMn52NiCuCr | | | | | | |
| | BMn50NiCuCrCo | QMn4 | | | | | |
| | BMn45NiCu | QMn7 | | | | | |
| | | QMn5 | | | | | |
| | | QMn6 | | | | | |
| 锌基软钎料(钎焊铝用) | | HL501 | | | | | |
| | | HL505 | | | | | |
| 锡铅钎料 | SLSn95PbA、B | | H95A、B | | | | |
| | SLSn90PbA、B | HL604 | | 以下为 ASTM 标准 | | | ПОС90 |
| | SLSn65PbA、B | | H65S | | | | |
| | SLSn63PbA、B | | H63S、A、B | Sn63 | S—Sn63Pb37 | S—Sn63Pb37 | |
| | SLSn60PbA、B | HL600 | H60S、A、B | Sn60 | S—Sn60Pb40 | S—Sn60Pb40 | ПОС61 |
| | SLSn60PbSbA、B | HL610 | | | | | |
| | SLSn55PbA、B | | H55S、A、B | | | | |
| | SLSn50PbA、B | | H50S、A、B | Sn50 | S—Sn50Pb5 | S—Sn50Pb50 | ПОС50 |

续表

| 类别 | 中国 | | 日本 JIS | 美国 AWS | 英国 BS | 德国 DIN | 苏联 ГОСТ |
|---|---|---|---|---|---|---|---|
| | GB/T 型号 | 统一牌号 | | | | | |
| 锡铅钎料 | SLSn50PbSbA, B | HL613 | | | | | |
| | SLSn45PbA, B | | H45S, A, B | Sn45 | S-Pb55Sn45 | S-Pb55Sn45 | |
| | SLSn40PbA | | H40S, A, B | Sn40 | S-Pb60Sn40 | SPb60Sn40 | ПОС40 |
| | SLSn40PbSbA, B | HL603 | | | | | |
| | SLSn35PBA, B | | H35A, B | Sn35A | S-Pb65Sn35 | SPb65Sn35 | |
| | SLSn30PbA, B | | H30A, B | Sn30A | S-Pb70Sn30 | SPb70Sn30 | ПОС30 |
| | SLSn30PbSbA, B | HL602 | | | | | |
| | SLSn25PbSbA | | | | | | |
| | SLSn20PbA, B | | H20A, B | Sn20A, B | | | |
| | SLSn18PbSbA, B | HL601 | | | | | ПОС18 |
| | SLSn10PbA, B | | H10A, B | Sn10A | S-Pb90Sn10 | SPb90Sn10 | |
| | SLSn5PbA, B | | H5A, B | Sn5 | (S-Pb92Sn8) | (S-Pb92Sn8) | |
| | SLSn4PbSbA | | | | | | ПОС4-6 |

续表

| 类别 | 中国 GB/T 型号 | 中国 统一牌号 | 日本 JIS | 美国 AWS | 英国 BS | 德国 DIN | 苏联 ГОСТ |
|---|---|---|---|---|---|---|---|
| | SLSn2PbA，B | | H2A | Sn2 | S—Pb98Sn2 | S—Pb98Sn2 | |
| | SLSn50PbCdA | | | | | | |
| | HLSn5PbAgA，B | HL608 | （H1Ag1.5A） | （Ag1.5） | S—Pb93Sn5Ag2 | S—Pb93Sn5Ag2 | |
| | HLSn63PbAgA，B | | H62Ag2A | Sn62 | S—Sn62Pb36Ag2 | S—Sn62Pb36Ag2 | |
| | HLSn38PbZnSbA | | | | | | |
| 锡铅钎料 | HLKSn40PbSbA | | | | | | |
| | HLKSn60PbSbA | | | | | | |
| | | | H96Ag3.5 | Sn96 | S—Sn96Ag4 | S—Sn96Ag4 | |
| | | | H95Sb5A | Sb5 | S—Sn95Sb5 | S—Sn95Sb5 | |
| | | | HAg2.5A | Ag2.5 | S—Pb98Ag2 | S—Pb98Ag2 | |
| | | | H43Bi14A | （Sn43Pb43Bi14） | | | |
| | | | H42Bi58 | | S—Bi57Sn43 | S—Bi57Sn43 | |

# 附录 B  中外常用焊接标准代号及名称

中国焊接标准见附表 B-1，美国焊接材料标准见附表 B-2，日本焊接材料标准见附表 B-3，国际标准化组织焊接材料标准见附表 B-4，欧洲焊接材料标准及德国、英国焊接材料标准见附表 B-5。

附表 B-1  中国焊接标准
焊接材料及焊剂

| 序号 | 标准号 | 标准名称 |
|---|---|---|
| 1 | BQB 511—2003 | 焊接用钢盘条 |
| 2 | GB/T 10044—2006 | 铸铁焊条及焊丝 |
| 3 | GB/T 10045—2001 | 碳钢药芯焊丝 |
| 4 | GB/T 10046—2008 | 银钎料 |
| 5 | GB/T 10858—2008 | 铝及铝合金焊丝 |
| 6 | GB/T 10859—2008 | 镍基钎料 |
| 7 | GB/T 12470—2003 | 埋弧焊用低合金钢焊丝和焊剂 |
| 8 | GB/T 13679—1992 | 锰基钎料 |
| 9 | GB/T 13814—2008 | 镍及镍合金焊条 |
| 10 | GB/T 13815—2008 | 铝基钎料 |
| 11 | GB/T 15620—2008 | 镍及镍合金焊丝 |
| 12 | GB/T 15829—2008 | 软钎剂分类与性能要求 |
| 13 | GB/T 17493—2008 | 低合金钢药芯焊丝 |
| 14 | GB/T 17853—1999 | 不锈钢药芯焊丝 |
| 15 | GB/T 17854—1999 | 埋弧焊用不锈钢焊丝和焊剂 |
| 16 | GB/T 18762—2002 | 贵金属及其合金钎料 |
| 17 | GB/T 20422—2006 | 无铅钎料 |
| 18 | GB/T 3131—2001 | 锡铅钎料 |
| 19 | GB/T 3195—2008 | 铝及铝合金拉制圆线材 |

续表

| 序号 | 标准号 | 标准名称 |
|------|--------|----------|
| 20 | GB/T 3429—2002 | 焊接用钢盘条 |
| 21 | GB/T 3669—2001 | 铝及铝合金焊条 |
| 22 | GB/T 3670—1995 | 铜及铜合金焊条 |
| 23 | GB/T 4241—2006 | 焊接用不锈钢盘条 |
| 24 | GB/T 5117—1995 | 碳钢焊条 |
| 25 | GB/T 5118—1995 | 低合金钢焊条 |
| 26 | GB/T 5293—1999 | 埋弧焊用碳钢焊丝和焊剂 |
| 27 | GB/T 6418—2008 | 铜基钎料 |
| 28 | GB/T 8012—2000 | 铸造锡铅焊料 |
| 29 | GB/T 8110—2008 | 气体保护电弧焊用碳钢、低合金钢焊丝 |
| 30 | GB/T 9460—2008 | 铜及铜合金焊丝 |
| 31 | GB/T 9491—2002 | 锡焊用液态焊剂（松香基） |
| 32 | GB/T 983—1995 | 不锈钢焊条 |
| 33 | GB/T 984—2001 | 堆焊焊条 |
| 34 | GJB 2458—1995 | 航天用锰基钎料规范 |
| 35 | GJB 2509—1995 | 真空器件用含钯贵金属钎料规范 |
| 36 | GJB 3426—1998 | 真空器件用贵金属用钎料 |
| 37 | GJB 5162—2003 | 镍 - 金基合金高温钎料规范 |
| 38 | HB 6771—1993 | 银基钎料 |
| 39 | HB 6772—1993 | 镍基钎料 |
| 40 | HB 7052—1994 | 铝基钎料 |
| 41 | HB 7053—1994 | 铜基钎料 |
| 42 | JB/T 6045—1992 | 硬钎焊用钎剂 |
| 43 | JB/T 6173—1992 | 水溶性有机助焊剂 |
| 44 | JB/T3168.1~3—1999 | 喷焊合金粉末 |
| 45 | SJ/T 10753—1996 | 电子器件用金、银及其合金钎焊料 |
| 46 | SJ/T 11168—1998 | 免清洗焊接用焊锡丝 |
| 47 | SJ/T 11186—2009 | 焊锡膏能用规范 |
| 48 | SJ/T 11273—2002 | 免清洗液态助焊剂 |
| 49 | SJ/T 2659—1986 | 电子工业用树脂芯焊锡丝 |

续表

| 序号 | 标准号 | 标准名称 |
|---|---|---|
| 50 | TB/T 2374—2008 | 铁路车辆用耐大气腐蚀钢及不锈钢焊接材料 |
| 51 | YB/T 5092—2005 | 焊接用不锈钢焊丝 |
| 52 | YS/T 458—2003 | 轨道车辆结构用铝合金挤压型材配用焊丝 |

## 焊接基础

| 序号 | 标准号 | 标准名称 |
|---|---|---|
| 1 | A488—2006 | 钢铸件焊接规程和工作人员的合格鉴定 |
| 2 | DIN EN ISO 14731—2006 | 焊接协作 任务及职责 |
| 3 | GB/T 12467.1—2009 | 焊接质量要求 金属材料的熔化焊 第1部分：选择及使用指南 |
| 4 | GB/T 12467.2—2009 | 焊接质量要求 金属材料的熔化焊 第2部分：完整质量要求 |
| 5 | GB/T 12467.3—2009 | 焊接质量要求 金属材料的熔化焊 第3部分：一般质量要求 |
| 6 | GB/T 12467.4—2009 | 焊接质量要求 金属材料的熔化焊 第4部分：基本质量要求 |
| 7 | GB/T 13164—2003 | 埋弧焊机 |
| 8 | GB/T 14693—2008 | 无损检测 符号表示法 |
| 9 | GB/T 15169—2003 | 钢熔化焊焊工技能评定 |
| 10 | GB/T 16672—1996 | 焊缝—工作位置—倾角和转角的定义 |
| 11 | GB/T 18290.2—2000 | 无焊连接：无焊压连连接一般要求 |
| 12 | GB/T 18290.3—2000 | 无焊连接：可接触无焊绝缘位移连接一般要求 |
| 13 | GB/T 18290.4—2000 | 无焊连接：不可接触无焊绝缘位移连接一般要求 |
| 14 | GB/T 18290.5—2000 | 无焊连接：无焊压入式连接一般要求 |
| 15 | GB/T 19418—2003 | 钢的弧焊接头缺欠质量分级指南 |
| 16 | GB/T 19419—2003 | 焊接管理 任务与职责 |
| 17 | GB/T 19804—2005 | 焊接结构的一般尺寸公差和形位公差 |

续表

| 序号 | 标准号 | 标准名称 |
|------|--------|----------|
| 18 | GB/T 19805—2005 | 焊接操作工 技能评定 |
| 19 | GB/T 19866—2005 | 焊接工艺规程及评定的一般原则 |
| 20 | GB/T 324—2008 | 焊缝符合表示法 |
| 21 | GB/T 3375—1994 | 焊接术语 |
| 22 | GB/T 5185—2005 | 焊接及相关工艺方法代号 |
| 23 | GB/T 6417.1—2005 | 金属熔化焊接头缺欠分类及说明 |
| 24 | GB/T 6417.2—2005 | 金属压力焊接头缺欠分类及说明 |
| 25 | GB/T 855.2—2008 | 埋弧焊的推荐坡口 |
| 26 | GB/T 985.1—2008 | 气焊、焊条电弧焊、气保护焊和高能束焊的推荐坡口 |
| 27 | GB/T 985.2—2008 | 埋弧焊的推荐坡口 |
| 28 | GB/T 985.3—2008 | 铝及铝合金气体保护焊的推荐坡口 |
| 29 | GB/T 985.4—2008 | 复合钢的推荐坡口 |
| 30 | GB 50128—2005 | 立式圆筒形焊接油罐施工及验收规范 |
| 31 | GJB 3021—1997 | 航空用结构钢焊丝规范 |
| 32 | GJB 1138—1999 | 铝及铝合金焊丝规范 |
| 33 | GJB 294A—2005 | 铝及铝合金熔焊技术条件 |
| 34 | GJB 3785—1999 | 航空用不锈钢焊丝规范 |
| 35 | GJB 607A—1998 | 金属材料及其焊件的爆炸试验规程 |
| 36 | HB 459—2004 | 航空用结构钢焊条规范 |
| 37 | HB 5299—1996 | 航空工业手工熔焊焊工技术考核 |
| 38 | HB 5363—1995 | 焊接工艺质量控制 |
| 39 | HG/T 3728—2004 | 焊接用混合气 氩 – 二氧化碳 |
| 40 | ISO 13920—2000 | 焊接 – 焊接结构的一般公差 – 长度和角度的尺寸 – 形状和位置 |
| 41 | ISO 3834 | 焊接质量要求 |
| 42 | JB/T 3223—1996 | 焊接材料质量管理规程 |
| 43 | JB/T 4734—2002 | 铝制焊接容器 |
| 44 | JB/T 4745—2002 | 钛制焊接容器 |

| 序号 | 标准号 | 标准名称 |
|------|--------|----------|
| 45 | JB/T 6965—1993 | 焊接操作机 |
| 46 | JB/T 9187—1999 | 焊接滚轮架 |
| 47 | JIS Z3200—2005 | 焊接消耗品 |
| 48 | QJ 2844—1996 | 铝及铝合金硬钎焊技术条件 |
| 49 | QJ 2864—1997 | 铝及铝合金熔焊工艺规范 |
| 50 | QJ 2868—1997 | 二氧化碳气体保护半自动焊工艺规范 |
| 51 | QJ 3040—1998 | 焊缝建档规定 |
| 52 | QJ 3071—1998 | 等离子弧焊技术条件 |
| 53 | QJ 3072—1998 | 铝合金铸件补焊工艺规范 |
| 54 | QJ 3090—1999 | 焊接材料复验规定 |
| 55 | WJ 2613—2003 | 兵器铝合金焊接技术要求 |

## 焊接工艺及方法

| 序号 | 标准号 | 标准名称 |
|------|--------|----------|
| 1 | BS EN ISO 15607—2003 | 焊接工艺评定通用准则 |
| 2 | CB 858—2004 | P3.0MPa 焊接铜法兰规范 |
| 3 | CB 859—2004 | P3.0MPa 焊接钢法兰规范 |
| 4 | CB/T 3953—2002 | 铝－钛－钢过渡接头焊接技术条件 |
| 5 | CB/Z 270—2004 | 945 钢焊接及修补技术 |
| 6 | DL/T 868—2004 | 焊接工艺评定规程 |
| 7 | DL/T 869—2004 | 火力发电厂焊接技术规程 |
| 8 | DL/T 678—1999 | 电站钢结构焊接通用技术条件 |
| 9 | DL/T 754—2001 | 铝母线焊接技术规程 |
| 10 | DL/T 816—2003 | 电力工业焊接操作技能教师资格考核规则 |
| 11 | DL/T 819—2010 | 火力发电厂焊接热处理技术规程 |
| 12 | DL/T 833—2003 | 民用核承压设备焊工资格考核规则 |
| 13 | DL/T 905—2004 | 汽轮机叶片焊接修复指南 |
| 14 | GB/T 18591—2001 | 焊接预热室间预热维持温度的测量指南 |
| 15 | GB/T 19867.1—2005 | 电弧焊焊接工艺规程 |
| 16 | GB/T 19867.2—2008 | 气焊焊接工艺规程 |
| 17 | GB/T 19867.3—2008 | 电子束焊接工艺规程 |

续表

| 序号 | 标准号 | 标准名称 |
|------|--------|----------|
| 18 | GB/T 19867.4—2008 | 激光焊接工艺规程 |
| 19 | GB/T 19867.5—2008 | 电阻焊焊接工艺规程 |
| 20 | GB/T 19868.1—2005 | 基于试验焊接材料的工艺评定 |
| 21 | GB/T 19868.2—2005 | 基于焊接经验的工艺评定 |
| 22 | GB/T 19868.3—2005 | 基于标准焊接规程的工艺评定 |
| 23 | GB/T 19868.4—2005 | 基于预生产焊接试验的工艺评定 |
| 24 | GB/T 19869.1—2005 | 钢、镍及镍合金的焊接工艺评定试验 |
| 25 | GJB1718A—2005 | 电子束焊接 |
| 26 | HB/Z 5134—2000 | 结构钢和不锈钢熔焊工艺 |
| 27 | HB/Z 238—1993 | 高温合金电阻点焊和缝焊工艺 |
| 28 | HB/Z 309—1997 | 高温合金及不锈钢真空钎焊 |
| 29 | HB/Z 315—1998 | 高温合金、不锈钢真空电子束焊接工艺 |
| 30 | HG/T 3178—2002 | 尿素高压设备耐腐蚀不锈钢管子－管权的焊接工艺评定和焊工技能评定 |
| 31 | JB/T 10375—2002 | 焊接物件振动时效工艺参数选择及技术要求 |
| 32 | JB/T 6967—1993 | 电渣焊通用技术条件 |
| 33 | JB/T 9185—1999 | 钨极惰性气体保护焊工艺方法 |
| 34 | JB/T 9186—1999 | 二氧化碳气体保护焊工艺方法 |
| 35 | JB/T 9212—2010 | 无损探测　常压钢质储罐焊缝超声检测方法 |
| 36 | JG 11—1999 | 钢网架焊接球接点 |
| 37 | JGJ 81—2002 | 建筑钢结构焊接规程 |
| 38 | Q－CNPC 78—2002 | 管道下向焊接工艺规程 |
| 39 | QJ 2845—1996 | 铝及铝合金硬钎焊工艺 |
| 40 | SH/T 3523—2009 | 石油化工铬镍不锈钢、铁镍合金和镍合金焊接规程 |
| 41 | SH/T 3520—2004 | 石油化工工程铬钼耐热钢管道焊接技术规程 |
| 42 | SH/T 3524—2009 | 石油化工静设备现场组焊技术规程 |
| 43 | SH/T 3525—2004 | 石油化工低温钢焊接规程 |
| 44 | SH/T 3526—2004 | 石油化工异种钢焊接规程 |
| 45 | SH/T 3527—2009 | 石油化工不锈钢复合钢焊接规程 |

| 序号 | 标准号 | 标准名称 |
|---|---|---|
| 46 | SJ/T 10534—1994 | 波峰焊接技术要求 |
| 47 | SJ/T 11216—1999 | 红外/热风再流焊接技术要求 |
| 48 | SL 36—2006 | 水工金属结构焊接通用技术条件 |
| 49 | SY/T 0059—1999 | 控制钢制设备焊缝硬度防止硫化物应力开裂 |
| 50 | SY/T 0452—2002 | 石油天然气金属焊接工艺评定 |
| 51 | TB/T 1632.1—2005 | 钢轨焊接通用技术条件 |
| 52 | TB/T 1632.2—2005 | 钢轨焊接闪光焊接 |
| 53 | TB/T 1632.3—2005 | 钢轨焊接铝热焊接 |
| 54 | TB/T 1632.4—2005 | 钢轨焊接气压焊接 |
| 55 | TB/T 3120—2005 | AT 钢轨焊接 |
| 56 | YB/T 9259—1998 | 冶金工程建设焊工考试规程 |

## 试验检验

| 序号 | 标准号 | 标准名称 |
|---|---|---|
| 1 | BS 7910—2005 | 带缺欠的焊缝评定 |
| 2 | CB 827—1980 | 船体焊缝超声波探伤 |
| 3 | DIN EN 10042—2006 | 铝合金焊接缺欠评定标准 |
| 4 | DIN EN 1712—2002 | 焊缝无损检测 焊接接头超声检测 验收水平 |
| 5 | DIN EN 1714—2002 | 焊缝接头无损检测 焊接接头超声检测 |
| 6 | EJ 186—1980 | 着色探伤标准 |
| 7 | EJ 187—1980 | 磁粉探伤标准 |
| 8 | EJ 188—1980 | 焊缝真空盒检漏操作规程 |
| 9 | GB/T 11363—2008 | 钎焊接头强度试验方法 |
| 10 | GB/T 11364—2008 | 钎料润湿性试验方法 |
| 11 | GB/T 12604.1~6—2005 | 超声检测 |
| 12 | GB/T 12605—2010 | 无损检测 金属管道熔化焊环向对接接头射线照相检测方法 |
| 13 | GB/T 13165—2010 | 电弧焊机噪声测定方法 |
| 14 | GB/T 15830—2008 | 无损检测 钢制管道环向焊缝对接接头超声检测方法 |

续表

| 序号 | 标准号 | 标准名称 |
|------|--------|----------|
| 15 | GB/T 15970.1~8 | 金属和合金的腐蚀 应力腐蚀试验 |
| 16 | GB/T 16667—1996 | 电焊设备节能检测方法 |
| 17 | GB/T 1954—2008 | 铬镍奥氏体不锈钢焊缝铁素体含量测量方法 |
| 18 | GB/T 2649—1989 | 焊接接头机械性能试验取样方法 |
| 19 | GB/T 2650—2008 | 焊接接头冲击试验方法 |
| 20 | GB/T 2651—2008 | 焊接接头拉伸试验方法 |
| 21 | GB/T 2652—2008 | 焊缝及熔敷金属拉伸试验方法 |
| 22 | GB/T 2653—2008 | 焊接接头弯曲试验方法 |
| 23 | GB/T 2654—2008 | 焊接接头硬度试验方法 |
| 24 | GB/T 3323—2005 | 金属熔化焊焊接接头射线照相 |
| 25 | GB/T 3965—1995 | 熔敷金属中扩散氢测定方法 |
| 26 | GB/T 8118—2010 | 电弧焊机通用技术条件 |
| 27 | GB/T 8366—2004 | 阻焊 电阻焊机 机械和电气要求 |
| 28 | GB 11343—2008 | 无损检测接触式超声斜射检测方法 |
| 29 | GB 11344—2008 | 无损检测接触式超声脉冲回波法测厚方法 |
| 30 | GB 11345—1989 | 钢焊缝手工超声波探伤方法和探伤结果的分级 |
| 31 | GB 11373—1989 | 热喷涂涂层厚度的无损检测方法 |
| 32 | GB/T 11809—2008 | 压水堆燃料棒焊缝检验方法 金相检验和X射线照相检验 |
| 33 | GB/T 12135—1999 | 气瓶定期检查站技术条件 |
| 34 | GB/T 12137—2002 | 气瓶密封性试验方法 |
| 35 | GB/T 2970—2004 | 厚钢板超声波检验方法 |
| 36 | GB/T 9251—1997 | 气瓶水压试验方法 |
| 37 | GB/T 9252—2001 | 气瓶疲劳试验方法 |
| 38 | GJB/Z 724A—1998 | 不锈钢电阻点焊和焊缝质量检验 |
| 39 | HB 5135—2000 | 结构钢和不锈钢熔焊接头质量检验 |

续表

| 序号 | 标准号 | 标准名称 |
|---|---|---|
| 40 | HB/Z 328—1998 | 镁合金铸件补焊工艺及检验 |
| 41 | HB/Z 345—2002 | 铝合金铸件补焊工艺及检验 |
| 42 | HB/Z 346—2002 | 熔模铸造钢铸件补焊工艺及检验 |
| 43 | HB/Z 348—2001 | 钛及钛合金铸件补焊工艺及检验 |
| 44 | HB 7575—1997 | 高温合金及不锈钢真空钎焊质量检验 |
| 45 | HB 7608—1998 | 高温合金、不锈钢真空电子束焊接质量检验 |
| 46 | JB/T 10213—2000 | 通风机焊接检验技术条件 |
| 47 | JB/T 4251—1999 | 摩擦焊 通用技术条件 |
| 48 | JB/T 5925.1~2—2005 | 机械式振动时效装置 |
| 49 | JB/T 6046—1992 | 碳钢、低合金钢焊接构件 焊后热处理方法 |
| 50 | JB/T 6061—1992 | 焊缝磁粉检验方法和缺欠磁痕的分级 |
| 51 | JB/T 6062—1992 | 焊缝渗透检验方法和缺欠痕迹的分级 |
| 52 | JB/T 6966—1993 | 钎缝外观质量评定方法 |
| 53 | JB/T 7520.1—1994 | 磷铜钎料化学分析方法 EDTA 容量法测定铜量 |
| 54 | JB/T 7520.2—1994 | 磷铜钎料化学分析方法 氯化银重量法测定银量 |
| 55 | JB/T 7520.3—1994 | 磷铜钎料化学分析方法 钒钼酸光度法测定磷量 |
| 56 | JB/T 7520:4—1994 | 磷铜钎料化学分析方法 碘化钾光度法测定锑量 |
| 57 | JB/T 7520.5—1994 | 磷铜钎料化学分析方法 次磷酸盐还原容量法测定锡量 |
| 58 | JB/T 7520.6—1994 | 磷铜钎料化学分析方法 丁二酮肟光度法测定镍量 |
| 59 | JB/T 7948.1—1999 | 熔炼焊剂化学分析方法 重量法测量二氧化硅量 |

| 序号 | 标准号 | 标准名称 |
|---|---|---|
| 60 | JB/T 7948.2—1999 | 熔炼焊剂化学分析方法 电位滴定法测量氧化锰量 |
| 61 | JB/T 7948.3—1999 | 熔炼焊剂化学分析方法 高锰酸盐光度法测定氧化锰量 |
| 62 | JB/T 7948.4—1999 | 熔炼焊剂化学分析方法 EDTA 容量法测定氧化铝量 |
| 63 | JB/T 7948.5—1999 | 熔炼焊剂化学分析方法 磺基水杨酸光度法测定氧化铁量 |
| 64 | JB/T 7948.6—1999 | 熔炼焊剂化学分析方法 热解法测定氟化钙量 |
| 65 | JB/T 7948.7—1999 | 熔炼焊剂化学分析方法 氟氯化铅 |
| 66 | JB/T 7948.8—1999 | 熔炼焊剂化学分析方法 钼蓝光度法测定磷量 |
| 67 | JB/T 7948.9—1999 | 熔炼焊剂化学分析方法 火焰光度法测定氧化钙、氧化钾量 |
| 68 | JB/T 7948.10—1999 | 熔炼焊剂化学分析方法 燃烧 |
| 69 | JB/T 7948.11—1999 | 熔炼焊剂化学分析方法 燃烧 |
| 70 | JB/T 7948.12—1999 | 熔炼焊剂化学分析方法 EDTA 容量法测定氧化钙、氧化镁量 |
| 71 | JB/T 8423—1996 | 电焊条焊接工艺性能评定方法 |
| 72 | JB/T 8747—1998 | 手工钨极惰性气体保护弧焊机（TIG 焊机）技术条件 |
| 73 | JB/T 8931—1999 | 堆焊层超声波探伤方法 |
| 74 | JB/ZQ3692 | 焊接熔透量的钻孔检验方法 |
| 75 | JB/ZQ3693 | 钢焊缝内部缺欠的破断试验方法 |
| 76 | JB 1152—1981 | 锅炉和钢制压力容器对接焊缝超声波探伤 |
| 77 | JB 1612—1982 | 锅炉水压试验技术条件 |
| 78 | JB 3965—1985 | 钢制压力容器磁粉探伤 |
| 79 | JJG 704—2005 | 焊接检验尺 |
| 80 | LD/T 76.7—2000 | 化工安装工程焊接 切割 探伤劳动定额 |

续表

| 序号 | 标准号 | 标准名称 |
|---|---|---|
| 81 | QJ 3115—1999 | 导管熔焊接头角焊缝 X 射线照相检验方法 |
| 82 | QJ 3116—1999 | 金属熔焊内部缺陷 X 射线照相参考底片 |
| 83 | ZBJ 04003—1987 | 控制渗透探伤材料质量的方法 |
| 84 | ZBJ 04005—1987 | 渗透探伤方法 |

## 焊接安全

| 序号 | 标准号 | 标准名称 |
|---|---|---|
| 1 | GB/T 15579.1～12—2004 | 弧焊设备安全要求 |
| 2 | GB/T 3609.1—2008 | 职业眼面部防护 焊接防护 第 1 部分：焊接防护具 |
| 3 | GB/T 5748—1985 | 作业场所空气中粉尘测定方法 |
| 4 | GB/T 7899—2006 | 焊接、切割及类似工艺用气瓶减压器 |
| 5 | GB 15701—1995 | 焊接防护服 |
| 6 | GB 16194—1996 | 车间空气中电焊烟尘卫生标准 |
| 7 | GB 20262—2006 | 焊接、切割及类似工艺用气瓶减压器安全规范 |
| 8 | GB 9448—1999 | 焊接与切割安全 |
| 9 | SY 6516—2001 | 石油工业电焊焊接作业安全规程 |

## 附表 B–2　美国焊接材料标准

| 序号 | 标准号 | 标准名称 |
|---|---|---|
| 1 | AWS A5.1—1991 | 手工电弧焊用碳钢焊条标准 |
| 2 | AWS A5.2—1991 | 氧燃气焊接用碳钢和低合金钢填充丝标准 |
| 3 | AWS A5.3/5.3M—1991 | 手工电弧焊用铝和铝合金焊条标准 |
| 4 | AWS A5.4—1992 | 手工电弧焊用不锈钢焊条标准 |
| 5 | AWS A5.5—1996 | 手工电弧焊用低合金钢焊条标准 |
| 6 | AWS A5.6—1984R | 铜和铜合金药皮焊条标准 |
| 7 | AWS A5.7—1984R | 铜和铜合金光焊丝和填充丝标准 |
| 8 | AWS A5.8—1992 | 钎焊和钎接焊填充金属标准 |
| 9 | AWS A5.9—1993 | 不锈钢光焊丝和填充丝标准 |

续表

| 序号 | 标准号 | 标准名称 |
|------|--------|----------|
| 10 | AWS A5. 10/A5. 10M—1999 | 铝和铝合金光焊丝和填充丝标准 |
| 11 | AWS A5. 11/A5. 11M—1997 | 手工电弧焊用镍和镍合金焊条标准 |
| 12 | AWS A5. 12/A5. 12M—1998 | 电弧焊和切割用钨和钨合金电极标准 |
| 13 | AWS A5. 13—2000 | 手工电弧焊用堆焊焊条标准 |
| 14 | AWS A5. 14/A5. 14M—1997 | 镍和镍合金光填充丝和焊丝标准 |
| 15 | AWS A5. 15—1990 | 铸铁用焊条、焊丝和填充丝标准 |
| 16 | AWS A5. 16—1990 | 钛和钛合金焊丝和填充丝标准 |
| 17 | AWS A5. 17/A5. 17M—1997 | 埋弧焊用碳钢焊丝和焊剂标准 |
| 18 | AWS A5. 18/A5. 18M—2001 | 气体保护焊用碳钢焊丝和填充丝标准 |
| 19 | AWS A5. 20—1995 | 弧焊用碳钢药芯焊丝标准 |
| 20 | AWS A5. 21—2001 | 堆焊用光焊丝和填充丝标准 |
| 21 | AWS A5. 22—1995 | 弧焊用不锈钢药芯焊丝和钨极气体保护焊用不锈钢 药芯填充丝标准 |
| 22 | AWS A5. 23/A5. 23M—1997 | 埋弧焊用低合金钢焊丝和焊剂标准 |
| 23 | AWS A5. 24—1990 | 镉和锆合金焊丝和填充丝标准 |
| 24 | AWS A5. 25/A5. 25M—1997 | 电渣焊用碳钢和低合金钢焊丝和焊剂标准 |
| 25 | AWS A5. 26/A5. 26M—1997 | 气电焊用碳钢和低合金钢焊丝标准 |
| 26 | AWS A5. 28—1996 | 气体保护电弧焊用低合金钢焊丝和填事丝标准 |
| 27 | AWS A5. 29—1998 | 弧焊用低合金钢药芯焊丝标准 |
| 28 | AWS A5. 30—1979R | 可熔化嵌条标准 |
| 29 | AWS A5. 31—1992 | 钎焊和钎接焊焊剂标准 |
| 30 | AWS A5. 32/A5. 32M—1997 | 焊接保护气体标准 |
| 31 | AWS A5. 01—1992 | 填充金属采购导则 |

附表 B-3　日本焊接材料标准

| 序号 | 标准号 | 标准名称 |
|------|--------|----------|
| 1 | JIS G 3503—1980 | 药皮电焊条芯用线材 |
| 2 | JIS G 3523—1980 | 药皮电焊条用芯线 |
| 3 | JIS G 4316—1991 | 焊接用不锈钢线材 |
| 4 | JIS Z 3201—2001 | 低碳钢用气焊条 |

| 序号 | 标准号 | 标准名称 |
|---|---|---|
| 5 | JIS Z 3202—1999 | 铜及铜合金气焊条 |
| 6 | JIS Z 3211—2000 | 低碳钢用药皮焊条 |
| 7 | JIS Z 3212—2000 | 高强度钢用药皮焊条 |
| 8 | JIS Z 3214—1999 | 耐大气腐蚀钢（耐候钢）用药皮焊条 |
| 9 | JIS Z 3221—2003 | 不锈钢药皮焊条 |
| 10 | JIS Z 3223—2000 | 钼及铬钼钢用药皮焊条 |
| 11 | JIS Z 3224—1999 | 镍及镍合金用药皮焊条 |
| 12 | JIS Z 3225—1999 | 9%钢用药皮焊条 |
| 13 | JIS Z 3231—1999 | 铜及铜合金药皮焊条 |
| 14 | JIS Z 3232—2000 | 铝及铝合金药皮焊条 |
| 15 | JIS Z 3233—2001 | 惰性气体保护焊及等离子切割 |
| 16 | JIS Z 3234—1999 | 电阻焊用铜合金电极材料 |
| 17 | JIS Z 3241—1999 | 低温钢用药皮焊条 |
| 18 | JIS Z 3251—2000 | 耐磨堆焊用药皮焊条 |
| 19 | JIS Z 3252—2001 | 铸铁用药皮焊条 |
| 20 | JIS Z 3261—1998 | 银焊料 |
| 21 | JIS Z 3262—1998 | 铜及钢合金焊料 |
| 22 | JIS Z 3263—2002 | 铝合金焊料及薄板硬钎焊 |
| 23 | JIS Z 3264—1998 | 磷铜焊料 |
| 24 | JIS Z 3265—1998 | 镍焊料 |
| 25 | JIS Z 3266—1998 | 金焊料 |
| 26 | JIS Z 3267—1998 | 钯焊料 |
| 27 | JIS Z 3281—1996 | 铝用钎料 |
| 28 | JIS Z 3282—1999 | 软钎料——化学成分和形状 |
| 29 | JIS Z 3283—2001 | 松脂芯软钎料 |
| 30 | JIS Z 3312—1999 | 低碳钢及高强钢用金属极气体保护焊焊丝 |
| 31 | JIS Z 3313—1999 | 低碳钢、高强钢及低温钢用药芯焊丝 |
| 32 | JIS Z 3315—1999 | 耐候钢用二氧化碳气体保护焊焊丝 |
| 33 | JIS Z 3316—2001 | 低碳钢及低合金钢用钨极气体保护焊焊丝 |
| 34 | JIS Z 3317—1999 | 钼及铬钼钢 MAG 焊接用实心焊丝 |

续表

| 序号 | 标准号 | 标准名称 |
|---|---|---|
| 35 | JIS Z 3318—1999 | 钼钢及铬钼钢用金属活性气体保护焊药芯焊丝 |
| 36 | JIS Z 3319—1999 | 气体保护焊用药芯焊丝 |
| 37 | JIS Z 3320—1999 | 耐候钢的二氧化碳气体保护焊用药芯焊丝 |
| 38 | JIS Z 3321—2003 | 不锈钢填充焊丝和实心焊丝 |
| 39 | JIS Z 3322—2002 | 不锈钢带极堆焊材料 |
| 40 | JIS Z 3323—2003 | 不锈钢用药芯焊丝 |
| 41 | JIS Z 3324—1999 | 不锈钢埋弧焊用实心焊丝及焊剂 |
| 42 | JIS Z 3325—2000 | 低温钢用金属极活性气体保护焊实心焊丝 |
| 43 | JIS Z 3326—1999 | 耐磨堆焊用药芯焊丝 |
| 44 | JIS Z 3331—2002 | 钛及钛合金的惰性气体保护焊用焊丝 |
| 45 | JIS Z 3332—1999 | 9%镍钢钨极惰性气体保护焊用焊丝 |
| 46 | JIS Z 3333—1999 | 9%镍钢埋弧焊用焊丝和焊剂 |
| 47 | JIS Z 3334—1999 | 镍及镍合金焊条和实心焊丝 |
| 48 | JIS Z 3341—1999 | 铜及铜合金惰性气体保护焊用焊丝 |
| 49 | JIS Z 3351—1988 | 低碳钢及低合金钢埋弧焊用焊丝 |
| 50 | JIS Z 3352—1988 | 低碳钢及低合金钢埋弧焊用焊剂 |
| 51 | JIS K 1101—2006 | 氧气 |
| 52 | JIS K 1105—2005 | 氩气 |

**附表 B－4  国际标准化组织焊接材料标准**

| 序号 | 标准号 | 标准名称 |
|---|---|---|
| 1 | ISO 544—2003 | 焊接消耗品. 焊接填充的技术交货条件尺寸——公差和标记 |
| 2 | ISO 636—1989 | 碳钢、低合金钢气焊、TIG 焊及堆焊用实心填充丝 |
| 3 | ISO 693—1982 | 缝焊轮坯尺寸 |
| 4 | ISO 864—1989 | 碳钢及碳锰钢实心焊丝和药芯焊丝、焊丝盘及焊丝卷的尺寸 |
| 5 | ISO 1089—1980 | 点焊设备的电极锥度配合尺寸 |
| 6 | ISO 15792—1—2000 | 焊接耗材—试验方法—第 1 部分：钢、镍和镍属试样的试验方法 |

| 序号 | 标准号 | 标准名称 |
|---|---|---|
| 7 | ISO 15972—2—2000 | 焊接耗材—试验方法—第2部分：钢单道焊和试样的制备 |
| 8 | ISO 15972—3—2000 | 焊接耗材—试验方法—第3部分：角焊中焊接角熔深和填位能力的分类试验 |
| 9 | ISO 2560—2002 | 低碳钢和细晶粒钢焊条电弧焊用药皮焊条 |
| 10 | ISO 3580—1975 | 抗蠕变钢焊条电弧焊用药皮焊条标志符号规定 |
| 11 | ISO 3581—2003 | 不锈钢和耐热钢焊条电弧焊用药皮焊条分类 |
| 12 | ISO 3677—1992 | 软钎焊、硬钎焊和钎焊用填充金属、符号规定 |
| 13 | ISO 3690—2000 | 碳钢和低合金钢焊条焊熔敷金属扩散氢的测定 |
| 14 | ISO 5184—1979 | 电阻点焊—直电极 |
| 15 | ISO 5821—1979 | 电阻点焊—电极帽接头 |
| 16 | ISO 5827—1983 | 点焊—电极座及电极夹 |
| 17 | ISO 5829—1984 | 电阻点焊—内锥度为1:10的电极接头 |
| 18 | ISO 5830—1984 | 电阻点焊—阳电极帽 |
| 19 | ISO 6847—2000 | 焊接材料—化学分析用焊接金属的熔敷 |
| 20 | ISO 6848—1984 | 惰性气体保护焊以及等离子气体切割和焊接用的钨极 |
| 21 | ISO 8167—1989 | 电阻焊用凸出部位 |
| 22 | ISO 8249—2000 | 奥氏体和双相铁素体奥氏体镍-铬（Ni-Cr）不锈钢焊缝金属中铁素体数（FN）的测定 |
| 23 | ISO 10446—1990 | 耐腐蚀铬及铬镍钢药皮焊条分类用全焊缝金属试件 |
| 24 | ISO 13916—1996 | 焊接预热温度、道间温度和预热维持温度测量的指南 |
| 25 | ISO 13918—1998 | 焊接—电弧螺栓焊用螺栓和陶瓷箍套 |
| 26 | ISO 14171—2002 | 非合金和细晶粒钢埋弧焊用焊丝与焊剂组合 |
| 27 | ISO 14172—2003 | 镍和镍合金焊条电弧焊用焊条分类 |
| 28 | ISO 14175—1997 | 弧焊及切割用保护气体 |
| 29 | ISO 14341—2002 | 非合金和细晶粒钢保护气体电弧焊用焊丝与填充金属 |

续表

| 序号 | 标准号 | 标准名称 |
|------|--------|----------|
| 30 | ISO 14343—2002 | 焊剂、焊丝、不锈钢和耐热钢电弧焊用焊丝和焊条等级 |
| 31 | ISO 14372—2000 | 通用测定扩散氢方法测定焊条电弧焊焊条的抗湿性 |
| 32 | ISO 15792—1—2000 | 焊接材料试验方法—第一部分—镍和镍合金焊金属试样的试验方法 |
| 33 | ISO 15792—2—2000 | 焊接材料试验方法—第二部分—钢单道焊和双道焊技术试样的制备 |
| 34 | ISO 15792—3—2000 | 焊接材料试验方法—第三部分—角焊中焊接材料的根角熔深和位置能力的分类试验 |

附表 B-5  欧洲焊接材料标准及德国、英国焊接材料标准

| 欧洲 | 德国 | 英国 | 名称 |
|------|------|------|------|
| EN288—5—1994 | | | 金属材料焊接工艺规范与鉴定—使用已认可的焊接材料进行认可 |
| EN439—1994 | DIN EN439—1994 | BS EN439—1994 | 气体保护焊和切割用气体 |
| EN440—1994 | DIN EN440—1994 | BS EN440—1995 | 气体保护焊用碳钢焊丝和填充金属 |
| EN499—1994 | DIN EN499—1995 | BS EN499—1995 | 碳钢和细晶粒钢电弧焊用焊条 |
| EN756—1995 | DIN EN756—1995 | BS EN756—1996 | 碳钢和低合金钢埋弧焊用焊剂 |
| EN757—1997 | DIN EN757—1997 | BS EN757—1997 | 高强度钢焊条 |
| EN758—1997 | DIN EN758—1997 | BS EN758—1997 | 药芯焊丝 |
| EN759—1997 | | | 焊接填充金属交货技术条件——产品形式、尺寸、公差和标志 |
| EN760—1996 | DIN EN760—1996 | BS EN760—1996 | 不锈钢、镍基合金和耐热钢埋弧焊用焊剂分类 |

| 欧洲 | 德国 | 英国 | 名称 |
|---|---|---|---|
| EN1597—1—1997 | DIN EN1597—1—1997 | BS EN1597—1—1997 | 钢、镍和镍基合金试验样品全焊缝金属的试片 |
| EN1597—2—1997 | DIN EN1597—2—1997 | BS EN1597—2—1997 | 钢的单道焊和双道焊试验用试片的制备 |
| EN1597—3—1997 | DIN EN1597—3—1997 | BS EN1597—3—1997 | 角焊缝焊接材料的焊接位置能力的试验 |
| EN1599—1997 | DIN EN1599—1997 | BS EN1599—1997 | 耐热钢焊条电弧焊用药皮焊条分类 |
| EN1600—1997 | DIN EN1600—1997 | BS EN1600—1997 | 不锈钢、耐热钢焊条电弧焊用药皮焊条分类 |
| EN1668—1997 | DIN EN1668—1997 | BS EN1668—1997 | 碳钢和细晶粒钢钨极气体保护焊用焊棒、焊丝及填充金属分类 |
| EN12070—1999 | DIN EN12070—2000 | BS EN12070—2000 | 耐热钢焊丝、焊棒 |
| EN12071—1999 | DIN EN12071—2000 | BS EN12071—2000 | 耐蠕变钢气体保护焊用管状焊条分类 |
| EN12072—1999 | DIN EN12072—2000 | BS EN12072—2000 | 不锈钢和耐热钢弧焊用焊丝、焊棒分类 |
| EN12073—1999 | DIN EN12073—2000 | BS EN12073—2000 | 不锈钢和耐热钢有或无气体保护焊用管状焊丝 |

续表

| 欧洲 | 德国 | 英国 | 名称 |
|------|------|------|------|
| EN12074—2000 | DIN EN12074—2000 | BS EN12074—2000 | 焊接和类似工艺 |
| EN12534—1999 | DIN EN12534—2000 | BS EN12534—2000 | 高强度钢气体保护焊用焊丝、焊棒和填充金属 |
| EN12535—2000 | DIN EN12535—2000 | BS EN12535—2000 | 高强度钢气体保护焊用管状焊丝 |
| EN12536—2000 | DIN EN12536—2000 | BS EN12536—2000 | 非合金钢和抗蠕变钢气焊用焊棒 |
| EN14295—2003 | DIN EN14295—2004 | BS EN14295—2003 | 高强度钢埋弧焊用焊丝、管状焊条及焊条焊剂混合料的分类 |
| EN29454—1—1993 | DIN EN29454—1—1994 | BS EN29454—1—1994 | 软钎焊剂　分类和要求　分类、标签和包装 |
| | | BS EN29455—1—1994 | 软钎焊剂　试验方法　不挥发物质的测定、重量分析方法 |
| EN ISO 544—2003 | DIN EN ISO 544—2004 | | 钢焊接用填充金属的交货技术条件、产品形式、尺寸、公差和标志 |
| EN ISO 1071—2003 | DIN EN ISO 1071—2003 | BS EN ISO 1071—2003 | 铸铁熔焊用焊条、焊丝、焊棒和管状焊丝 |

| 欧洲 | 德国 | 英国 | 名称 |
|---|---|---|---|
| EN ISO 6847—2001 | DIN EN ISO 6847—2002 | BS EN ISO 6847—2001 | 化学分析用焊缝金属垫的填充金属 |
| EN ISO 14172—2003 | | BS EN ISO 14172—2003 | 镍及镍合金焊条电弧焊用焊条 |
| EN ISO 14372—2001 | DIN EN ISO 14372—2002 | BS EN ISO 14372—2001 | 通过扩散氢的测量对焊条电弧焊用焊条的抗湿性进行测定 |
| EN ISO 15610—2003 | DIN EN ISO 15610—2004 | BS EN ISO 15610—2003 | 金属材料焊接工艺规范与鉴定——根据试验焊接消耗品的鉴定 |
| | | BS 2901—1—1983 | 气体保护焊用焊丝和焊棒规范——铁素体钢 |
| | | BS 2901—2—1990 | 气体保护焊用焊丝和焊棒规范——不锈钢 |
| | | BS 2901—3—1990 | 气体保护焊用焊丝和焊棒规范——铜及铜合金 |
| | | BS 2901—4—1990 | 气体保护焊用焊丝和焊棒规范——铝合金和镁合金 |
| | | BS 2901—5—1990 | 气体保护焊用焊丝和焊棒规范——镍及镍合金 |

续表

| 欧洲 | 德国 | 英国 | 名称 |
|------|------|------|------|
|  | DIN1732—1988 |  | 铝和铝合金气体保护焊用焊丝 |
|  | DIN1733—1988 |  | 铜及铜合金焊接填充金属 |
|  | DIN1736—1985 |  | 镍及镍合金焊接填充金属 |
|  | DIN4000—57—1990 |  | 焊接软焊料和硬焊料 |

# 附录 C   焊接材料消耗定额的制订

焊接材料的消耗定额，一般是以焊缝熔敷金属质量（或熔剂的消耗量），加上焊接过程中的必要损耗，如烧损、飞溅、烬头等来计算，计算公式如下：

$$C_x = P_f K_h L_h$$

或

$$C_x = P_t L_h$$

式中，$C_x$ 为焊接材料消耗定额（g）；$P_f$ 为每米焊缝熔敷金属质量（g/m）；$K_h$ 为定额计算系数；$L_h$ 为焊件焊缝长度（m）；$P_t$ 为每米焊缝焊接材料消耗量（g/m）。

每米焊缝熔敷金属质量 $P_f$ 的计算如下：

$$P_f = A_h \rho$$

式中，$A_h$ 为焊缝熔敷金属横截面积（$mm^2$）；$\rho$ 为熔敷金属密度（$g/mm^3$）。

定额计算系数的计算如下：

$$K_h = \frac{1}{1 - (\alpha_{sf} + \alpha_j)}$$

式中，$\alpha_{sf}$ 为焊接材料的烧损、飞溅损耗率（%）；$\alpha_j$ 为焊接材料烬头的损耗率（%）。

焊接材料的烧损、飞溅损耗率 $\alpha_{sf}$ 的计算如下：

$$\alpha_{sf} = \frac{P_r - P_f}{P_r}$$

式中，$P_r$ 为熔化焊料质量（g）。$P_f$ 为熔敷金属质量（g）。

焊接材料烬头损耗率 $\alpha_j$ 的计算如下：

$$\alpha_j = \frac{P_j}{P_h}$$

式中，$P_j$ 为焊接材料烬头质量（g）；$P_h$ 为焊接材料质量（g）。

在实际工作中，一般都通过生产测定法，分别确定各种焊接方法的定额计算系数 $K_h$、每米焊缝熔敷金属的质量 $P_f$ 和每米焊缝的焊接材料消耗量 $P_t$，然后再按公式计算各种焊接方法时的焊接材料消耗定额。附表 C-1 为焊条电弧焊电焊条损耗率和定额计算系数；附表 C-2 为自动埋弧焊每米焊缝的焊丝、焊剂消耗量；附表 C-3 为焊条电弧焊每米焊缝熔敷金属质量和焊条消耗量，附表 C-4 为角焊缝每米焊缝熔敷金属质量和焊条消耗量。

**附表 C-1　焊条电弧焊电焊条损耗率和定额计算系数**

| 种类 | 烧损与飞溅损耗率 $\alpha_{sf}$ | 电焊条损耗率 $\alpha_f$ | 定额计算系数 $K_h$ |
|---|---|---|---|
| 焊条 | 0.24 ~ 0.32 | 0.10 ~ 0.16 | 1.71 |

**附表 C-2　自动埋弧焊每米焊缝的焊丝、焊剂消耗量**

| 焊件厚度 /mm | 角接焊 | | 对接焊 | |
|---|---|---|---|---|
| | 焊丝消耗量 /（g/m） | 焊剂消耗量 /（g/m） | 焊丝消耗量 /（g/m） | 焊剂消耗量 /（g/m） |
| 3 | 80 | 75 | 80 | 70 |
| 4 | 100 | 90 | 100 | 100 |
| 6 | 200 | 150 | 200 | 180 |
| 8 | 300 | 250 | 300 | 220 |
| 10 | 500 | 350 | 350 | 250 |
| 12 | 700 | 425 | 400 | 280 |
| 14 | 1000 | 620 | 500 | 300 |
| 16 | 1300 | 800 | 600 | 350 |
| 18 | — | | 900 | 500 |

3

## 附表 C-3　焊条电弧焊每米焊缝熔敷金属质量和焊条消耗量

| 焊接接头种类 | 焊件厚度/mm | 焊缝熔敷金属横截面积 $A_h$/mm$^2$ | 焊缝熔敷金属质量 $P_f$/（g/m） | 焊条消耗量 $P_t$（g/m） |
|---|---|---|---|---|
| 不开坡口对接焊 | 1.0 | 5.0 | 39 | 67 |
| | 1.5 | 5.5 | 43 | 74 |
| | 2.0 | 7.0 | 55 | 94 |
| | 2.5 | 9.5 | 75 | 128 |
| | 3.0 | 12.1 | 95 | 162 |
| V 形坡口对接焊 | 3.0 | 17 | 133 | 227 |
| | 4.0 | 24 | 188 | 322 |
| | 5.0 | 32 | 251 | 429 |
| | 6.0 | 40 | 314 | 536 |
| | 7.0 | 48 | 377 | 645 |
| | 8.0 | 58 | 455 | 778 |
| | 9.0 | 69 | 542 | 927 |
| | 10.0 | 80 | 628 | 1074 |
| | 12.0 | 110 | 864 | 1477 |
| | 14.0 | 146 | 1146 | 1960 |
| | 16.0 | 182 | 1429 | 2444 |
| | 18.0 | 234 | 1837 | 3141 |
| 双面 V 形坡口对接焊 | 12 | 84 | 660 | 1129 |
| | 14 | 96 | 750 | 1289 |
| | 16 | 126 | 989 | 1690 |
| | 18 | 140 | 1099 | 1879 |
| | 20 | 176 | 1382 | 2363 |
| | 22 | 192 | 1507 | 2577 |
| | 24 | 234 | 1837 | 3141 |
| | 26 | 252 | 1978 | 3382 |
| | 28 | 286 | 2245 | 3839 |
| 搭接焊 | 1.0 | 4.3 | 34 | 58 |
| | 1.5 | 6.7 | 53 | 91 |
| | 2.0 | 10.8 | 85 | 145 |
| | 2.5 | 11.7 | 92 | 157 |
| | 3.0 | 14.8 | 116 | 198 |
| | 4.0 | 21.6 | 170 | 291 |

### 附表 C-4　焊条电弧焊角焊缝每米焊缝熔敷金属质量和焊条消耗量

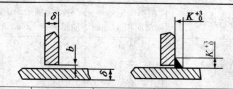

| 高度 $K$ /mm | 间隙 $b$ /mm | 焊缝面积 $A_h$/mm² | 熔敷金属质量 $P_f$/（g/m） | 焊条消耗量 $P_t$/（g/m） | | |
|---|---|---|---|---|---|---|
| | | | | $\phi3.2$ | $\phi4$ | $\phi5$ |
| 2 | | 8 | 35 | 61 | — | — |
| 3 | | 12.5 | 63 | 109 | — | — |
| 4 | 0~1 | 18 | 98 | 170 | — | — |
| 5 | | 24.5 | 141 | — | 244 | — |
| 6 | | 32 | 192 | — | 333 | — |
| 7 | | 40.5 | 251 | — | — | 435 |
| 8 | | 50 | 318 | — | — | 550 |
| 9 | | 60.5 | 393 | — | — | 679 |
| 10 | | 72 | 475 | — | — | 822 |
| 12 | | 98 | 663 | — | — | 1148 |
| 14 | | 128 | 883 | — | — | 1528 |
| 15 | | 144.5 | 1005 | — | — | 1739 |
| 16 | | 162 | 1134 | — | — | 1962 |
| 18 | 0~2 | 200 | 1417 | — | — | 2451 |
| 20 | | 242 | 1731 | — | — | 2995 |
| 22 | | 288 | 2076 | — | — | 3592 |
| 24 | | 338 | 2453 | — | — | 4244 |
| 25 | | 364.5 | 2653 | — | — | 4590 |
| 26 | | 392 | 2861 | — | — | 4950 |
| 28 | | 450 | 3300 | — | — | 5710 |
| 30 | | 512 | 3778 | — | — | 6525 |

注：1. $K$ 值由设计者选定，$K+3$ 为焊接最大允许量。

2. 焊缝面积按 $K+2$ 计算。

3. $K$ 值计算按 $K+1$ 折算熔敷金属。

# 参考文献

[1] 殷树言. 气体保护焊技术问答. 北京：机械工业出版社，2004.

[2] 余燕，吴祖乾. 焊接材料选用手册. 上海：上海科学技术文献出版社，2005.

[3] 张子荣，时炜. 简明焊接材料选用手册. 2版. 北京：机械工业出版社，2004.

[4] 孙景荣. 实用焊工手册. 北京：化学工业出版社，2002.

[5] 胡传炘. 实用焊接手册. 北京：北京工业大学出版社，2002.

[6] 李亚江. 实用焊接技术手册. 石家庄：河北科学技术出版社，2002.

[7] 牛济泰. 焊接基础. 哈尔滨：黑龙江科学技术出版社，1986.

[8] 中国机械工程学会焊接学会. 焊接手册. 2版. 北京：机械工业出版社，2001.

[9] 邹僖. 钎焊（修订2版）. 北京：机械工业出版社，1981.

[10] 张启运，庄鸿寿. 钎焊手册. 北京：机械工业出版社，2008.